Geregeltes Nebenstellenwesen

Technik und Wirtschaft
der Privatnebenstellenanlagen unter Berücksichtigung
der neuen Fernsprechordnung

Von

Karl Scheibe und Heinz Wolffhardt

Mit 60 Bildern

München und Berlin 1940
Verlag von R. Oldenbourg

Druck von R. Oldenbourg, München
Printed in Germany

Vorwort

Das vorliegende Werk soll ein Hilfsbuch sein für alle, die sich mit Fernsprechnebenstellenanlagen zu befassen haben. Demnach dürfte es vier verschiedenen Leserkreisen von Nutzen sein, nämlich

1. allen Fernsprechteilnehmern, die die Absicht haben, eine Nebenstellenanlage anzuschaffen, wobei besonders an den technischen Sachbearbeiter bei Behörden und großen Unternehmungen gedacht ist, dem Planung, Ausschreibung, Angebotsprüfung und Vertragsabschluß für große Nebenstellenanlagen obliegt, ohne ausgesprochener Fachmann auf fernmeldetechnischem Gebiet zu sein;

2. allen Vertretern und Vermittlern, deren Aufgabe es ist, dem Fernsprechteilnehmer zu der geplanten Nebenstellenanlage zu verhelfen und dabei die Interessen des Teilnehmers, aber auch die eigenen, gerecht und sachlich wahrzunehmen;

3. allen Fernmeldemonteuren und Telegraphenbauhandwerkern, denen neben ihren meist hervorragenden Schaltungskenntnissen und handwerklichen Fertigkeiten ein Gesamtüberblick über die Bedeutung und Vielseitigkeit des Nebenstellenwesens und damit mannigfaltige Aufstiegsmöglichkeiten durch das Buch vermittelt werden sollen;

4. und endlich dem Nachwuchs als Lehrbuch, dessen Inhalt dem Telegraphenbaulehrling wie dem Studierenden der Technischen Hochschule gleich förderlich sein dürfte.

Die amtlichen Bestimmungen über die Gesamtregelung des Nebenstellenwesens, so wie sie von der Deutschen Reichspost im Einvernehmen mit den der Wiferna[1]) angeschlossenen Firmen festgesetzt wurden, sind in der neuen Fernsprechordnung enthalten, aber in einer so knappen Amtssprache, daß ausführliche Erläuterungen besonders zu den einzelnen Punkten der Regel- und Ergänzungsausstattungen sowie zu den wichtigsten übrigen Bestimmungen zum Allgemeinverständnis des geregelten Nebenstellenwesens zweifellos in erheblichem Maße beitragen werden.

---

[1]) Die der Wirtschaftsgruppe Elektroindustrie angegliederte »Wirtschaftsstelle der Fabrikanten von Fernsprechapparaten und Nebenstellenanlagen«.

1*

Auch auf die technischen Zusammenhänge der durch die Regelausstattung festgelegten Leistungsmerkmale wird, wenn auch nur ganz
allgemein, in dem Abschnitt über Großanlagen des Näheren eingegangen;
ferner werden Preise und Kostenerrechnungen sowie die wichtigsten
Überlassungsbedingungen für Kauf- und Mietanlagen erörtert. Hierbei
werden die für die einzelnen Arten von Nebenstellenanlagen in Betracht
kommenden Apparate in den Ausführungsformen eines der führenden
deutschen Fernmeldeunternehmen durch zahlreiche Abbildungen ver-
anschaulicht. Nicht behandelt werden die Zulassungsbedingungen für
Privatunternehmer, weil sie für die Planung und Beschaffung neuer
Anlagen ohne Bedeutung sind.

Die im letzten Abschnitt gebrachte Zusammenstellung der in der
Nebenstellentechnik gebräuchlichsten Fachausdrücke mit kurzen allgemein verständlichen Erläuterungen, sei als verständniserleichternde
Ergänzung der besonderen Aufmerksamkeit des geneigten Lesers emp-
fohlen.

Möge das Buch allen, die sich mit Fernsprechnebenstellenanlagen
zu befassen haben, ein brauchbares Hilfsbuch sein.

Frankfurt a. M., im Januar 1940.

Die Verfasser.

Inhaltsverzeichnis

Sprachliche Vorbemerkung

Es ist eine Eigentümlichkeit des Nebenstellenwesens, daß für zahlreiche seiner Begriffe zwei Sprachen gebräuchlich sind, eine Amtssprache der Deutschen Reichspost und eine Geschäftssprache der Privatindustrie. Zum Teil legt die Deutsche Reichspost auf die Beibehaltung dieser sprachlichen Unterschiede Wert, weil darin zum Ausdruck gebracht werden soll, daß die Deutsche Reichspost ihr Verhältnis zu den Teilnehmern auf Grund eines Hoheitsrechtes regelt, während die Beziehungen zwischen Teilnehmer und Privatindustrie privatrechtlicher Natur sind.

Die folgende Übersicht zeigt einige Beispiele:

1. Die Post überläßt dem Teilnehmer eine Nebenstellenanlage, wofür er Gebühren bezahlt.

Die Privatindustrie vermietet dem Kunden eine Nebenstellenanlage, wofür er Miete bezahlt.

2. Die überlassene Anlage ist eine posteigene Nebenstellenanlage.

Die vermietete Nebenstellenanlage ist eine Mietanlage.

3. Der Teilnehmer tritt in ein kündbares Teilnehmerverhältnis ein.

Die Privatindustrie schließt mit dem Kunden einen kündbaren Mietvertrag.

4. Posteigene Nebenstellenanlagen unterliegen einer Mindestüberlassungsdauer.

Für Mietanlagen gilt eine Mindestvertragsdauer.

5. Die Post übereignet dem Teilnehmer eine Nebenstellenanlage, die dann zu einer »teilnehmereigenen Nebenstellenanlage« wird.

Die Privatindustrie verkauft dem Kunden eine Nebenstellenanlage; diese ist dann eine »Private Kaufanlage«.

Auch in der Benennung bestimmter Teile bestehen Unterschiede, z. B.:

Die FO bezeichnet sämtliche Sprechstellen einer Nebenstellenanlage mit Ausnahme der Abfragestelle als »Nebenstellen«.

Dieser Sammelbegriff wird unterteilt in

Die Privatindustrie bezeichnet sämtliche Sprechstellen einer Nebenstellenanlage einschließlich der Abfragestelle als »Sprechstellen« und unterteilt folgendermaßen:

a) amtsberechtigte,

b) nichtamtsberechtigte Nebenstellen.

Die ersteren werden in Anlagen
mit Selbsteinschaltung auf Amt
nochmals unterteilt in

vollamtsberechtigte und
halbamtsberechtigte Nebenstellen.

Letztere besitzen keine Selbsteinschaltung auf Amt.

Nur die amtsberechtigten Nebenstellen unterliegen einer besonderen
Nebenstellengebühr.

a) die Abfragestelle;
sie kann unbeschränkt über
Amt und im Hause spre-
chen, unterliegt aber keiner Nebenstellengebühr.

b) Die Nebenstellen;
auch sie können unbeschränkt
über Amt und im Hause
sprechen und unterliegen
einer Nebenstellengebühr,
die von der Post erhoben
wird.

In Anlagen mit Selbsteinschaltung auf Amt zerfallen die Nebenstellen (wie bei der Post) in vollamtsberechtigte und halbamtsberechtigte.

c) Die Hausstellen;
sie können nicht über Amt,
sondern nur im Hause sprechen und unterliegen kei-
ner Nebenstellengebühr.

Die Verfasser bedienen sich im allgemeinen der privaten Geschäftssprache, die sie für leichter verständlich halten. Im übrigen sei auf den
fünften Abschnitt »Fachausdrücke mit Erläuterungen« verwiesen.

Abkürzungen

A	=	Amt, Amtsanschlußorgan, Amtsleitung,
AGW	=	Amtsgruppenwähler,
AO	=	Anschlußorgan,
AS	=	Anrufsucher,
AW	=	Amtswähler,
FO	=	Fernsprechordnung,
GW	=	Gruppenwähler,
H	=	Haussprechstelle,
J.V.	=	Innenverbindungssatz,
LW	=	Leitungswähler,
N	=	Nebenstelle, Nebenstellen-Anschlußorgan,
OB	=	Ortsbatterie,
VW	=	Vorwähler,
W	=	Wähler,
Wiferna	=	Wirtschaftsstelle der Fabrikanten von Fernsprechapparaten und Nebenstellenanlagen,
ZB	=	Zentralbatterie,
Wh	=	Wattstunde,
Ah	=	Ampèrestunde.

Wichtiger Hinweis
für die Leser des dritten und vierten Abschnittes.

Die Nummernfolge der Unterabschnitte I—XIV und der Positionsnummern der Ergänzungsausstattungen unter B ist im dritten und vierten Abschnitt die gleiche. Hieraus ergibt sich, daß beim Lesen des dritten Abschnittes die Kosten irgendeiner Ergänzungsausstattung im vierten Abschnitt oder beim Lesen der Preislisten die technischen Erläuterungen zu irgendeiner Ergänzungsausstattung im dritten Abschnitt mühelos nachgeschlagen werden können.

Erster Abschnitt
Vorgeschichte

Am 31. Januar 1900 erließ der damalige Staatssekretär des Reichs-postamts Victor von Podbielski die bekannte Verordnung über Fern-sprechnebenanschlüsse, mit der das deutsche Privatnebenstellenwesen ins Dasein trat.

Die Verordnung hatte folgende Kernpunkte:

1. An jeden Fernsprechanschluß können gegen eine wesentlich ermäßigte Gebühr weitere Sprechstellen angeschlossen werden, die sowohl über die gemeinsame Hauptanschlußleitung mit dem Amt, als auch untereinander verkehren können; sie heißen Nebenstellen. Ihre Anzahl war zunächst auf 5 je Hauptanschluß beschränkt, ist aber seit 1921 unbeschränkt.

2. Die auf dem Grundstück des Hauptanschlusses befindlichen Nebenstellen kann sich der Teilnehmer entweder von der Post — als »Postnebenstellen« — oder von einem Privatunternehmen — als »Privatnebenstellen« — einrichten lassen, wobei in letzterem Falle eine weitere Gebührenermäßigung eintrat. Seit 1921 dürfen auch die außenliegenden Nebenstellen durch Private her-gestellt werden.

   Dazu wurde später noch folgendes bestimmt:

3. Eine aus Privatnebenstellen bestehende Fernsprechanlage kann außerdem weitere Sprechstellen enthalten, die mit den Privatnebenstellen und unter-einander, aber nicht mit dem Fernsprechamt verkehren können; sie heißen »Hausstellen« und sind der Post gegenüber gebührenfrei.

Für die einschlägige Fernsprechindustrie ergab sich hieraus ein starker Anreiz, sich dem neuen Geschäftszweig, der Herstellung und dem Vertrieb von Nebenstellenanlagen, mit Nachdruck zu widmen und die hierfür in Betracht kommenden Vermittlungseinrichtungen und Apparate so vollkommen wie nur möglich zu gestalten. Hieraus ent-stand ein scharfer Wettbewerb unter mehreren leistungsfähigen Spezial-firmen, von denen jede die anderen durch die Vollkommenheit, Zweck-mäßigkeit und Preiswürdigkeit ihrer Erzeugnisse zu überflügeln suchte. Auf diesem fruchtbaren Boden entwickelte sich die deutsche Neben-stellentechnik zu einem wichtigen Wirtschaftszweig und gelangte dabei zu einer Vielseitigkeit und technischen Vollkommenheit, die in keinem anderen Lande der Erde auch nur annähernd erreicht werden.

Die Deutsche Reichspost verhielt sich der neuen Nebenstellentech-nik gegenüber zunächst ziemlich abwartend. Reihenapparate z. B., die bei der Privatindustrie von Anfang an eine bedeutende Rolle spielten, führte sie erst etwa um das Jahr 1908 in ihren eigenen Anlagen ein, wobei übrigens die Gebührenfrage heftig umstritten wurde, weil damals Postreihenanlagen billiger waren als Privatreihenanlagen, was dem Grundgedanken der Podbielskischen Verordnung nicht entsprach.

Als nach der Inflation zur Zeit der wirtschaftlichen Scheinblüte und noch mehr während des folgenden wirtschaftlichen Niedergangs der Konkurrenzkampf zwischen den führenden Firmen immer schärfer wurde, entwickelte sich die Nebenstellentechnik zu immer größerer Vollkommenheit, was zur Folge hatte, daß Privatnebenstellenanlagen in zunehmendem Maße von den Teilnehmern bevorzugt wurden. Da sich aber die Deutsche Reichspost mit einem Rückgang ihres Anteils an der Gesamtheit der Nebenstellenanlagen nicht abfinden konnte und wollte, revidierte sie etwa im Jahre 1930 ihre Nebenstellentechnik und entschloß sich, hochwertige neuzeitliche Wählernebenstellenanlagen, die ihr die Fernmeldeindustrie zur Verfügung stellte, in ihr Vertriebsprogramm aufzunehmen.

Hierdurch trat der von Anfang an bestehende ungewöhnliche Zustand stärker in die Erscheinung, daß sich die Deutsche Reichspost als Monopolträgerin zusammen mit zahlreichen Privatunternehmen um die Herstellung von Nebenstellenanlagen bei den Teilnehmern bewarb.

Eine weitere Eigenart des Nebenstellengeschäfts liegt darin, daß Firmen, die sich im Wettbewerb mit der Post um Aufträge auf Nebenstellenanlagen bemühen, gleichzeitig Lieferanten der Post für die gleichen Nebenstellenanlagen sind, weil die Post keine Eigenerzeugung von Fernsprechgerät betreibt, sondern nur Anlagen installiert.

Und noch eine dritte Eigentümlichkeit kennzeichnet die Eigenart des Nebenstellenwesens, nämlich der Umstand, daß die von Privatfirmen ausgeführten Nebenstellenanlagen keineswegs als für die Post verlorene Geschäfte im landläufigen kaufmännischen Sinne anzusehen sind, weil die Post auch für jede von einer Privatfirma installierte Nebenstelle außer der Einzelgesprächsgebühr (10 Rpf. für jedes vom Nebenstellenapparat geführte abgehende Amtsgespräch) eine laufende Abgabe von jährlich RM. 7,20 erhält, durch die die Mehraufwendungen gedeckt werden, die durch das Anschließen von Nebenstellenanlagen an das öffentliche Netz entstehen.

Diese einzigartige Interessenverflechtung zwischen Post, Teilnehmer und Privatindustrie war für die Deutsche Reichspost Grund genug, alsbald nach dem Umbruch und der berufsständischen Neuorganisation der deutschen Elektroindustrie eine umfassende Marktregelung des gesamten Nebenstellenwesens in die Wege zu leiten.

Wegen der Vielseitigkeit des Gebietes erfolgte die Regelung in zwei Etappen, was den Vorteil mit sich brachte, daß Erfahrungen aus der ersten Teilregelung bei der späteren Gesamtregelung berücksichtigt werden konnten.

Die erste Teilregelung trat bereits im Mai 1934 in Kraft und bezog sich auf Reihenanlagen mit mehr als einer Nebenstelle und auf die sog. mittleren W-Nebenstellenanlagen, das sind Anlagen zu 2—10 Amtsleitungen und mit 10—100 Sprechstellen, deren Verkehr in der Hauptsache durch Wähler vermittelt wird.

Die hierfür geltenden Bestimmungen enthält die Nummer 40 des Amtsblattes des Reichspostministeriums vom 5. Mai 1934, das seitdem als »Amtsblatt 40« für das deutsche Nebenstellenwesen von ausschlaggebender Bedeutung war.

In jahrelanger mühevoller Kleinarbeit, an der die Sachbearbeiter des Reichspostministeriums, des Reichspostzentralamts, des Reichskommissars für die Preisbildung und der in der Wiferna zusammengeschlossenen Fernsprechfirmen beteiligt waren, wurde die Gesamtregelung vorbereitet, die nunmehr mit dem Erscheinen der neuen Fernsprechordnung am 1. Januar 1940 in Kraft getreten ist.

Die Bearbeitung war schwierig, nicht allein wegen der großen Verschiedenheit der Technik, die den Erzeugnissen der einzelnen Firmen zugrunde liegt und die möglichst nicht beeinträchtigt werden sollte, sondern auch wegen der Notwendigkeit, die verschiedenen Interessen der Reichspost, der Teilnehmerschaft, der Fernsprechindustrie und des Installateurgewerbes aufeinander abzustimmen.

Auf dreierlei bezieht sich die Gesamtregelung, nämlich

1. auf die Leistungsmerkmale (Regel- und Ergänzungsausstattung),
2. auf Preise und Überlassungsbedingungen für Kauf- und Mietanlagen,
3. auf die Zulassung (Konzessionierung) des Privatunternehmertums.

Nicht geregelt wurde die Technik selbst, und zwar bewußt und absichtlich nicht, weil eine freie technische Fortentwicklung nicht beeinträchtigt werden sollte. Die Regelung der Leistungsmerkmale ist also so aufzufassen, daß in der Regel- und Ergänzungsausstattung für jede Art von Nebenstellenanlagen Punkt für Punkt das festgelegt ist, was jede Anlage in bezug auf die Verkehrsabwicklung leisten muß und kann. Die technischen Mittel jedoch, mit denen diese Leistungen erfüllt werden, und die in den verschiedenen Systemen, Bauformen und Schaltungen sehr verschieden sein können, werden jedem Lieferer freigestellt. Damit bleibt auch einem gesunden Wettbewerb noch ein weites Feld offen, indem die Nebenstellenanlagen zwar in bezug auf gewisse Leistungsmerkmale, Preise und Überlassungsbedingungen im wesentlichen gleichwertig sind, aber in bezug auf ihre Technik, Schaltung, Bauformen usw. große Unterschiede aufweisen, die den Auftraggeber oft vor eine nicht leichte Wahl stellen, weil jede Firma ihre Ausführungsformen als die zweckmäßigsten und besten präsentiert.

Im allgemeinen wird man aber sagen können, daß durch die vereinheitlichten Leistungsmerkmale die Erzeugnisse der führenden Fabriken in der Hauptsache gleichwertig geworden sind bis auf einige wenige Ausnahmen, wo grundsätzliche Neuformen eine technische Fortentwicklung gebracht haben.

Zweiter Abschnitt

Die verschiedenen Arten von Nebenstellen- anlagen und ihre Verwendungsmöglichkeiten

Eine Nebenstellenanlage ist eine Fernsprechanlage mit 2 oder mehr Sprechstellen, die sowohl über eine oder mehrere Anschlußleitungen (Amtsleitungen) zum öffentlichen Fernsprechamt und darüber hinaus nach außen als auch untereinander sprechen können (»Amtsverkehr« und »Haus- oder Innenverkehr«).

Trotz dieser einfachen und erschöpfenden Begriffsbestimmung ist das Gebiet der Nebenstellentechnik eines der größten und verwickeltsten des Fernmeldewesens und es bedarf deshalb zunächst einer Zergliederung der Nebenstellenanlagen nach einer bestimmten Größenordnung. Dabei ergeben sich 3 Gruppen, nämlich:

> Gruppe A: Kleine Nebenstellenanlagen zu 1 Amtsleitung und 2—10 Sprechstellen,
>
> Gruppe B: Mittlere Nebenstellenanlagen zu 2—10 Amtsleitungen und bis zu 100 Sprechstellen,
>
> Gruppe C: Große Nebenstellenanlagen zu mehr als 10 Amts- leitungen oder mehr als 100 Sprechstellen.

Jede dieser 3 Gruppen enthält verschiedene Anlagenarten, verschieden sowohl hinsichtlich ihrer Technik und Leistungsmerkmale, als auch hin- sichtlich ihres Umfangs von der Zweier- bis zur Tausenderanlage.

Hiernach ergeben sich

für die Gruppe A (Kleinanlagen)

1. Zwischenumschalter mit Handvermittlung der Amtsgespräche in beiden Richtungen
   (handbedienter Zwischenumschalter),

2. Zwischenumschalter mit selbsttätiger Durchschaltung von der Neben- stelle zum Amt
   (selbsttätiger Zwischenumschalter),

3. Reihenanlage zu 1 Amtsleitung und 1 Nebenstelle
   (kleine Reihenanlage).

Die Anlagen unter 1—3 sind Zweieranlagen, d. h. sie bestehen aus nur 2 Sprechstellen, nämlich der Hauptstelle, das ist die Stelle, wo die Amtsleitung mündet und wo die Amtsanrufe ankommen und abgefragt werden, und aus einer Nebenstelle.

4. Nebenstellenanlagen mit Handvermittlung für alle Gespräche (hauptsächlich mit kleinen Klappenschränken)[1],

5. Reihenanlage einfacher oder gewöhnlicher Ausführung zu 1 Amtsleitung und 5 oder 10 Nebenstellen[2],

6. Nebenstellenanlage mit Wählern zu 1 Amtsleitung und 2—9 Neben- oder Hausstellen
(kleine W-Anlage),

für die Gruppe B (mittlere Anlagen)

1. Reihenanlage zu 2—4 Amtsleitungen mit Linientasten (Linienwähler)[2],

2. Reihenanlage zu 2—4 Amtsleitungen mit Wählern (mit »Automat«)[2],

3. Nebenstellenanlage mit Handvermittlung für alle Gespräche (hauptsächlich mit Glühlampenschränken),

4. Nebenstellenanlage mit Wählern zu 2—10 Amtsleitungen und zu 20—100 Sprechstellen, bei der **nur der Innenverkehr** selbsttätig über Wähler, der Amtsverkehr abgehend und ankommend über handbediente Schaltmittel (Glühlampenschrank) vermittelt wird,

5. Nebenstellenanlage mit Wählern zu 2—10 Amtsleitungen und zu 10—100 Sprechstellen, bei der der abgehende Amtsverkehr und der Innenverkehr selbsttätig über Wähler, der ankommende Amtsverkehr von Hand über Wähler oder andere handbediente Schaltmittel vermittelt wird. Hierunter fallen zwei Anlagenarten, nämlich sog. halbautomatische Nebenstellenanlagen und Nebenstellenanlagen mit Universalzentralen (Nehazentralen, Citomaten, Schnellverkehrszentralen),

für die Gruppe C (Großanlagen)

1. Nebenstellenanlage mit Handvermittlung für alle Gespräche, hauptsächlich mit Glühlampenschränken,

2. Nebenstellenanlage mit Wählern, bei der **nur der Innenverkehr** selbsttätig über Wähler, der Amtsverkehr abgehend und ankommend über handbediente Schaltmittel (Glühlampenschrank) vermittelt wird,

---

[1] Nebenstellenanlagen dieser Art mit kleinen Klappenschränken kommen als Privatanlagen heute kaum noch vor und bleiben deshalb in den folgenden Erörterungen unberücksichtigt.

[2] Zu diesen Anlagen treten im Bedarfsfalle besondere Vermittlungseinrichtungen für Außennebenstellen, sog. Umschaltschränke.

3. Nebenstellenanlage mit Wählern in 2 Ausführungsarten (wie B5), bei der der abgehende Amtsverkehr und der Innenverkehr selbsttätig über Wähler, der ankommende Amtsverkehr von Hand über Wähler oder andere handbediente Schaltmittel vermittelt wird[1]).

Verwendungsmöglichkeiten

Angesichts dieser großen Verschiedenartigkeit der Nebenstellenanlagen entsteht für den Planer zunächst die Frage: Welche Anlagenart ist für meine Zwecke die geeignetste?

Gruppe A

Für die Kleinanlagen der Gruppe A sind im wesentlichen drei Gesichtspunkte entscheidend, nämlich

a) ist die Anlage auf ein Grundstück beschränkt mit kleinen Entfernungen zwischen den Sprechstellen, oder sind Außenstellen zu berücksichtigen?

b) Ist über den augenblicklichen Bedarf von beispielweise zwei Sprechstellen hinaus in absehbarer Zeit mit dem Erfordernis weiterer Sprechstellen zu rechnen (Erweiterungsfähigkeit)?

c) Sind außer den Nebenstellen auch Haussprechstellen wünschenswert?

Betrachtet man die in der Gruppe A zur Wahl gestellten Nebenstellenanlagen unter vorstehenden Gesichtspunkten, dann ergibt sich etwa folgendes:

Angenommen ein Handelsvertreter (Arzt, Rechtsanwalt o. dgl.) hat im Innern der Stadt sein Büro und in einem Außenviertel seine Wohnung und beide sollen durch eine Fernsprechanlage für Amts- und Hausverkehr verbunden werden. Für dieses einfache Beispiel käme nur eine Anlage A1 oder A2, **handbedienter oder selbsttätiger Zwischenumschalter,** in Frage; A1, wenn die Wohnung (oder das Büro, je nachdem wo die Hauptstelle eingerichtet wird) in bezug auf den abgehenden Amtsverkehr nicht selbständig sein soll, A2, wenn die Nebenstelle das Amt unabhängig von der Hauptstelle erreichen soll. Letzteres ist die

---

[1]) Die vorstehende Einteilung gilt in erster Linie für Privatanlagen. Die Anlagenarten nach B 3 und C 1 sind in technischer Hinsicht grundsätzlich die gleichen, nur hinsichtlich ihrer Größenordnung gehören sie zu zwei verschiedenen Gruppen. Das gleiche gilt für die Anlagenarten nach B 4 und C 2 sowie nach B 5 und C 3.

Im Gegensatz hierzu unterteilt die FO folgende Anlagenarten nicht nach Größenordnungen:

A 4, B 3 und C 1: Sie bilden in der FO eine Anlagenart (III),

B 4 und C 2: desgleichen (XII).

Dagegen gehören alle übrigen Anlagenarten auch in der FO zu verschiedenen Gruppen, z. T. in anderer Reihenfolge. Die abweichende Unterteilung wurde wegen ihrer besseren Übersichtlichkeit gewählt.

Regel. Bestünde nun die Absicht, zum Büro (im Innern der Stadt) in absehbarer Zeit weitere Geschäftsräume hinzuzunehmen, dann wäre es zweckmäßig, von vornherein die Anlage A6 zu wählen, also eine **Klein-Wähleranlage** etwa in ihrer kleinsten Ausbaustufe für 3 Nebenstellen, an die zunächst nur Wohnung und Büro angeschlossen werden und die dann später ohne weiteres 2 weitere Sprechstellen aufnehmen kann, die nach Belieben gebührenpflichtige Nebenstellen oder gebührenfreie Hausstellen sein können. Alle 4 Sprechstellen (1 Abfrage-, 3 Nebenstellen) können beliebig untereinander durch Nummernwahl verkehren und — soweit es keine Hausstellen sind — das Amt selbständig, also ohne Zwischenvermittlung bei der Hauptstelle erreichen, außerdem besitzen sie vollkommene Rückfrageeinrichtung.

Erstreckt sich dagegen die geplante Anlage auf nur ein Grundstück mit verhältnismäßig kurzen Entfernungen zwischen den Sprechstellen, dann ist entweder — wenn keine Erweiterungsfähigkeit zu berücksichtigen ist — die Anlage A3, Reihenanlage zu 1 Amtsleitung und 1 Nebenstelle **(kleine Reihenanlage),** oder im anderen Falle eine Reihenanlage nach A5 die zweckmäßigste. Später hinzukommende Sprechstellen können beliebig Neben- oder Hausstellen sein, jedoch bleibt bei der **einfachen Reihenanlage** die Gesamtzahl der Sprechstellen auf 5 zuzüglich Abfragestelle beschränkt und außerdem unterliegt sie der Verkehrsbeschränkung, daß die höchste gleichzeitige Gesprächsmöglichkeit aus einem Amtsgespräch und einem Innen- oder Rückfragegespräch besteht, wobei aber das Rückfragegespräch insofern stets den Vorrang hat, als es sich in ein Innengespräch »hineindrängen« kann.

Das Merkmal der »einfachen« Reihenanlage liegt nämlich darin, daß für den Hausverkehr sämtliche Sprechstellen an einer gemeinsamen Sprechleitung liegen, und daß der Anruf untereinander über getrennte Klingelleitungen mit Gleichstrom erfolgt, was den Vorteil hat, daß die Sprechstellenapparate keine Linienwählertasten mit ihrem selbsttätigen mechanischen Auslösemechanismus zu besitzen brauchen, sondern nur einfache Klingelknöpfe, woraus sich der billigere Preis ergibt. Andererseits bedingt aber wie gesagt die gemeinsame Sprechleitung, daß im Innern jeweils nicht mehr als 1 Sprechpaar miteinander sprechen kann, weil jeder weitere Teilnehmer, der seinen Sprechapparat abhebt, ohne weiteres in die bestehende Gesprächsverbindung gerät. Reihenanlagen einfacher Art sind unter dem Namen Simplexanlagen seit vielen Jahren bekannt und weit verbreitet. Neben ihren zahlreichen Verwendungsmöglichkeiten für Geschäfts- und Bürozwecke sind sie für Villen und große Privatwohnungen hervorragend geeignet.

Der Grund, weshalb für die Zweieranlage auf gleichem Grundstück (ohne Erweiterungsfähigkeit) der Anlage A3 der Vorzug zu geben ist vor A2, liegt darin, daß die Besetztzeichengabe bei besetzter Amtsleitung und die Rückfrageeinrichtung bei A3 vollkommener sind und daß die Mithöreinrichtung infolge der sichtbaren Besetztzeichen auch zu Überwachungszwecken benutzt werden kann.

Den Abschluß der in der A-Gruppe zusammengefaßten Kleinanlagen bildet eine **kleine Wählernebenstellenanlage** zu 1 Amtsleitung und bis zu 10 Sprechstellen, die bereits alle typischen Vollkommenheitsmerkmale der mittleren und Großanlagen aufweist und besonders da am Platze ist, wo weit auseinanderliegende Sprechstellen mit geringem Amts- und Innensprechbedürfnis telephonisch zu verbinden sind. Sie ist dadurch besonders preiswürdig, daß sie in vier festen Baustufen mit abgestuften Preisen geliefert wird, nämlich für 3, 5 und 9 Teilnehmeranschlüsse (außer der Abfragestelle), letztere mit einem oder mit zwei Verbindungssätzen für den Innenverkehr, womit etwaigen stärkeren Innenverkehrsansprüchen Rechnung getragen werden kann. Dagegen sind höhere Verkehrsansprüche im Amtsverkehr mit dieser Anlagenart nicht zu befriedigen, weil die Typenbegrenzung den Anschluß von mehr als einer Amtsleitung nicht zuläßt.

Alles Weitere enthält der dritte Abschnitt, wo unter I, II, IV und IX Regel- und Ergänzungsausstattung aller Anlagenarten der A-Gruppe erläutert sind.

Gruppe B

Die Gruppe B enthält die **mittleren** Nebenstellenanlagen in ihren verschiedenen Arten, die selbstverständlich auch verschiedene Leistungsmerkmale aufweisen. Um bei der Planung einer Neuanlage die zur Befriedigung der vorliegenden Bedürfnisse zweckmäßigste Ausführungsart ausfindig zu machen, muß sich der Planer zunächst über zwei Grundfragen im klaren sein:

a) Soll der abgehende Amtsverkehr selbsttätig oder von Hand vermittelt werden?

b) Soll der Untereinanderverkehr (Hausverkehr) selbsttätig oder von Hand vermittelt werden?

Wenn beides von Hand vermittelt werden soll, dann kommt nur B 3, **Nebenstellenanlage mit Handvermittlung** für alle Gespräche, in Frage. Als Handvermittlungseinrichtung für Privatnebenstellenanlagen wird heute fast ausschließlich der Glühlampenschrank mit Klinken und Schnurstöpseln verwendet. Klappenschränke, Rückstellklappenschränke, Schauzeichenschränke sowie sog. schnurlose Schränke, bei denen die Gesprächsverbindungen durch fest eingebaute Hebel- oder Druckknopfschalter hergestellt werden, kommen in neuen Privatanlagen kaum noch vor und sollen deshalb hier nicht weiter behandelt werden.

Glühlampenschränke für Nebenstellenanlagen müssen den Erfordernissen der Nebenstellentechnik besonders angepaßt, d. h. sie müssen zum Anschluß von Amtsleitungen, Nebenstellen und u. U. auch von

2*

Hausstellen — deren Verbindung mit Amtsleitungen verhindert sein muß — schaltungstechnisch vorgesehen sein.

Die heute allgemein üblichen Nebenstellen-Glühlampenschränke besitzen Schnurzuteilung, d. h. ankommende Amtsgespräche werden den gewünschten Nebenstellen durch Stöpselschnüre zugeteilt. Dabei sind zwei Ausführungsarten zu unterscheiden, nämlich

a) das Einschnursystem, d. h. die Amtsleitung endet in einem »Einschnurstöpsel«, der in die Klinke der gewünschten Nebenstelle gesteckt wird, womit die Nebenstelle mit Amt verbunden ist,

b) das Zweischnursystem (auch Okli, d. h. »Offene Klinken«, genannt), bei welchem die Amtsleitungen genau wie die Nebenstellenanschlüsse an offenen Klinken enden, die durch Schnurpaare untereinander verbunden werden.

Im allgemeinen ist dem Einschnursystem, schon wegen der einfacheren Handhabung — es ist nur 1 Stöpsel bei Herstellung einer Amtsverbindung zu stecken und nach Gesprächsbeendigung wieder herauszuziehen — der Vorzug zu geben. Nur für sehr große Anlagen mit mehreren Vermittlungsplätzen mit Vielfachschaltung kommt das Zweischnursystem in Frage. Übrigens spielt, wie wir später sehen werden, die Schnurzuteilung als Ein- und Zweischnursystem auch in W-Nebenstellenanlagen für den ankommenden Amtsverkehr eine Rolle.

Bei der Planung ist zu erwägen, ob man einzelnen bevorzugten Nebenstellen die Selbsteinschaltung auf Amt über eine oder mehrere Amtsleitungen durch **Vorschaltapparate** geben soll. Sehr erwägenswert ist dabei auch die Frage, einen der Vorschaltapparate mit Mithörtasten auszurüsten, womit dem Inhaber dieser Sprechstelle die Möglichkeit gegeben ist, den gesamten Amtsverkehr seines Betriebes zu überwachen. Es liegt auf der Hand, daß schon das Vorhandensein einer derartigen Überwachungseinrichtung genügt, um zu sparsamer Benutzung des Fernsprechers im abgehenden Amtsverkehr zu erziehen, ein nicht unwichtiger Gesichtspunkt, da bekanntlich jedes abgehende Amtsgespräch 10 Rpf. kostet.

Handbediente Glühlampenzentralen eignen sich besonders für Hotelanlagen, bei denen es darauf ankommt, daß der Gast von seinem Zimmer aus über Amt sprechen kann, daß er das Amt aber nur durch Vermittlung der Zentrale erreichen darf. Ferner ist es wichtig, daß, wenn der Gast ein Amtsgespräch beendet hat, die Trennung der Amtsverbindung bei Einhängen des Sprechapparates sofort selbsttätig erfolgt, so daß sich bei erneutem Aushängen die Hauszentrale wieder meldet. Diese Forderung ergibt sich daraus, daß dem Hotelgast seine abgehenden Amtsgespräche in Rechnung gestellt werden — sogar mit einem erlaubten Aufschlag — und daß es deshalb unmöglich sein muß, aus irgendeinem Gastzimmer abgehend über Amt zu sprechen, ohne daß die Vermittlung die Verbindung zum Amt hergestellt und den Sprecher mit der Gesprächsgebühr belastet hat.

Die im dritten Abschnitt unter III enthaltene Regel- und Ergänzungsausstattung gibt weiteren Aufschluß über B3-Anlagen.

Sollen der abgehende Amtsverkehr und der Innenverkehr selbsttätig vermittelt werden, d. h. sollen die Nebenstellen Selbsteinschaltung zum Amt und unmittelbare Anrufmöglichkeit untereinander besitzen, dann kommen hierfür zwei grundsätzlich verschiedene Ausführungsformen in Betracht, nämlich die **Reihenanlage** (B1 und B2) und die **Nebenstellenanlage mit Wählern** (B5).

Die Reihenanlage unterliegt insofern einer Beschränkung, als die Anzahl der Amtsleitungen und Nebenstellen 4 und 15 nicht überschreiten darf und die Entfernungen zwischen den Sprechstellen nicht zu groß sein dürfen.

Das System der Reihenanlage — genauer Nebenstellenanlage in Reihenschaltung[1]) — ist fast so alt wie das Nebenstellenwesen selbst. Als Reihenanlage mit Linienwählern bietet es große Vorteile, so daß es für Anlagen bis zu etwa 3 Amtsleitungen und 10—15 Sprechstellen eine nahezu ideale Ausführungsform darstellt. Im Gebrauch ist die Reihenanlage denkbar bequem und vielseitig, dabei einfach in ihrem Aufbau, denn sie bedarf keiner Relais und Wähler und infolgedessen auch keiner Akkumulatorenbatterie. Ihre Beschränkung kommt daher, daß zur Verbindung der einzelnen Sprechstellen untereinander vieladrige Kabel erforderlich sind, weshalb sie nur für Anlagen von räumlich nicht zu großer Ausdehnung geeignet ist, denn andernfalls werden die Kosten für das Leitungsnetz zu hoch.

Dessenungeachtet können auch Außennebenstellen mit nur zweidrähtigen Anschlußleitungen in begrenzter Anzahl über Umschaltschränke einbezogen werden, die lediglich in bezug auf die selbsttätige Vermittlung ihres Sprechverkehrs gewissen Beschränkungen unterworfen sind. (Näheres über Umschaltschränke für Außennebenstellen siehe dritten Abschnitt, VI und VIII.)

Die Ansicht, Reihenanlagen mit Linienwählern seien veraltet, ist nicht richtig, denn sie werden, wenn unter den richtigen Voraussetzungen verwendet, in ihrer Vielseitigkeit und bequemen Handhabung von keiner Wähleranlage übertroffen. Schon öfters ist es vorgekommen, daß ein Teilnehmer, der eine Reihenanlage besaß, aber aus irgendwelchen Gründen eine Neuanlage beschaffen mußte, für die er sich zu einer Wähleranlage überreden ließ, hinterher enttäuscht war über deren mangelnde Anpassungsfähigkeit an seine besonderen Betriebserfordernisse.

---

[1]) Siehe Fachausdrücke: Reihenschaltung.

Die Frage, ob für den Innenverkehr Linienwähler oder eine Wählerzentrale zweckmäßiger ist, ist dahingehend zu beantworten, daß, wenn die Anzahl der Sprechstellen (infolge zahlreicher Hausstellen) mehr als 15 beträgt, die Wählerzentrale, also B 2, das Gegebene ist.

Nicht unerwähnt sei, daß der Linienwähler im Gegensatz zur Wählerzentrale keinen absolut geheimen Innenverkehr bietet, weil es möglich ist, daß sich ein Teilnehmer zufällig in ein im Gange befindliches Hausgespräch einschaltet, nämlich dann, wenn er eine der sprechenden Stellen anzurufen versucht. Dies ist ein Nachteil, aber gleichzeitig auch ein Vorteil, z. B. dann, wenn der in die bestehende Verbindung Geratende eine wichtige Rückfrage bei einer der beiden sprechenden Stellen halten will; denn das bedeutet ja stets, daß eine Amtsverbindung — u. U. sogar eine Fernverbindung — warten muß, und es ist deshalb ein Vorteil, daß ein Hausgespräch zugunsten eines Rückfragegesprächs unterbrochen werden kann. (Näheres siehe dritten Abschnitt, V.)

Häufig wird das Verlangen gestellt, daß sich zwar der Innenverkehr rasch und reibungslos abwickeln soll, was in größeren Anlagen stets durch die Wählervermittlung am vollkommensten geschieht, daß aber auf die Selbsteinschaltung der Nebenstellen auf Amt schon aus Ersparnisgründen kein Wert gelegt wird. Für solche Fälle ist die Anlage B 4 (für Großanlagen C 2) geschaffen, bei der der ankommende und abgehende Amtsverkehr von Hand an einer Glühlampenzentrale vermittelt wird; **Wählernebenstellenanlage ohne Amtswahl** nennt sie die FO.

Derartige Anlagen wurden früher nach dem Zweischleifensystem ausgeführt. Es gewährleistet eine ausgezeichnete Verkehrsabwicklung, indem die Durchschaltung der Nebenstelle zum Amt in der Glühlampenzentrale ohne vorheriges Abfragen erfolgen kann, und jede Nebenstelle Rückfrageeinrichtung und unterschiedlichen Ruf für Amts- und Hausgespräche besitzt, aber die Ausführungsart gilt als veraltet, weil sie infolge des hohen Leitungsbedarfs — 2 Anschlußleitungen (2 Doppelleitungen = 4 Drähte) je Nebenstelle — und der nicht ganz einfachen Nebenstellenapparate mit 2 Weckern und 2 vielkontaktigen Schalteinrichtungen verhältnismäßig teuer ist. Trotzdem hat das Zweischleifensystem auch heute noch Bedeutung, weil es die Vereinigung einer Nebenstellenanlage mit einer privaten Fernmeldeanlage ermöglicht (vgl. dritten Abschnitt, Vorbemerkungen zu III, S. 38 vorletzten Absatz).

Als billigere Ausführung wurde das Einschleifensystem entwickelt, das die gleichen Vorteile bietet, aber nur eine Anschlußleitung je Nebenstelle und einfache Teilnehmerapparate in Normalausführung erfordert. Die Vermittlungstätigkeit beschränkt sich auf nur ein oder zwei Handgriffe, so daß sich der abgehende Amtsverkehr fast mit der gleichen Schnelligkeit abwickelt wie bei selbsttätiger Vermittlung über Wähler. Allgemein ist über diese Anlagenart noch folgendes zu sagen:

Viele Geschäftsinhaber wollen ihren Nebenstellen gar keine Selbsteinschaltung zum Amt geben, sondern ziehen es vor, die Amtsleitungen auf Anfordern durch die Telephonistin zuteilen zu lassen, die ja zur Vermittlung des ankommenden Amtsverkehrs sowieso unentbehrlich ist. Erfahrungsgemäß wird dadurch die Gesamtzahl der Amtsgespräche niedriger als bei Selbsteinschaltung, d. h. es werden Gesprächsgebühren gespart. Außerdem ist eine zweckmäßigere Zuteilung der Amtsleitungen insofern möglich, als wichtige Nebenstellen von der Vermittlung mit Vorrang bedient werden können, was besonders in Zeiten starken Verkehrs von Bedeutung ist. Sind alle Amtsleitungen besetzt, dann erhält die rufende Nebenstelle nicht, wie bei Selbsteinschaltung, das Besetztzeichen, das ja immer die Frage offen läßt, wann eine Leitung wieder frei wird und damit die Nebenstelle zur Wiederholung des u. U. wieder vergeblichen Versuches nötigt, sondern die Vermittlung teilt der bevorzugten Nebenstelle den augenblicklichen Besetztzustand mit und kann gleich den Auftrag entgegennehmen, die nächst freiwerdende Amtsleitung zuzuteilen.

Bei selbsttätiger Vermittlung dagegen ist diese individuelle Behandlung nicht möglich, denn die maschinelle Zuteilung der Amtsleitungen durch Wähler läßt keine Bevorzugung einzelner Nebenstellen zu, es sei denn, daß hierfür mehr oder weniger kostspielige Sondereinrichtungen vorgesehen werden.

Die W-Nebenstellenanlage ohne Selbsteinschaltung auf Amt sieht also für die niedrigwertige Hausverbindung die maschinelle Vermittlung über Wähler vor, während die hochwertige Amtsverbindung (Ferngespräche) in beiden Verkehrsrichtungen durch die Vermittlung hergestellt und überwacht wird. (Näheres siehe dritten Abschnitt, XII, Wählernebenstellenanlagen ohne Amtswahl.)

Für alle übrigen Nebenstellenanlagen mittleren Umfangs, für die weitest mögliche Selbstvermittlung gewünscht wird, also auch Selbsteinschaltung der Nebenstellen auf Amt im abgehenden Verkehr, und die räumlich unbeschränkt sein sollen, deren Nebenstellen also u. U. auf ein ganzes Stadtgebiet verteilt sein können, ist die **Wählernebenstellenanlage mit Amtswahl** nach B 5 das Gegebene. Jede Nebenstelle ist nur mit einer zweidrähtigen Anschlußleitung an die Zentrale angeschlossen und erreicht durch Erdtastendruck oder durch Wahl einer Kennziffer das Amt unmittelbar. Durch erneuten Erdtastendruck — während einer Amtsverbindung — gelangt sie auf die Wählerhauszentrale und kann alsdann durch Nummernwahl jeden beliebigen Teilnehmer zu einem Rückfragegespräch aufrufen; Zurückschaltung auf die Amtsverbindung erfolgt durch nochmaligen Erdtastendruck, wobei sich die Rückfrageverbindung selbsttätig trennt.

Für die Weitergabe des ankommenden Amtsverkehrs an die jeweils gewünschte Nebenstelle kommen zwei Ausführungsarten in Betracht, nämlich entweder durch Wähler, die mittelbar von Hand eingestellt werden (Nummernwahl, Zahlengeber) oder »andere handbediente Schaltmittel«, womit hauptsächlich Ein- oder Zweischnurstöpsel gemeint sind.

Hervorzuheben ist noch ein besonderes Vollkommenheitsmerkmal dieser Art von Wählernebenstellenanlagen, nämlich die Möglichkeit der Umlegung eines Amtsgesprächs von einer Nebenstelle zur anderen ohne Mithilfe der Vermittlung. Diese Einrichtung, die übrigens in Reihenanlagen von jeher ohne weiteres gegeben ist, wird für so wichtig gehalten, daß sie in Wählernebenstellenanlagen bis zu einer Größe von 5 Amtsleitungen und 25 Nebenstellen zur Regelausstattung gehört, in größeren Anlagen aber als Ergänzungsausstattung gilt. Sie ist jedoch nur in Anlagen mit Wählerzuteilung zulässig.

Die Wählerzentrale B5 vermittelt also sowohl den abgehenden Amtsverkehr als auch den Innenverkehr rein selbsttätig. Für die Beurteilung der Güte eines Systems ist die Frage von Bedeutung, ob der Amtsverkehr über besondere oder über die gleichen Wählersätze vermittelt wird, die auch den Innenverkehr zu vermitteln haben. In letzterem Falle kann ein lebhafter Amtsverkehr den Innenverkehr oder ein lebhafter Innenverkehr den abgehenden Amtsverkehr erheblich beeinträchtigen. Diesem Umstand muß dadurch Rechnung getragen werden, daß die dem Amts- und Hausverkehr gemeinsam dienenden Verbindungssätze in entsprechend großer Anzahl vorgesehen werden, wobei aber die Möglichkeit der gegenseitigen Beeinträchtigung grundsätzlich bestehen bleibt.

Am vollkommensten ist das System, bei welchem jeder Amtsleitung ein eigener Wähler zugeordnet ist, zu dem jede Nebenstelle Zugang besitzt, ohne hierfür einen Hausverbindungssatz in Anspruch nehmen zu müssen. Rein äußerlich kennzeichnen sich diese Systemunterschiede durch die Art, wie sich die Nebenstelle auf Amt einschaltet, nämlich entweder durch Drücken einer Erdtaste oder durch Ziehen einer bestimmten Ziffer an der Wählscheibe. Letzteres bedeutet stets, daß zur Einschaltung auf Amt ein Hausverbindungssatz in Anspruch genommen werden muß, der allerdings nach erfolgter Durchschaltung zum Amt wieder frei wird. Hiermit ist trotz Vorhandenseins besonderer Amtswähler die Durchschaltung zum Amt von dem Zurverfügungstehen eines freien Hausverbindungssatzes abhängig. Zur Verminderung der Gefahr, wegen besetzter Hausverbindungssätze keinen Ausgang zum Amt zu haben, sieht dieses System einen Hilfsverbindungssatz vor, der dann einspringt, wenn alle Hausverbindungswege besetzt sind und gleichzeitig eine Amtsleitung für ein abgehendes Gespräch verlangt wird.

Bei der Amtseinschaltung durch Erdtastendruck gelangt dagegen die Nebenstelle unmittelbar zu einem freien Amtswähler, so daß der Ausgang zum Amt, sofern überhaupt noch freie Amtsleitungen verfügbar sind, unter allen Umständen sichergestellt ist. (Näheres siehe dritten Abschnitt X.)

Gruppe C

Für die in der Gruppe C zusammengefaßten Großanlagen gelten im wesentlichen die gleichen Gesichtspunkte wie für mittlere Nebenstellenanlagen (außer Reihenanlagen). Bei der Planung von großen W-Nebenstellenanlagen ist hinsichtlich der Wahl des Systems folgende Frage von Bedeutung:

Welches System bietet die größte Sicherheit für die reibungslose Abwicklung des Innen- und Außenverkehrs bei Spitzenbetrieb?

Betrachtet man unter diesem Gesichtspunkt Großanlagen mit einem Fassungsvermögen von mehreren hundert Teilnehmeranschlüssen, dann ist zunächst die Frage von Interesse, ob die W-Zentrale in 100er oder 200er Gruppen aufgeteilt wird; denn je größer die Gruppen sind, desto vollkommener ist die Ausnützung der ihnen zur Verfügung stehenden Wähler[1]). Da die 100er Gruppe 100teilige und die 200er Gruppe 200teilige Wähler erfordert, so ist — z. B. bei Angebotsprüfungen — schon an diesem Merkmal zu erkennen, ob das angebotene System 100er oder 200er Gruppen besitzt. Noch wichtiger für eine reibungslose Abwicklung des Spitzenverkehrs ist die Frage der sog. Wähleraushilfe. Es gibt z. B. Systeme, bei denen die jeder Gruppe zugeordneten Gruppenwähler so geschaltet sind, daß den Teilnehmern einer Gruppe Gruppenwähler aus mehreren Gruppen zur Verfügung stehen.

Noch vollkommener sind Systeme bei denen GW und LW jeder Gruppe so geschaltet sind, daß bei Besetztsein aller Wähler einer Gruppe bei weiterem Bedarf die Wähler einer anderen Gruppe aushilfsweise einspringen.

Dagegen ist die Frage Vorwähler- oder Anrufsuchersystem, die im Konkurrenzkampf um große W-Anlagen häufig in den Vordergrund geschoben wird, nahezu bedeutungslos, weil beide Systeme die jeweils angeforderten Gesprächsverbindungen, sofern nur die dazu erforderlichen Wähler verfügbar sind, in gleich vollkommener Weise vermitteln.

Auf technische Einzelheiten der verschiedenen Systeme soll hier nicht näher eingegangen werden, sondern es sei nur ganz allgemein auf die Notwendigkeit einer gründlichen Planung und sachlichen Angebotsprüfung hingewiesen, weil andernfalls die Gefahr einer Fehlanschaffung besteht, die man angesichts der für derartige Anlagen in Betracht kommenden hohen Kosten möglichst zu vermeiden sucht. (Näheres siehe dritten Abschnitt XI, XII und für handbediente Anlagen III.)

---

[1]) Vgl. Lubberger, »Die Fernsprech-Anlagen mit Wählerbetrieb« im gleichen Verlag, 5. Aufl., Leistung der Wähler, S. 19—20.

Dritter Abschnitt
Regel- und Ergänzungsausstattungen

Vorbemerkung (amtlicher Wortlaut)

Die Vermittlungseinrichtungen von Nebenstellenanlagen und die Reihenanlagen werden so ausgestaltet, daß sie die nachstehend für die einzelnen Arten von Anlagen unter A festgesetzten Leistungen erfüllen (Regelausstattung). Über die Regelausstattung hinaus werden auf Antrag des Teilnehmers nur die unter B für jede Anlagenart und unter XV als allgemein verwendbar aufgeführten Einrichtungen angebracht (Ergänzungsausstattung) [1]. *Nachträglich können solche Einrichtungen nur eingebaut werden, wenn dies technisch möglich ist.*

Aus Vorstehendem ergibt sich, daß die Vorschriften über die Regelausstattungen Muß-, diejenigen über die Ergänzungsausstattungen Kannvorschriften sind. Verlangt der Teilnehmer nachträglich, d. h. nachdem er die Anlage in Benutzung genommen hat, Ergänzungen, die der Lieferer ablehnt, weil ihre nachträgliche Anbringung technisch nicht möglich ist, dann kann der Teilnehmer deshalb nicht vom Vertrag zurücktreten.

Die im amtlichen Text zu einzelnen Punkten der Regelausstattung in Klammern beigefügte Bemerkung »kann fehlen« bedeutet, daß während einer längeren Übergangszeit die betreffenden Punkte, die an sich unwesentlich sind, noch nicht erfüllt zu sein brauchen (sog. Fakultativpunkte). Hierdurch soll einerseits den Erzeugerfirmen Zeit zur Anpassung ihrer Technik an die neuen Vorschriften gegeben, andererseits der Aufbrauch vorhandener Apparatbestände ermöglicht werden, die sonst der Verschrottung anheimfallen würden.

Auch in Anlagen der Ostmark sind entsprechend den dort bisher gebräuchlichen Ausführungen gewisse Abweichungen während einer längeren Übergangszeit zulässig.

Hinsichtlich der Ergänzungsausstattungen ist wichtig, daß abweichende Ausführungen in Zukunft nicht mehr zulässig sind.

Damit soll selbstverständlich die technische Entwicklung nicht gehemmt werden, sondern die Deutsche Reichspost wird etwaige Neue-

---

[1] Die allgemein verwendbare Ergänzungsausstattung und die oben nicht erwähnten »Zusatzeinrichtungen« siehe vierten Abschnitt XV und XVa, S. 192 u. 194.

rungen zunächst prüfen und danach die Genehmigung zu ihrer Verwendung entweder erteilen oder versagen, wobei die Bedürfnisfrage im allgemeinen den Ausschlag geben dürfte.

Im übrigen unterscheidet die FO zwei Arten von zusätzlichen Einrichtungen, nämlich

1. die in nachstehendem jeweils unter B zu jeder Anlagenart und die im vierten Abschnitt unter XV aufgeführten allgemein verwendbaren Ergänzungsausstattungen,
2. die im vierten Abschnitt unter XVa aufgeführten »Zusatzeinrichtungen«.

Die unter 1. genannten Ergänzungsausstattungen sollen — soweit sie dem Teilnehmer für seine Zwecke geeignet erscheinen — möglichst gleich bei Beschaffung der Anlage mitbestellt werden. Sie unterliegen dann den gleichen Überlassungsbedingungen wie die übrige Anlage. Nachträglich können Ergänzungsausstattungen nur dann geliefert werden, wenn ihr späterer Einbau technisch möglich ist[1]).

Die unter 2. genannten Zusatzeinrichtungen können immer eingebaut werden. Sie unterliegen in Mietanlagen keiner Mindestüberlassungsdauer, sondern sind jederzeit (bei Privatanlagen vierteljährlich) kündbar.

Der Grund für diese unterschiedliche Behandlung liegt in folgendem:

Ergänzungsausstattungen sind in ihrer technischen Ausführung meistens auf die Anlage abgestimmt, in der sie Verwendung finden. Sie können dann nicht ohne weiteres aus einer Anlage entfernt und in eine Anlage anderen Systems eingebaut werden, weil (selbst zur Erreichung des gleichen Zweckes) bei verschiedenen Anlagetypen verschiedene technische Mittel notwendig sind. Aus diesem Grunde ist eine derartige Ergänzungsausstattung nicht ohne weiteres wieder verwendbar. Damit nun nicht beim Lieferer unwirtschaftliche Ladenhüter entstehen, muß der Besteller derartige Ergänzungsausstattungen, sofern sie nicht vertraglichen Bindungen unterliegen, käuflich erwerben.

Bei den Zusatzeinrichtungen hingegen handelt es sich um Einrichtungen, die in jeder beliebigen Anlage Verwendung finden können. Es ist z. B. ohne weiteres möglich, einen zweiten Hörer oder einen Wecker aus einer Reihenanlage herauszunehmen und in eine Wählernebenstellenanlage einzubauen. Der Lieferer hat also jederzeit die Möglichkeit, derartige Einrichtungen, falls sie gekündigt werden, sofort wieder zu verwenden. Aus diesem Grunde wurde von einer zeitlichen Bindung der »Zusatzeinrichtungen« abgesehen.

Den folgenden Erläuterungen der einzelnen Punkte der Regel- und Ergänzungsausstattung ist stets der amtliche Wortlaut in Schrägdruck vorangestellt.

---

[1]) Näheres siehe vierten Abschnitt, Vorbemerkungen zu den Preislisten, Nr. 3.

I. Zwischenumschalter mit Handvermittlung der Amtsgespräche in beiden Richtungen

(handbediente Zwischenumschalter)

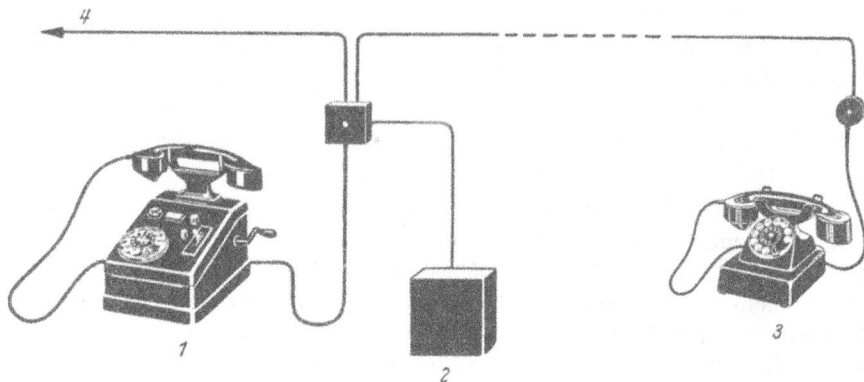

Bild 1. Handbedienter Zwischenumschalter.

1 Abfragestelle, *3* Nebenstelle,
2 Batteriekasten mit Trockenelementen, *4* zum Amt.

Die Anlage besteht aus nur 2 Sprechstellen, nämlich der Hauptstelle, das ist der Apparat, bei dem gewöhnlich der Amtsverkehr ankommt, und aus einer Nebenstelle. Beide Apparate sind durch eine zweidrähtige Leitung (Doppelleitung) miteinander verbunden.

A. Regelausstattung

1. Vermittlung der ankommenden und abgehenden Amtsgespräche der Nebenstelle bei der Hauptstelle.

Ankommende Amtsanrufe werden von der Hauptstelle entgegengenommen und, wenn die Nebenstelle gewünscht wird, an diese weitergegeben. Für abgehende Amtsgespräche ruft die Nebenstelle zunächst die Hauptstelle an und läßt sich mit Amt verbinden. Mit anderen Worten: Die Nebenstelle besitzt keine Selbsteinschaltung auf Amt.

2. Rückfragemöglichkeit zur Nebenstelle während eines Amtsgesprächs der Hauptstelle ohne Mithörmöglichkeit des fernen Teilnehmers.

Wenn die Hauptstelle über Amt spricht, kann sie das Amtsgespräch unterbrechen und die Nebenstelle zu einer telephonischen Rückfrage anrufen, ohne daß die im Amt aufgebaute Verbindung getrennt wird, und ohne daß der Außenteilnehmer das Rückfragegespräch mithören kann. Für die Hauptstelle ist diese Einrichtung besonders wichtig, weil hierdurch die Möglichkeit besteht, ankommende Amtsrufe, bei denen der Anrufer die Nebenstelle zu sprechen wünscht, dieser vorher anzukündigen, womit es in ihr Belieben gestellt ist, ob sie das Gespräch

entgegennehmen will oder nicht. Beachtlich ist, daß gemäß Regelausstattung nur die Hauptstelle diese Rückfragemöglichkeit besitzt.

Die Nebenstelle kann zwar als Ergänzungsausstattung eine ähnliche
Einrichtung erhalten, aber bei den beschränkten Verkehrsmöglichkeiten
der Nebenstelle, die nicht einmal Selbsteinschaltung zum Amt besitzt,
wird sie kaum verlangt werden. Wenn die Nebenstelle Rückfragemöglichkeit erhalten soll, wird man zweckmäßiger den selbsttätigen Zwischenumschalter verwenden, bei dem auch die Nebenstelle Selbsteinschaltung zum Amt besitzt.

*3. Sichtbares Besetztzeichen bei der Hauptstelle während jedes Amts-
gesprächs der Nebenstelle (kann fehlen).*

Die Hauptstelle soll an einem sichtbaren Besetztzeichen (z. B.
Sternschauzeichen) erkennen können, daß die Nebenstelle über Amt
spricht, damit sie nicht, wenn sie selbst über Amt sprechen will, das
Gespräch der Nebenstelle stört, sondern wartet, bis die Amtsleitung
wieder frei ist.

Die Nebenstelle braucht kein Besetztzeichen, weil sie keine Selbsteinschaltung zum Amt besitzt und daher stets erst die Hauptstelle
anrufen muß.

*4. Anruf der mit dem Amt sprechenden Hauptstelle von der Neben-
stelle aus durch hörbares oder sichtbares Zeichen (kann fehlen).*

Die Nebenstelle muß die Hauptstelle auch dann anrufen können,
wenn diese über Amt spricht. Die Hauptstelle wird dadurch zwar in
ihrem Amtsgespräch gestört, denn sie muß sich unterbrechen und der
rufenden Nebenstelle über die Rückfrageeinrichtung mitteilen, daß sie
durch ein Amtsgespräch besetzt ist, aber trotzdem ist das Verlangen
berechtigt, weil andernfalls die Nebenstelle, wenn sie keine Antwort
von der Hauptstelle erhält, irrtümlich annehmen könnte, die Leitung
sei gestört oder bei der Hauptstelle sei niemand anwesend.

5. Amtsruf durch hörbares Zeichen.

Der vom Amt kommende Ruf wird lediglich durch Ertönen eines
Weckers angezeigt.

6. Ruf bei Innenverbindungen mit Gleich- oder Wechselstrom.

Es handelt sich um den gegenseitigen Anruf der Haupt- und Nebenstelle für Innengespräche und es wird freigestellt, hierzu Gleich- oder
Wechselstrom zu verwenden. Für den Anruf zur Nebenstelle wird fast
immer Wechselstrom benutzt. Für den Anruf von der Nebenstelle zur
Hauptstelle sind beide Stromarten gebräuchlich. Im Betrieb ergeben
sich durch die eine oder andere Ausführung keine wesentlichen Unterschiede.

7. *Auf Wunsch des Teilnehmers: Mithör- und Mitsprechmöglichkeit für die Hauptstelle bei Amtsgesprächen der Nebenstelle (kann fehlen).*

Wenn es der Teilnehmer wünscht, muß die Hauptstelle die Amtsgespräche der Nebenstelle mithören und sich daran beteiligen können. Daraus, daß diese Mithör- und Mitsprecheinrichtung unter der Regelausstattung aufgeführt ist, ergibt sich, daß hieraus dem Teilnehmer keine besonderen Kosten erwachsen dürfen. Die Hauptstelle muß diese Einrichtung als Regelausstattung enthalten, sie wird aber nur auf Wunsch des Teilnehmers wirksam gemacht.

8. *Nachtschaltung der Nebenstelle.*

Durch eine besondere Schalteinrichtung bei der Hauptstelle kann die Nebenstelle mit dem Amt dauerverbunden werden, so daß sie alle ankommenden Amtsrufe unmittelbar entgegennehmen und auch abgehend ohne weiteres über Amt sprechen kann. Aus der Bezeichnung »Nachtschaltung« ergibt sich der Sinn dieser Einrichtung.

9. *Anschlußschnur bei Tischgehäuseform bis zu einer Länge von 2 m, bei Bedarf mit hohem Isolationswiderstand.*

Die Fassung »bis zu einer Länge von 2 m« besagt einerseits, daß, wenn der Teilnehmer aus irgendwelchen Gründen eine längere Anschlußschnur verlangt, er hierfür besonders bezahlen muß; andererseits, daß, wenn eine Anschlußschnur — z. B. infolge Nachsetzens wegen Aderbruch — kürzer als 2 m geworden ist, hierdurch die Regelausstattung noch nicht verletzt ist.

Zu dem weiteren Zusatz »bei Bedarf mit hohem Isolationswiderstand« ist folgendes zu bemerken: Es gibt in Deutschland Gebiete — z. B. die Küstengebiete an der Nordsee —, in denen normale Apparatanschlußschnüre wegen der hohen Luftfeuchtigkeit vorzeitig unbrauchbar werden. In diesen Gebieten müssen im Rahmen der Regelausstattung Schnüre mit besonders feuchtigkeitsbeständiger Isolation verwendet werden, ohne daß dem Teilnehmer hieraus zusätzliche Kosten erwachsen.

10. *Ausführung der Gehäuse in Metall oder Isolierpreßstoff: schwarz. Ausführung in Holz zugelassen.*

Für Apparate in Metall- oder Preßstoffgehäuse gilt demnach schwarz als Regelausführung; hinsichtlich der Farbe von Holzgehäusen bestehen keine Vorschriften, womit selbstverständlich nicht gesagt ist, daß der Teilnehmer für Holzgehäuse jede beliebige Farbe im Rahmen der Regelausstattung verlangen kann. Ob und inwieweit Sonderwünsche des Teilnehmers zu befriedigen sind, ist den Lieferern freigestellt.

11. Stromversorgungseinrichtung, bestehend aus Primärbatterie oder Netzanschlußgerät. Betriebsstrom aus dem Starkstromnetz oder Ersatz der Primärbatterie zu Lasten des Teilnehmers.

Die Regelausstattung läßt zwei Arten der Stromversorgung offen, nämlich entweder die Primärbatterie (z. B. Trockenelemente) oder das Netzanschlußgerät. Welche der beiden Arten am zweckmäßigsten ist, ergibt sich aus den örtlichen Verhältnissen, der Leitungslänge zwischen Haupt- und Nebenstelle sowie aus den gewünschten Ergänzungseinrichtungen. Die Art der Stromversorgung bestimmt der Lieferer.

12. Geeignet zum Anschluß an ZB- und W-Ämter.

Hiermit ist gesagt, daß diese Anlagenart nur im Bereich von ZB- und W-Ämtern verwendbar ist und daß sie im Rahmen der Regelausstattung technisch und schaltungsgemäß hierfür auch eingerichtet sein muß. Anschluß an OB-Ämter kommt nicht in Betracht.

B. Ergänzungsausstattung

1. Während einer Amtsverbindung der Nebenstelle entweder Anruf der Hauptstelle zu einer Rückfrage durch hörbares Zeichen oder hörbares Eintretezeichen für die Hauptstelle, auch in Dauerverbindungen (kann in der Ostmark fehlen).

Dies ist eine Ergänzung des Punktes 2 der Regelausstattung, d. h. außer der Hauptstelle soll auch die Nebenstelle als Ergänzungsausstattung die Rückfragemöglichkeit erhalten. Hierfür werden zwei Wege freigestellt, ein vollkommener, d. h. die Hauptstelle wird durch ein hörbares Zeichen (Wecker) zu einer Rückfrage angerufen, und ein weniger vollkommener, d. h. die Hauptstelle wird durch ein hörbares Zeichen aufgefordert in die Verbindung einzutreten. Letzteres bedeutet, daß die Hauptstelle durch besondere Schaltmaßnahmen die zwischen Nebenstelle und Amt bestehende Verbindung unter Haltung auf dem Amt auftrennen muß, um ohne Mithören seitens des Außenteilnehmers mit der Nebenstelle sprechen zu können, und daß sie nach beendeter Rückfrage den vorherigen Zustand (Verbindung Nebenstelle—Amt) wieder herstellen muß. Der Schwerpunkt der Schaltmaßnahmen liegt also bei der Hauptstelle, nicht bei der Nebenstelle, obwohl von ihr das Rückfragegespräch ausgeht.

Demgegenüber ist der erste Weg der vollkommenere, denn bei diesem trennt die Nebenstelle die Amtsverbindung unter Haltung auf dem Amt selbst auf, ruft die Hauptstelle an, spricht mit ihr, ohne daß der Außenteilnehmer mithören kann, und stellt nach beendeter Rückfrage die Durchschaltung zum Amt ebenfalls selbst wieder her.

2. Allgemein verwendbare Ergänzungsausstattung (s. XV).
Siehe vierten Abschnitt XV, S. 192.

II. Zwischenumschalter mit selbsttätiger Durchschaltung der Nebenstelle zum Amt

(selbsttätige Zwischenumschalter)

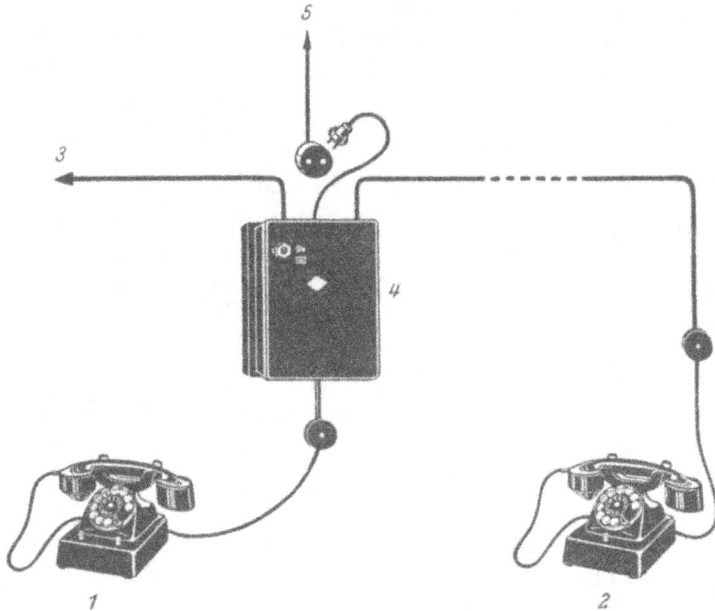

Bild 2. Selbsttätiger Zwischenumschalter mit Netzspeisung.

1 Abfragestelle.   *4* Beikasten mit Netzspeisegerät,
2 Nebenstelle.   *5* zum Wechselstromnetz.
3 zum Amt.

Die Anlage besteht aus nur zwei Sprechstellen, nämlich der Hauptstelle, das ist der Apparat, bei dem in der Regel der Amtsverkehr ankommt, und aus einer Nebenstelle. Beide Apparate sind durch eine zweidrähtige Leitung (Doppelleitung) miteinander verbunden.

A. Regelausstattung.

1. Vermittlung nur der ankommenden Amtsgespräche bei der Hauptstelle; Anruf des Amtes von der Nebenstelle aus selbsttätig.

Ankommende Amtsgespräche werden von der Hauptstelle entgegengenommen und, wenn die Nebenstelle gewünscht wird, an diese weitergegeben. Für abgehende Amtsgespräche kann sich die Nebenstelle selbständig mit dem Amt verbinden; m. a. W.: Die Nebenstelle besitzt Selbsteinschaltung auf Amt.

2. Rückfragemöglichkeit zur Nebenstelle während eines Amtsgesprächs der Hauptstelle ohne Mithörmöglichkeit des fernen Teilnehmers.

Siehe I, A Punkt 2, S. 28.

3. *Sichtbares oder hörbares Besetztzeichen bei der Hauptstelle während jedes Amtsgesprächs der Nebenstelle. Hörbares Besetztzeichen bei der Nebenstelle während eines Amtsgesprächs der Hauptstelle; das Besetztzeichen kann auch darin bestehen, daß das Wählzeichen des Amtes ausbleibt (kann in der Ostmark fehlen).*

Amtsbesetztzeichen

a) bei der Hauptstelle.

Die Hauptstelle muß erkennen können, wenn die Nebenstelle über Amt spricht; es wird aber freigestellt, den Besetztzustand entweder durch ein sichtbares (z. B. ein in den Apparat eingebautes Schauzeichen, für das früher der Ausdruck Sperrsignal gebräuchlich war) oder durch ein hörbares Besetztzeichen zu kennzeichnen. Das hörbare Besetztzeichen wird erst wahrgenommen, wenn der Hauptstelleninhaber versucht, über Amt zu sprechen, d. h. er hört nach Abnehmen des Hörers und Betätigen der Amtseinschalttaste in seinem Hörer statt des Amtswählzeichens, das ihm normalerweise die erfolgte Durchschaltung zum W-Amt anzeigt, ein dauerndes Summerzeichen, an dem er erkennt, daß die Nebenstelle bereits über Amt spricht.

b) bei der Nebenstelle.

Hier kennt die Regelausstattung nur ein hörbares Besetztzeichen, aber sie läßt sowohl ein »positives« (dauerndes Summerzeichen im Hörer nach Betätigen der Amtseinschalttaste), als auch ein »negatives« zu (Ausbleiben des Amtswählzeichens, das sonst — bei unbesetzter Amtsleitung — die erfolgte Durchschaltung zum Amt anzeigt).

4. *Anruf der mit dem Amt sprechenden Hauptstelle von der Nebenstelle aus durch hörbares oder sichtbares Zeichen (kann fehlen).*

Die Nebenstelle muß die Hauptstelle auch dann anrufen können, wenn sie über Amt spricht. Die Hauptstelle wird dadurch zwar in ihrem Amtsgespräch gestört, denn sie muß sich unterbrechen und der rufenden Nebenstelle über die Rückfrageeinrichtung mitteilen, daß sie über Amt spricht, aber trotzdem ist die Vorschrift berechtigt, weil sonst die Nebenstelle, wenn sie keine Antwort von der Hauptstelle erhält, irrtümlicherweise annehmen könnte, die Leitung sei gestört. Allerdings hat die Nebenstelle noch eine weitere Möglichkeit festzustellen, daß die Hauptstelle über Amt spricht, nämlich, indem sie sich durch Drücken der Taste selbst auf Amt einschaltet; denn dann erkennt sie am Summerzeichen (oder am Ausbleiben des Amtswählzeichens), daß die Hauptstelle über Amt spricht.

5. *Amtsruf durch hörbares Zeichen.*

Der vom Amt kommende Ruf wird lediglich durch Ertönen eines Weckers angezeigt.

6. *Ruf bei Innenverbindungen mit Gleich- oder Wechselstrom.*

Es handelt sich um den gegenseitigen Anruf der Haupt- und Nebenstelle für Innengespräche, und es wird freigestellt, hierzu Gleich- oder Wechselstrom zu verwenden. Für den Anruf zur Nebenstelle wird fast immer Wechselstrom benutzt. Für den Anruf von der Nebenstelle zur Hauptstelle sind beide Stromarten gebräuchlich. Im Betrieb ergeben sich durch die eine oder andere Ausführung keine wesentlichen Unterschiede.

7. *Auf Wunsch des Teilnehmers: Mithör- und Mitsprechmöglichkeit für die Hauptstelle bei Amtsgesprächen der Nebenstelle (kann fehlen).*

Wenn es der Teilnehmer wünscht, muß die Hauptstelle die Amtsgespräche der Nebenstelle mithören und sich daran beteiligen können. Daraus, daß diese Mithör- und Mitsprecheinrichtung unter der Regelausstattung aufgeführt ist, ergibt sich, daß hieraus dem Teilnehmer keine besonderen Kosten erwachsen dürfen. Die Hauptstelle muß diese Einrichtung als Regelausstattung enthalten, sie wird aber nur auf Wunsch des Teilnehmers wirksam gemacht.

8. *Nachtschaltung der Nebenstelle.*

Durch eine besondere Schalteinrichtung bei der Hauptstelle kann die Nebenstelle mit dem Amt dauerverbunden werden, so daß sie alle ankommenden Amtsrufe unmittelbar entgegennehmen und auch abgehend ohne weiteres über Amt sprechen kann. Aus der Bezeichnung »Nachtschaltung« ergibt sich der Sinn dieser Einrichtung.

9. *Schaltung der Nebenstelle bei Tagstellung als halbamtsberechtigte Nebenstelle (kann in der Ostmark fehlen).*

Die »Halbamtsberechtigung« der Nebenstelle soll darin liegen, daß sie sich, außer bei Nachtschaltung, nicht selbständig mit dem Amt verbinden kann. Die hierzu erforderliche Änderung gilt als Ergänzungsausstattung.

10. *Anschlußschnur bei Tischgehäuseform bis zu einer Länge von 2 m, bei Bedarf mit hohem Isolationswiderstand.*

Die Fassung »bis zu einer Länge von 2 m« besagt einerseits, daß, wenn der Teilnehmer aus irgendwelchen Gründen eine längere Anschlußschnur verlangt, er hierfür besonders bezahlen muß; andererseits, daß, wenn eine Anschlußschnur — z. B. infolge Nachsetzens wegen Aderbruch — kürzer als 2 m geworden ist, hierdurch die Regelausstattung noch nicht verletzt ist. Zu dem weiteren Zusatz »bei Bedarf mit hohem Isolationswiderstand« ist folgendes zu bemerken: Es gibt in Deutschland Gebiete — z. B. die Küstengebiete an der Nordsee —, in denen normale Apparatanschlußschnüre wegen der hohen Luftfeuchtigkeit vorzeitig unbrauchbar werden. In diesen Gebieten müssen im Rahmen der Regelausstattung Schnüre mit besonders feuchtigkeitsbeständiger

Isolation verwendet werden, ohne daß dem Teilnehmer hieraus zusätzliche Kosten erwachsen.

*11. Ausführung der Gehäuse in Metall oder Isolierpreßstoff: schwarz.
Ausführung in Holz zugelassen.*

Für Apparate in Metall- oder Preßstoffgehäuse gilt demnach schwarz
als Regelausführung; hinsichtlich der Farbe von Holzgehäusen bestehen
keine Vorschriften, womit selbstverständlich nicht gesagt ist, daß der
Teilnehmer für Holzgehäuse jede beliebige Farbe im Rahmen der Regelausstattung verlangen kann. Ob und inwieweit Sonderwünsche des
Teilnehmers zu befriedigen sind, ist den Lieferern freigestellt.

*12. Stromversorgungseinrichtung, bestehend aus Primärbatterie oder
Sammlerbatterie und Ladegerät für selbsttätige Pufferung oder Netzanschlußgerät. Lade- oder Betriebsstrom aus dem Starkstromnetz oder Ersatz der Primärbatterie zu Lasten des Teilnehmers.*

Die Regelausstattung läßt demnach drei verschiedene Arten der
Stromversorgung offen, nämlich Primärelemente (z. B. Trockenelemente),
Sammler (Akkumulatoren) und Netzanschlußgerät. Für diese Anlagenart ist nur Stromversorgung durch Netzanschlußgerät wirtschaftlich,
weil die anderen Stromversorgungseinrichtungen zu teuer sind. Netzanschlußgerät ist nur im Bereich von Wechselstromnetzen verwendbar.

13. Geeignet zum Anschluß an ZB- und W-Ämter.

Diese Anlagenart ist nur im Bereich von ZB- und W-Ämtern verwendbar und muß im Rahmen der Regelausstattung technisch und
schaltungsgemäß hierfür eingerichtet sein. Anschluß an OB-Ämter
kommt also nicht in Betracht.

B. Ergänzungsausstattung

*1. Während einer Amtsverbindung der Nebenstelle entweder Anruf der
Hauptstelle zu einer Rückfrage durch hörbares Zeichen oder hörbares Ein-
tretezeichen für die Hauptstelle, auch in Dauerverbindungen (kann in der
Ostmark fehlen).*

Siehe I, B, Punkt 1, S. 31.

*2. Selbsttätige Amtsrufumschaltung von der Hauptstelle zur Neben-
stelle (kann in der Ostmark fehlen).*

Hiermit ist folgende Einrichtung gemeint: Wenn der vom Amt
kommende Ruf innerhalb einer gewissen Zeit — etwa nach viermaliger
Wiederholung — nicht beantwortet wird, dann tritt die selbsttätige Rufumschaltung in Wirksamkeit, indem sie den Amtsruf zur Nebenstelle umschaltet. Meldet sich auch diese nach mehrmaligem Ruf nicht, dann wird
zur Hauptstelle zurückgeschaltet und so fort, d. h. der Amtsruf pendelt
zwischen der Haupt- und Nebenstelle so lange hin und her, bis ihn eine
der beiden Stellen entgegennimmt oder der Rufende seinen Hörer auflegt.

3. Mithör- und Mitsprechmöglichkeit für die Nebenstelle (kann in der Ostmark fehlen).

Während die Mithör- und Mitsprechmöglichkeit für die Hauptstelle zur Regelausstattung gehört (Punkt 7), gilt sie bei der Nebenstelle als Ergänzungsausstattung, wird also besonders berechnet. Mit dieser Einrichtung können aber nicht etwa die Amtsgespräche der Hauptstelle durch die Nebenstelle überwacht werden. Das ist deshalb nicht möglich, weil die Nebenstelle kein sichtbares Amtsbesetztzeichen hat, sondern sie erhält von einem Amtsgespräch der Hauptstelle nur dann Kenntnis, wenn sie zufällig gleichzeitig versucht mit der Hauptstelle oder über Amt zu sprechen (vgl. Punkt 3, Ziffer b der Erläuterung zur Regelausstattung). Der praktische Wert dieser Mithör- und Mitsprechmöglichkeit liegt also nur darin, daß die Hauptstelle die Nebenstelle zum Mithören des Amtsgesprächs auffordern kann, um als Zeuge oder durch Mitsprechen daran teilzunehmen.

4. Allgemein verwendbare Ergänzungsausstattung (siehe XV).

Siehe vierten Abschnitt XV, S. 192.

III. Nebenstellenanlagen mit Handvermittlung für alle Gespräche

(handbediente Nebenstellenanlagen)
(Fallklappenschränke, Rückstellklappenschränke und Glühlampenschränke)

Als Privatanlagen kommen Nebenstellenanlagen dieser Art nur noch selten vor und wenn, ·dann nur mit Glühlampenschränken. Aus diesem Grunde werden die nachstehenden Regel- und Ergänzungsausstattungen nur in bezug auf ZB-Glühlampenschränke erläutert, während OB-Klappen- und Rückstellklappenschränke unberücksichtigt bleiben. Hinsichtlich der Baustufen gilt folgendes: Es gibt eine Kleinausführung und eine Baustufe. Die letztere ist ein Standschrank mit einem Mindestausbau von 5 Amtsleitungs- und 50 Sprechstellenanschlüssen, erweiterungsfähig auf 10 Amtsleitungen und 100 Sprechstellen. Durch Nebeneinanderschalten mehrerer Schränke können Anlagen beliebiger Größe gebaut werden, wobei jedoch bei mehr als 2 Schränken das Erfordernis der Vielfachschaltung zu beachten ist. Nur die Preise für diese Baustufe sind geregelt; für die Kleinausführung bestehen keine amtlichen Vorschriften[1]). Regel- und Ergänzungsausstattung gilt jedoch für beide Ausführungen.

[1]) Unter sich sind die Wifernafirmen übereingekommen, auch für die Kleinausführung drei feste Baustufen (A, B, C) mit Mindest- und Höchstausbau zu festen Preisen anzuwenden.

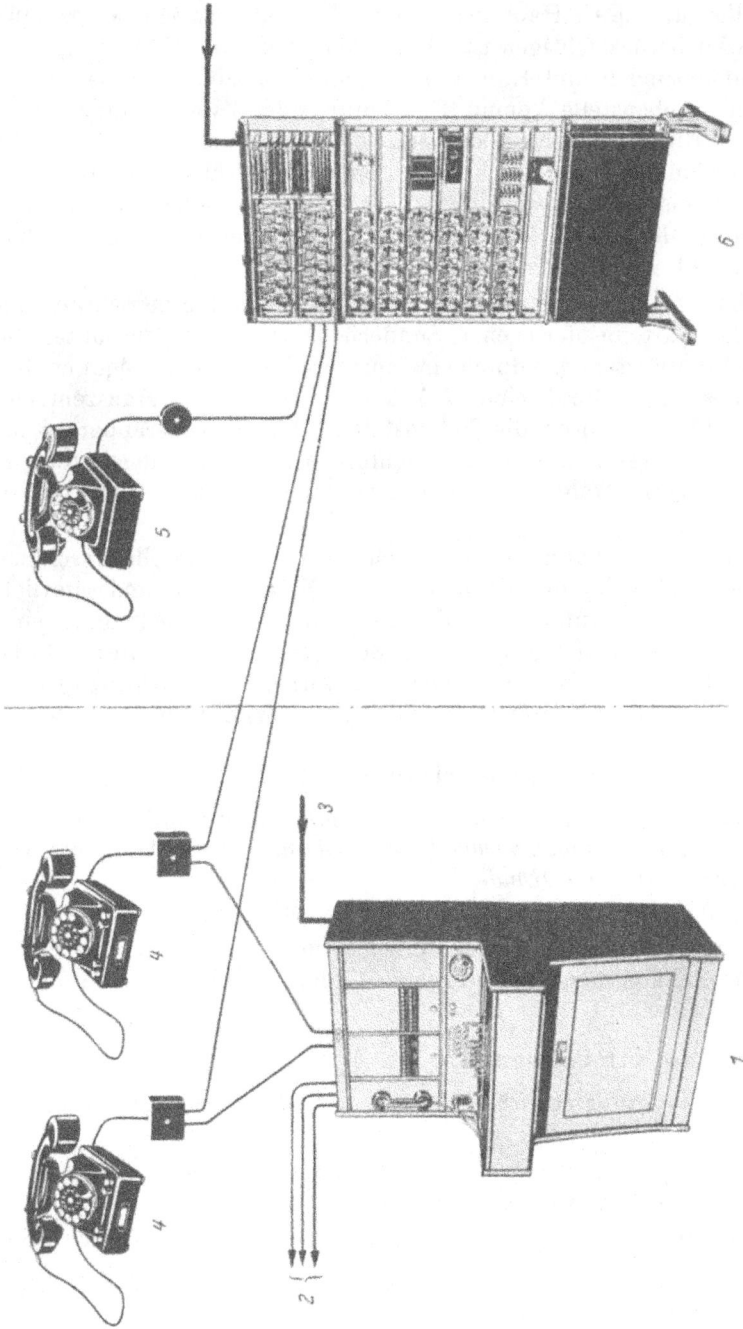

Bild 3. Nebenstellenanlage mit Handvermittlung in Verbindung mit einer privaten Fernmeldeanlage.

1 Glühlampenschrank,
2 zum Amt,
3 Speiseleitung (von der Stromlieferungsanlage).
4 Nebenstelle (Doppelweckerapparat),
5 Hausstelle,
6 Wählerzentrale der privaten Fernmeldeanlage.

An die Vermittlungsschränke dieser Art werden Amtsleitungen, Nebenstellen und u. U. Hausstellen angeschlossen, was schaltungsmäßig besonders zu berücksichtigen ist. Vor allem muß eine Verbindung zwischen Amtsleitungen und Hausstellen verhindert sein. Für die Verbindung Amt—Nebenstelle kommt Einschnur- oder Zweischnursystem in Betracht. Früher benutzte man hierzu hier und da schnurlose Vermittlungseinrichtungen mit Druckknopf- oder Hebelschaltern, auch mit elektromechanischer Selbstauslösung, ist aber von diesen Ausführungsformen wegen des großen Materialaufwands, den sie erfordern, und ihrer Kostspieligkeit wieder abgekommen.

Als handbediente Nebenstellenanlage mit Glühlampenschrank hat diese Anlagenart insofern eine Sonderbedeutung, als sie unter bestimmten Voraussetzungen durch eine »private Fernmeldeanlage« ergänzt werden kann, z. B. durch eine W-Anlage (automatische Hauszentrale). In diesem Falle erhalten die Nebenstellen Doppelweckerapparate mit Amts- und Haustaste und mit 2 Anschlußleitungen, von denen die eine zur Glühlampenzentrale und die andere zur W-Zentrale führt (Zweischleifenbetrieb).

Die W-Zentrale kann außerdem beliebig viele Hausstellenanschlüsse aufnehmen, und es können dann sämtliche Nebenstellen und sämtliche Hausstellen durch Nummernwahl, also ohne Inanspruchnahme einer Handvermittlung, beliebig untereinander verkehren. Dabei ist die W-Zentrale als private Fernmeldeanlage unabhängig von der Regelung für Nebenstellenanlagen (vgl. Bild 3).

A. Regelausstattung

1. Herstellung und Trennung aller Verbindungen (Amtsverbindungen in beiden Richtungen und Innenverbindungen) und Rückstellung der Verbindungsorgane nur von Hand.

An Glühlampenschränken werden alle Verbindungen durch Schnurstöpsel hergestellt. Für Verbindungen Amt—Nebenstelle in beiden Richtungen (ankommend und abgehend) kommt Ein- oder Zweischnursystem in Betracht.

2. Zahl der Verbindungsorgane:

> *a) Vermittlungseinrichtungen bis zu 30 Anschlußorganen für Nebenstellen*
>
>> *für jedes eingebaute Anschlußorgan für Amtsleitungen:*
>> *1 Verbindungsorgan,*
>>
>> *für je 10 eingebaute Anschlußorgane für Nebenstellen[1]) oder*

---

[1]) *Für die Bemessung der Zahl der Verbindungsorgane werden unter Anschlußorganen für Nebenstellen auch die Anschlußorgane für die als Nebenstellen geschalteten Querverbindungen und Abzweigleitungen verstanden.*

*einen Teil davon, wobei die Zahl der Amtsanschlußorgane
abzuziehen ist:*

   1 Verbindungsorgan.

   *b) Vermittlungsschränke mit über 30 bis 100 Anschlußorganen für
   Nebenstellen[1])*

      für jedes eingebaute Anschlußorgan für Amtsleitungen:

      1 Verbindungsorgan,

      *für die eingebauten Anschlußorgane für Nebenstellen[2]), wo-
      bei die Zahl der Amtsanschlußorgane abzuziehen ist:*

      für die ersten 30 Anschlußorgane 3 Verbindungsorgane,

      *für je 20 weitere Anschlußorgane oder für einen Rest von
      mehr als 5:*

         1 Verbindungsorgan.

   *Für Anlagen in Hotelbetrieben, Krankenhäusern usw. kann bei Be-
rechnung der Zahl der Anschlußorgane für Nebenstellen die Zahl der
Nebenstellen, von denen vorwiegend nur Amtsverbindungen geführt werden,
unberücksichtigt bleiben, jedoch muß mindestens 1 Verbindungsorgan für
Nebenstellen vorhanden sein.*

Die Mindestanzahl der Verbindungsorgane, d. h. der Einschnurstöpsel oder Schnurpaare für Amtsverbindungen sowie der Schnurpaare
für den Innenverkehr wird genau vorgeschrieben. Grundsätzlich muß
für jede Amtsleitung ein Einschnurstöpsel oder ein Schnurpaar vorgesehen werden. Ferner in kleinen Anlagen bis zu 30 Teilnehmeranschlüssen

für je 10 . . . . 1 Schnurpaar für Innenverkehr.

Bei Schränken mit mehr als 30 bis zu 100 Teilnehmeranschlüssen
errechnet sich die Mindestanzahl der Schnurpaare wie folgt:

Für die ersten 30 Teilnehmeranschlüsse . . . 3 Schnurpaare.

Für je 20 weitere Teilnehmeranschlüsse oder
   einen Teil davon, jedoch nur wenn er mehr
   als 5 beträgt . . . . 1 Schnurpaar mehr.

3. *Verbindungsmöglichkeit zwischen allen Nebenstellen von jedem
Arbeitsplatz aus, wenn mehrere Schränke aufgestellt werden.*

Große Zentralen mit mehr als 2 Arbeitsplätzen werden aus mehreren
Schränken zusammengesetzt. Grundsätzlich soll es von jedem Arbeits-

---

[1]) *Bei der Bemessung der Grenze von 100 Anschlußorganen rechnen auch die
in die Vermittlungseinrichtung eingebauten Rückfrageanschlüsse der Amtsleitungen
als Anschlüsse, wenn durch sie die Zahl der anschaltbaren Anschlüsse beeinflußt wird.*

[2]) *Für die Bemessung der Zahl der Verbindungsorgane werden unter Anschlußorganen für Nebenstellen auch die Anschlußorgane für die als Nebenstellen geschalteten Querverbindungen und Abzweigleitungen verstanden.*

platz aus möglich sein, Verbindungen mit allen Sprechstellen herzu-
stellen. Hierzu sind sog. Vielfachklinkenfelder[1]) erforderlich.

Besteht eine Zentrale beispielsweise aus 3 Schränken zu je 100 Teilnehmeranschlüssen und mit je einem Arbeitsplatz, dann erhält zunächst
jeder Arbeitsplatz 100 Anschlüsse auf Abfrage, also 100 Anruforgane
(Lampen) und 100 Klinken, ferner zusätzlich ein Klinkenfeld mit 200
Vielfachklinken, an denen die übrigen 200 Anschlüsse liegen. Hierdurch
ist es an jedem Arbeitsplatz möglich, sowohl die 100 eigenen Anschlüsse
untereinander, als auch mit den übrigen 200 Anschlüssen (durch die
Vielfachklinken) zu verbinden. Bei Zentralen mit zwei Arbeitsplätzen
kann ein gemeinsames Klinkenfeld zwischen beiden angeordnet werden, dessen Klinken von jedem Arbeitsplatz aus erreichbar sind.

*4. Durchwahlmöglichkeit der Nebenstellen zum Amt nach Verbindung
bei der Hauptstelle.*

Für abgehende Amtsgespräche erhält jede Nebenstelle von der
Vermittlung auf Verlangen eine freie Amtsleitung zugeteilt, d. h. sie
wird mit dem Amt verbunden. Hiermit soll aber die Tätigkeit der Vermittlung (abgesehen von der späteren Trennung) beendet sein, d. h. das
Wählen der Rufnummer des gewünschten Teilnehmers muß der Nebenstelleninhaber selbst vornehmen können. Dessenungeachtet darf die
Vermittlung bevorzugten Teilnehmern ihre Amtsverbindungen bis zum
gewünschten Teilnehmer aufbauen.

*5. Verbindungsmöglichkeit mit dem Amt, wenn die Anlage gestört ist
(bei privaten Anlagen wird die Bedingung durch den Postprüfapparat
erfüllt).*

Nichts zu bemerken.

6. Ruf zu den Nebenstellen nur von Hand über die Verbindungswege.

Die Vermittlung muß nach Herstellung einer Verbindung die gewünschte Sprechstelle durch Betätigen einer Rufeinrichtung, z. B. eines
Rufschalters, oder durch Drehen einer Induktorkurbel »von Hand«
anrufen. Bequemer ist selbsttätiger Ruf (vgl. B, Punkt 18).

*7. Möglichkeit der Ankündigung eines Amtsanrufs durch die Haupt-
stelle ohne Mithörmöglichkeit des anrufenden Teilnehmers.*

Die Abfragestelle muß die Möglichkeit besitzen, ankommende Amtsanrufe der gewünschten Nebenstelle vor Durchschaltung anzukündigen,
z. B. um der Nebenstelle die Möglichkeit zu geben, die Annahme des
Gesprächs abzulehnen. Selbstverständlich darf der anrufende Teilnehmer das Gespräch zwischen Vermittlung und Nebenstelle nicht mithören.

---

[1]) Siehe Fachausdrücke: Vielfachschaltung.

8. Halten von Amtsverbindungen durch die Hauptstelle zum Abfragen in einer anderen Amtsleitung (gilt nicht für Fallklappenschränke).

Wenn ein ankommender Amtsanruf nicht sofort an eine Nebenstelle weitergegeben werden kann (z. B. weil erst geklärt werden muß, welche Stelle für das Anliegen des anrufenden Teilnehmers zuständig ist) und wenn gleichzeitig weitere Anrufe eingehen, dann muß die Vermittlung die Möglichkeit besitzen, erst diese abzufertigen, währenddem die Erstverbindung gehalten bleiben muß, um erst später abgefertigt zu werden.

9. Für jede Amtsleitung Einzelnachtschaltung zu einer Nebenstelle.

Nach Dienstschluß in der Vermittlung kann jede Amtsleitung mit einer Nebenstelle dauerverbunden werden. Systemunterschiede bestehen insofern, als beim Einschnursystem die nachtgeschalteten Nebenstellen b e l i e b i g e sein können, während es beim Zweischnursystem gewöhnlich b e s t i m m t e sind.

10. Rufstromerzeuger: Induktor oder Polwechsler.

Siehe Fachausdrücke: Induktor und Polwechsler.

11. Anzeige des Ansprechens von Sicherungen durch einen ausschaltbaren Wecker oder eine Lampe (gilt nicht für Fallklappenschränke).

Nichts zu bemerken.

12. In Anlagen mit 50 und mehr Anschlußorganen für Nebenstellen: Verteiler mit Lötösenstreifen und Trennstreifen für alle Amtsleitungen und Nebenanschlüsse. Die Trennstreifen können im Aufbau mit den Lötösenstreifen vereinigt sein.

Siehe XI, A, Punkt 17, S. 113.

13. Innerhalb der Regelausstattung wird geliefert:

für Glühlampenschränke

a) in Wechselstromnetzen:
  die volle Stromversorgungseinrichtung, bestehend aus einer Batterie und Ladegerät für selbsttätige Pufferung oder aus einem Netzanschlußgerät,

b) in Gleichstromnetzen mit geerdetem Pluspol:
  die volle Stromversorgungseinrichtung, bestehend aus einer Batterie und Ladegerät für selbsttätige Pufferung,

c) in Gleichstromnetzen ohne geerdeten Pluspol und immer bei Lade- und Entladebetrieb: Aufwendungen bis zum Betrage wie unter b.

Bei a und b (Pufferbetrieb):
Mindestleistung der Batterie
für Glühlampenschränke
10 Wh für jede Amtsleitung, 35 Wh für je 10 Nebenstellen.

Bei c:

Bei Lade- und Entladebetrieb muß jede der beiden Batterien die doppelte Leistung haben. Lade- oder Betriebsstrom aus dem Starkstromnetz . . . . zu Lasten des Teilnehmers. Bei Puffergeräten mit mehr als 3 A Ladestrom Anzeige beim Ausbleiben des Netzstroms durch einen ausschaltbaren Wecker oder eine Lampe.

Für die Stromversorgung von Glühlampenzentralen kommen nur Netzanschlußgeräte oder Sammlerbatterien in Betracht. Ausführliche Erläuterungen hierzu siehe X, A, Punkt 20.

14. *Zusätze für die Anpassung an die Amtsschaltungen.*

Nebenstellenglühlampenschränke müssen zum Anschluß an jede Amtsart (OB-, ZB- und W-Amt) geeignet sein. Falls hierzu besondere Zusätze erforderlich sind, dann gehören sie zur Regelausstattung.

B. Ergänzungsausstattung

1. *Weitere Verbindungsorgane für Amts- und Innengespräche.*

Gemeint sind Schnurpaare, wie sie nur beim Zweischnursystem in Betracht kommen, wo sie sowohl für Amts- wie für Innenverbindungen verwendet werden. Durch Erhöhung ihrer Anzahl soll verhindert werden, daß eine Amts- oder Innenverbindung mangels Schnurpaaren nicht hergestellt werden kann.

2. *Zweite Abfragemöglichkeit bei der Hauptstelle (ohne Vermehrung der Verbindungsmittel).*

Hiermit ist ein zweiter Handapparat (Mikrotelephon) gemeint, der an einem Arbeitsplatz eingestöpselt werden kann, womit eine zweite Bedienungsperson die Möglichkeit erhält, sich an der Vermittlungsarbeit hilfsweise zu beteiligen.

3. *Zweite Vermittlungseinrichtung mit gleichem oder geringerem Ausbau als bei der ersten, jedoch mit denselben Betriebsmöglichkeiten.*

Eine zweite Vermittlung ist häufig als Nachtvermittlung erforderlich, durch die ein Fernsprechverkehr, meist in beschränktem Umfange, auch über Nacht aufrecht erhalten werden soll. Auch für Luftschutzzwecke als sog. Ausweichvermittlung kommt die zweite Vermittlung in Betracht. Zu jeder »Zweiten Vermittlung« sind besondere Umschalteinrichtungen erforderlich, durch die alle Anschlußleitungen, die über Nacht oder im Luftschutzfalle in Betrieb bleiben müssen, von der Hauptvermittlung auf die zweite Vermittlung umgeschaltet werden. Dies kann entweder durch einen handbedienten Sammelumschalter (Walzenumschalter) oder durch fernbetätigte Einzelumschalter geschehen, die an geeigneten Stellen im Leitungsnetz verstreut angeordnet werden. Die letztere Ausführung kommt für Luftschutzzwecke in Frage.

4. *Mithören am Schrank mit hörbarem Zeichen für die Nebenstelle (das Zeichen kann fehlen).*

Es gilt als kostenpflichtige Ergänzungsausstattung, wenn die Verbindungsorgane im Schrank so geschaltet werden, daß sich die Bedienung in jede Gesprächsverbindung zum Mithören einschalten kann. Das ist nicht zu verwechseln mit dem sog. Eintreten der Bedienung in eine Gesprächsverbindung. Hierunter versteht man, daß die Bedienung immer nur mit einem der beiden Gesprächspartner unter Abschaltung des anderen in Verbindung treten kann.

5. *Polwechsler für Anlagen mit Induktor. Induktor für Anlagen mit Polwechsler.*

Siehe Fachausdrücke: Polwechsler und Induktor.

6. *Nachtschaltung zwischen Nebenstellen.*

Hierunter ist die Dauerverbindung zwischen zwei Sprechstellen nach Dienstschluß in der Vermittlung zu verstehen. Man könnte meinen, daß es hierzu keiner besonderen Einrichtung bedürfe, weil die Verbindung mit einem normalen Schnurpaar hergestellt werden kann. Das ist aber nicht angängig, weil dann die zum normalen Schnurpaar gehörenden beiden Schlußlampen die ganze Nacht brennen würden. Aus diesem Grunde verwendet man für die Dauerverbindung ein besonderes Nachtschnurpaar ohne Schlußlampen. Außerdem müssen aber in ZB-Anlagen auch die Sprechstellenapparate selbst für diese Dauerverbindung eingerichtet sein, denn sie müssen sich gegenseitig durch Wechselstrom anrufen können, müssen also entweder mit einem Handinduktor oder mit einer Ruftaste ausgerüstet sein.

7. *Eintretezeichen für die Hauptstelle bei ankommenden Amtsverbindungen der Nebenstellen; es kann auch bei abgehenden Amtsverbindungen vorhanden sein. (Eintretezeichen kann bei Fallklappenschränken und Rückstellklappenschränken fehlen.)*

Es gilt als Ergänzungsausstattung, wenn die Nebenstelle während des Gesprächs auf einer angekommenen Amtsverbindung die Bedienung zum Eintreten veranlassen kann. Daß die gleiche Einrichtung auch bei abgehenden Amtsverbindungen als zulässig besonders erwähnt wird, hat seinen Grund darin, daß die Amtsleitung in der Vermittlung schaltungstechnisch bei einer ankommenden Verbindung in einem anderen Zustand ist als bei einer abgehenden, und daß dieser Zustand für die Auslösung eines Eintretezeichens von Bedeutung ist. In neuzeitlichen Glühlampenschränken kann das Eintretezeichen sowohl bei ankommenden als auch bei abgehenden Amtsverbindungen gegeben werden. Diese Einrichtung kann außer für Gesprächsumlegungen auch als primitive Rückfrageeinrichtung benutzt werden, denn sie gestattet ein Gespräch zwischen Nebenstelle und Vermittlung ohne Mithörmöglichkeit seitens des Außenteilnehmers. Das Primitive liegt darin, daß die hierzu erforderlichen hauptsächlichsten Schaltmaßnahmen (Trennung vom Außenteilnehmer und Wiederdurchschaltung nach beendeter Rückfrage) nicht von der Nebenstelle selbst — wie bei vollkommenen Rückfrageeinrichtungen (vgl. Punkt 17) — sondern von der Vermittlung getroffen werden müssen.

8. Ergänzungsschaltung, die verhindert, daß von den Nebenstellen nach Beendigung eines Amtsgesprächs ein neues Amtsgespräch ohne Mitwirken der Hauptstelle geführt werden kann.

Gemeint ist die selbsttätige elektrische Trennung einer Amtsverbindung unabhängig vom Herausziehen der Verbindungsstöpsel. Näheres siehe zweiten Abschnitt S. 20: Selbsttätige Trennung der Amtsverbindungen.

9. Sicherungsstreifen statt Trennstreifen für den Verteiler. Die Sicherungsstreifen können im Aufbau mit den Lötösenstreifen vereinigt sein.

Siehe XI, B, Punkt 20, S. 118.

10. Weitere Lötösenstreifen, Trennstreifen oder Sicherungsstreifen für den Verteiler, die für Vorratsleitungen bestimmt sind.

Nichts zu bemerken.

11. Anschlußmöglichkeit für vorgeschaltete Reihenapparate.

Diese Einrichtung ist wichtig, denn sie bietet die Möglichkeit, handbediente Nebenstellenanlagen erheblich zu vervollkommnen, indem bevorzugten Nebenstellen Selbsteinschaltung zum Amt, Rückfragemöglichkeit sowie Überwachung des gesamten Amtsverkehrs durch Mithör- und Mitsprecheinrichtungen auf verhältnismäßig einfache Weise gegeben werden kann. Es geschieht durch vorgeschaltete Apparate, wobei die Vorschaltung auf zwei grundsätzlich verschiedene Arten erfolgen kann, nämlich

a) in Reihenschaltung, d. h. die Amtsleitungen werden zuerst über die vorgeschalteten Apparate geführt und enden am Glühlampenschrank auf normalen Anschlußorganen. Benützt eine der vorgeschalteten Nebenstellen eine Amtsleitung (die Selbsteinschaltung erfolgt durch Drücken einer Amtstaste), dann erscheint bei den übrigen und am Schrank ein Glühlampenbesetztzeichen; desgleichen, wenn die Schrankvermittlung eine Amtsleitung belegt. Durch die in ihren Apparat eingebauten Besetztlampen ist die vorgeschaltete Stelle dauernd über den jeweiligen Stand des Amtsverkehrs unterrichtet. Besitzt sie außerdem Mithörtasten, dann kann der gesamte Amtsverkehr ohne weiteres überwacht werden;

b) durch einen Wählerzusatz in der Zentrale. Auch bei dieser Ausführung wird das jeweilige Besetztsein der Amtsleitungen bei den vorgeschalteten Stellen und am Schrank selbsttätig durch Besetztlampen angezeigt. Die Selbsteinschaltung auf Amt geschieht aber durch Drücken einer Taste und Wählen einer Kennnummer. Jede Amtsleitung hat ihre eigene Kennummer und es muß selbstverständlich die einer freien Amtsleitung gewählt werden. Besitzt die vorgeschaltete Stelle außerdem Mithöreinrichtung und will mithören, dann wählt sie nach Drücken der Mithörtaste die Kennummer einer besetzten Amtsleitung, und zwar derjenigen, deren Gespräch sie mithören will.

Die Ausführung a) wird verwendet bis zu etwa 5 vorgeschalteten Amtsleitungen; für mehr als 5 kommt Ausführung b) zur Anwendung, weil sie weniger Leitungen erfordert und die Vorschaltapparate einfacher sind.

12. *a) Vielfachschaltung der Amtsleitungen,*
     b) Vielfachschaltung der Nebenanschlußleitungen.
Siehe Fachausdrücke: Vielfachschaltung.

13. *Allgemein verwendbare Ergänzungsausstattung (s. XV).*
Siehe vierten Abschnitt XV, S. 192.

Weitere Ergänzungseinrichtungen für private Nebenstellenanlagen abweichender Ausführung:

14. *Weitere Verbindungsorgane für Innengespräche.*

Gemeint sind weitere Schnurpaare für Innenverkehr in Glühlampenschränken nach dem Einschnursystem (in Glühlampenschränken nach dem Zweischnursystem sind sämtliche Schnurpaare für Amts- und Innenverkehr verwendbar).

15. *Zweite Verbindungsstöpsel mit Umschalter für je eine Amtsleitung an Vermittlungsschränken mit Einschnurbetrieb.*
Siehe X, B, Punkt 22, S. 93.

16. *Selbsttätige (elektrische) Trennung der Amtsverbindungen an Druckknopfschränken.*

Da hier nur Glühlampenschränke mit Schnurstöpseln behandelt werden und Druckknopfschränke heute kaum noch vorkommen, erübrigt sich eine Erläuterung.

17. *Rückfrageeinrichtung in einer Amtsleitung mit besonderer Klinke (nur an Glühlampenschränken).*

Hierin liegt eine wichtige Ergänzung, weil jede Nebenstelle während eines Amtsgesprächs durch Drücken der Erdtaste die Vermittlung anrufen und von ihr die Herstellung einer Rückfrageverbindung verlangen kann, wobei die im Amt aufgebaute Verbindung gehalten bleibt. Nach beendeter Rückfrage schaltet sich die Nebenstelle selbständig durch erneuten Erdtastendruck zur Fortsetzung ihres Amtsgesprächs auf die Amtsverbindung zurück, während die Vermittlung gleichzeitig ein selbsttätiges Schlußzeichen für die Rückfrageverbindung erhält und sie infolgedessen auftrennt.

18. *Selbsttätiger Ruf zu den Nebenstellen unter Wegfall des Handrufs (nur an Glühlampenschränken).*

Normalerweise ist ein Glühlampenschrank entweder mit einem Handinduktor oder mit einem Polwechsler ausgerüstet. In letzterem Falle kann durch eine Ergänzungseinrichtung bewirkt werden, daß sofort nach Herstellung einer Gesprächsverbindung der Ruf zur gewünschten Nebenstelle selbsttätig einsetzt und sich in Zwischenräumen von etwa 5 bis 6 Sekunden wiederholt, so lange, bis die gerufene Stelle ihren Hörer aushängt. Unzulässig sind unterschiedliche Rufzeichen, etwa eins mit kurzen Zwischenräumen bei Zuweisung einer Amtsverbindung und eins mit langen Zwischenräumen bei Zuweisung einer Hausverbindung.

19. *Während der Tagesschaltung Nichtauslösen von Amtsverbindungen, wenn bei der Nebenstelle nach dem Einleiten des Eintretezeichens der Hörer aufgelegt wird, sondern erneuter Anruf bei der Hauptstelle (nur an Glühlampenschränken).*

Das Eintretezeichen für die Hauptstelle wird meist durch Drücken der Erdtaste am Nebenstellenapparat gegeben. Wartet danach der Nebenstelleninhaber nicht, bis sich die Vermittlung meldet, sondern legt seinen Hörer auf, dann soll hierdurch die im Amt aufgebaute Verbindung nicht getrennt werden, sondern im Vermittlungsschrank soll die Anruflampe der betreffenden Amtsleitung erscheinen, so daß die Bedienung in dieser Amtsleitung erneut abfragt, um weitere Wünsche des fremden Teilnehmers entgegenzunehmen. Hierin liegt eine nicht zu unterschätzende Bequemlichkeit für die Nebenstellen. Spricht beispielsweise eine Nebenstelle mit einem Fremdteilnehmer, für dessen Anliegen eine andere Stelle zuständig ist, dann sagt sie ihm:

»Gleich wird sich die Vermittlung wieder melden, dann verlangen Sie bitte die Abteilung X.«

Hierauf drückt die Nebenstelle die Erdtaste und hängt ein, hat also mit der weiteren u. U. recht lästigen Abwicklung dieser Angelegenheit nichts mehr zu tun.

IV. Reihenanlagen zu 1 Amtsleitung und 1 Nebenstelle
(kleine Reihenanlagen)

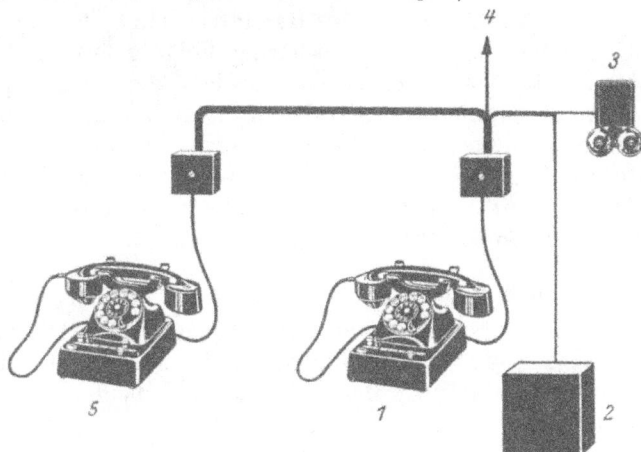

Bild 4. Kleine Reihenanlage.

1 Abfragestelle,
2 Batterieschrank mit Trockenelementen,
3 Amtswecker,

4 zum Amt.
5 Nebenstelle mit Mithörer.

Die Anlage besteht aus nur zwei Sprechstellen, der Abfragestelle, bei der der Amtsverkehr ankommt, und aus einer Nebenstelle. Beide Apparate sind durch eine zehndrähtige Leitung miteinander verbunden, was der Grund ist, daß diese Anlagenart für Außennebenstellen nicht in Frage kommt.

A. Regelausstattung

1. Bei jeder Reihenstelle Amtsschalter mit Rückfragemöglichkeit zur anderen Reihenstelle.

Jeder Apparat ist mit einem eingebauten Amtsschalter ausgerüstet, der durch Drucktaste oder Hebel betätigt wird und eine Zwischenstellung als Rückfrageeinrichtung[1]) besitzt. Er geht bei Auflegen des Hörers selbsttätig in die Ruhelage zurück.

2. Ein hörbares oder einfaches sichtbares Besetztzeichen für die Amtsleitung bei beiden Reihenstellen. (Bei der Hauptstelle und der Nebenstelle kann das sichtbare Besetztzeichen so geschaltet werden, daß es erst bei der Übernahme des Amtsgesprächs durch die andere Stelle erscheint.)

Üblich sind sichtbare Besetztzeichen; in jeden Apparat ist ein Schauzeichen eingebaut, das selbsttätig erscheint, sobald sich eine Stelle

---

[1]) Vgl. Fachausdrücke: Rückfrage.

auf Amt einschaltet, und selbsttätig verschwindet, sobald der Hörer wieder aufgelegt wird. Die Besetztzeichen können so geschaltet sein, daß, wenn eine Stelle die andere zur Übernahme eines Amtsgesprächs auffordert, bei der Auffordernden das Besetztzeichen erst dann erscheint, wenn die Übernehmende der Aufforderung Folge geleistet, d. h. ihren Amtsschalter betätigt hat. Dies ist wichtig, denn die übergebende Stelle darf ihren Hörer erst dann auflegen, wenn die andere das Gespräch tatsächlich übernommen hat. Wird die erfolgte Übernahme nicht angezeigt, dann muß mit dem Auflegen des Hörers auf gut Glück einige Sekunden gewartet werden, weil andernfalls die Gefahr besteht, daß die Verbindung im Amt zusammenfällt oder getrennt wird.

3. Amtsruf durch hörbares Zeichen.

Ankommende Amtsrufe werden durch Ertönen eines Wechselstromweckers, des sog. Amtsweckers, angezeigt. Es gehört nur ein Amtswecker zur Regelausstattung, der bei einer der beiden Sprechstellen anzubringen ist.

4. Innenverbindungen über Doppelleitung.

Die beiden Sprechstellen sollen bei Innen- und Rückfragegesprächen durch eine Doppelleitung (zwei Drähte) miteinander verbunden sein, was bei Zweiapparateanlagen selbstverständlich ist.

5. Ruf bei Innenverbindungen mit Gleich- oder Wechselstrom.

Üblich ist Gleichstromanruf, d. h. jeder der beiden Apparate ist mit einem eingebauten Gleichstromsummer ausgerüstet; zum Anruf der Gegenseite ist lediglich eine Klingeltaste zu drücken.

6. Ausführung der Gehäuse in Metall oder Isolierpreßstoff: schwarz. Ausführung in Holz zugelassen.

Siehe I, A, Punkt 10, S. 30.

7. Anschlußschnur bis zu einer Länge von 2 m, bei Bedarf mit hohem Isolationswiderstand.

Siehe I, A, Punkt 9, S. 30.

8. Stromversorgungseinrichtung, bestehend aus Primärbatterie oder Netzanschlußgerät. Betriebsstrom aus dem Starkstromnetz oder Ersatz der Primärbatterie zu Lasten des Teilnehmers.

Da der Strombedarf nur gering ist, ist die Stromversorgung aus einer Primärbatterie (z. B. aus Trockenelementen) das einfachste und zweckmäßigste, und u. U. auch das zuverlässigste, weil bei Speisung aus dem Netzanschlußgerät im Falle des Stromaussetzens die Anlage außer Betrieb ist. Übrigens käme das Netzanschlußgerät nur im Bereich von Wechselstromnetzen in Betracht.

9. *Geeignet zum Anschluß an ZB- und W-Ämter.*

Die Anlage muß für beide Amtsarten ohne weiteres verwendbar sein; für OB-Ämter kommt sie nicht in Frage.

B. Ergänzungsausstattung

1. *Mithöreinrichtung*
   a) gewöhnlicher Art,
   b) besondere und verschließbare.

Für diese Anlagenart kommt im allgemeinen nur eine gewöhnliche Mithöreinrichtung in Betracht, die entweder aus einer in den Apparat eingebauten Mithörtaste oder — wenn der Amtsschalter ein Hebelschalter ist — aus einer Einrichtung besteht, die durch Umlegen des Hebelschalters in eine bestimmte Stellung wirksam wird. Beide Arten bieten die Möglichkeit einer vollkommenen Überwachung des Amtsverkehrs der andern Stelle, denn sowie diese über Amt spricht, erscheint das Amtsbesetztzeichen und nach Betätigen der Mithöreinrichtung kann mitgehört, erforderlichenfalls auch mitgesprochen werden. Zur Verhinderung unbefugter Benutzung kann die Mithörtaste verschließbar gemacht werden, d. h. sie ist erst benutzbar, nachdem sie mit einem Sicherheitsschlüssel entriegelt ist.

2. *Selbsttätige Amtsrufumschaltung von der Hauptstelle zur Nebenstelle.*

Siehe V, B, Punkt 2, S. 54.

3. *Schaltung der Reihennebenstelle als halbamtsberechtigte Nebenstelle durch Weglassen der Nummernscheibe oder durch besondere Ergänzungseinrichtung (nur in Orten mit Wählvermittlung zulässig).*

Siehe V, B, Punkt 3, S. 55.

4. *Allgemein verwendbare Ergänzungsausstattung (s. XV).*

Siehe vierten Abschnitt XV, S. 192.

V. Reihenanlagen zu 1—4 Amtsleitungen mit Linientasten
(auch einfacher Art)

Mit dieser Regelung werden zwei verschiedene Arten erfaßt, nämlich
a) Reihenanlage ein f a c h e r[1]) Art zu
   1 Amtsleitung und bis zu
   6 Sprechstellen,
einschließlich der Hauptstelle.

---

[1]) Erläuterung siehe zweiten Abschnitt, S. 18.

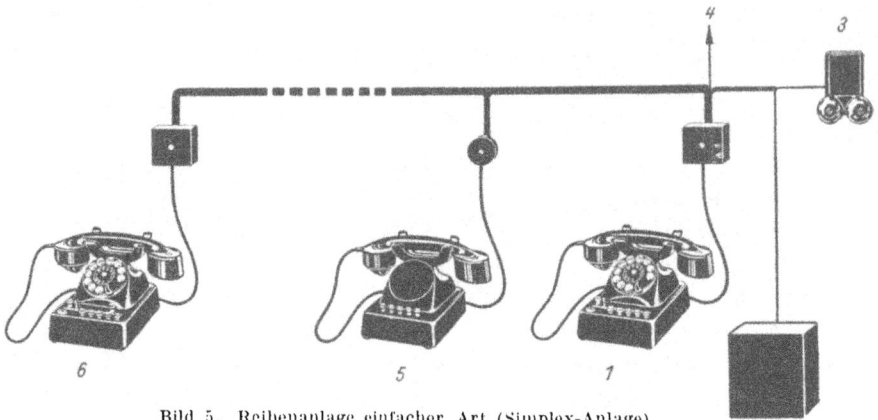

Bild 5. Reihenanlage einfacher Art (Simplex-Anlage).

1 Abfragestelle,
2 Batterieschrank mit Trockenelementen.
3 Amtswecker,

4 zum Amt,
5 Hausstelle.
6 Nebenstelle mit Mithörer.

b) Reihenanlage mit Linienwähler für 1—4 Amtsleitungen und bis zu 16 Sprechstellen einschließlich der Hauptstelle.

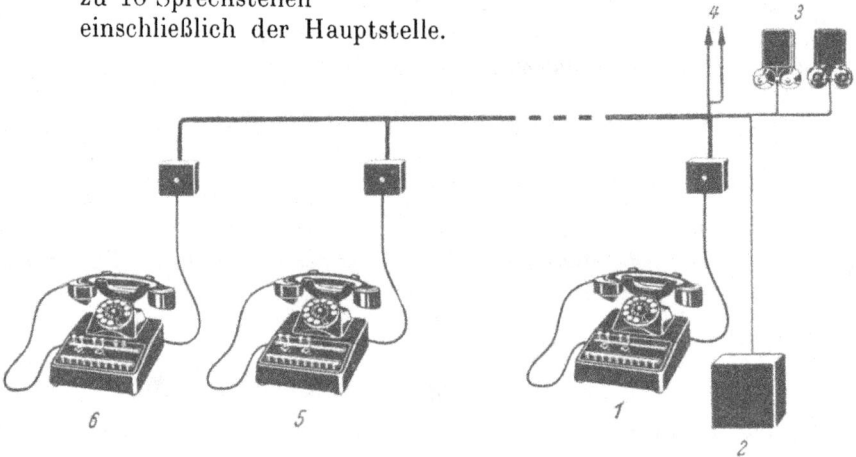

Bild 6. Reihenanlage zu 2 Amtsleitungen mit Linienwähler.

1 Abfragestelle,
2 Batterieschrank mit Trockenelementen,
3 Amtswecker,

4 zum Amt,
5 Nebenstelle,
6 Nebenstelle mit Mithörern.

A. Regelausstattung

1. *Bei jeder amtsberechtigten Reihenstelle Amtsschalter für jede Amtsleitung mit Rückfragemöglichkeit innerhalb der Reihenanlage.*

Jeder Reihenapparat besitzt je Amtsleitung einen Amtsschalter mit Amts-, Haus- und Rückfragestellung. Er wird durch Taste oder Hebel betätigt und geht bei Auflegen des Hörers selbsttätig in die Ruhestellung (d. i. die Stellung: Haus) zurück. Die selbsttätige Rückstellung ist in der Regelausstattung nicht besonders erwähnt, weil es andere Ausführungen für Reihenanlagen heute nicht mehr gibt.

Statt Amtsleitungen dürfen auch Querverbindungen über Amtsschalter geführt werden, so daß sich jede Stelle selbständig auf eine Querverbindung einschalten kann.

2. Bei mehreren Amtsleitungen Rückfragemöglichkeit zwischen diesen (kann fehlen).

In Reihenanlagen mit mehr als einer Amtsleitung kann jede über Amt sprechende Nebenstelle nicht nur im Innern, sondern auch über eine zweite Amtsleitung bei einem fremden Teilnehmer telephonische Rückfrage halten, ohne daß der erste Gesprächspartner mithören kann. Diese Einrichtung ist besonders wichtig für Makler und Einkäufer, weil sie ihnen ermöglicht, z. B. bei telephonischen Angeboten, sich an anderen Stellen sofort über die Marktlage zu unterrichten.

3. Ein einfaches sichtbares Besetztzeichen für jede Amtsleitung bei jeder amtsberechtigten Reihenstelle. (Bei der Hauptstelle kann das Besetztzeichen so geschaltet werden, daß es erst bei der Übernahme des Amtsgesprächs durch eine Nebenstelle erscheint.)

Sobald eine Reihenstelle (Nebenstelle oder Hauptstelle) über Amt spricht, wird der Besetztzustand der betreffenden Amtsleitung durch ein sichtbares Zeichen, z. B. durch ein Sternschauzeichen, bei allen übrigen Stellen selbsttätig angezeigt. Selbstverständlich bleiben die Besetztzeichen auch dann sichtbar, wenn die sprechende Stelle in Rückfrage geht. Das Besetztzeichen erscheint auch bei der sprechenden Stelle selbst, obwohl es hier gar nicht notwendig ist. Nur bei der Hauptstelle kann es so geschaltet werden, daß es bei ihr, wenn sie selbst über Amt spricht, nicht erscheint. Gibt sie aber das Amtsgespräch an eine Nebenstelle weiter, dann erscheint es, sobald die Nebenstelle das Gespräch tatsächlich übernommen, d. h. den Amtsschalter betätigt hat. Diese Anordnung dient zur Sicherung der Gesprächsübergabe, weil die Amtsverbindung getrennt werden kann, wenn sich die Hauptstelle durch Auflegen ihres Hörers vorzeitig von der Verbindung löst.

4. Amtsruf bei
    a) 1 Amtsleitung durch hörbares Zeichen,
    b) 2 Amtsleitungen durch hörbares oder sicht- und hörbares Zeichen,
    c) 3 und 4 Amtsleitungen durch sicht- und hörbares Zeichen.

Der Anruf vom Amt kann auf zweierlei Art bemerkbar gemacht werden,
    a) durch hörbares Zeichen, nämlich das Ertönen eines Weckers,
    b) durch sichtbares Zeichen, z. B. Fallklappe, Schauzeichen, Glühlampe usw.

Sichtbare Zeichen allein reichen wegen ihrer Geräuschlosigkeit im allgemeinen nicht aus und müssen deshalb durch ein hörbares Zeichen ergänzt werden. In Anlagen mit einer Amtsleitung genügt stets der Amtswecker; auch in Anlagen mit zwei Amtsleitungen genügen im allgemeinen die beiden Amtswecker, weil die Glockenschalen so weitgehend klangverschieden sein können, daß ohne weiteres zu unterscheiden ist, auf welcher der beiden Amtsleitungen angerufen wird. Die Regelausstattung stellt es aber dem Lieferer frei, statt der beiden Amtswecker auch sicht- und hörbare Anrufzeichen zu verwenden, z. B. Wecker, die beim Ansprechen außer dem Ertönen ihrer Glockenschalen ein sichtbares Zeichen, etwa eine Pendelscheibe o. dgl., in Bewegung setzen (siehe Fachausdrücke: Rufstromanzeiger). Anlagen mit mehr als zwei Amtsleitungen müssen sicht- und hörbare Amtsanrufzeichen besitzen, weil mehr als zwei Amtswecker durch den Klang nicht mehr einwandfrei zu unterscheiden sind.

5. Möglichkeit der Ankündigung eines Amtsanrufs durch die Hauptstelle ohne Mithörmöglichkeit des anrufenden Teilnehmers (auch bei besetzter Nebenstelle).

Die Hauptstelle muß in der Lage sein, die gewünschte Nebenstelle von einem Amtsanruf zu unterrichten, ohne daß der anrufende Amtsteilnehmer dabei mithören kann. Sie benutzt hierzu die Rückfrageeinrichtung. Wichtig ist, daß die Nebenstelle auch dann benachrichtigt werden kann, wenn sie besetzt ist, und zwar:

»amtsbesetzt«, wenn sie bereits über eine andere Amtsleitung spricht, oder

»hausbesetzt«, wenn sie ein Hausgespräch führt.

Diese Vorschrift ist notwendig, weil es möglich sein muß, die sprechende Nebenstelle zu veranlassen, eine niederwertige Verbindung zugunsten einer hochwertigen zu unterbrechen, z. B. ein Stadtgespräch, wenn sie für ein Ferngespräch verlangt wird.

6. Innenverbindungen über Doppelleitungen, bei Reihenanlagen einfacher Art nur über eine Doppelleitung.

Bei Reihenanlagen werden Hausgespräche über Doppelleitungslinienwähler abgewickelt. Jede Sprechstelle besitzt ihre eigene Doppelleitung, die zu allen übrigen Sprechstellen führt, wo sie an einem Doppelkontakt liegt (Taste oder Kipphebel), bei dessen Betätigung sich die rufende Stelle mit der gewünschten verbindet und gleichzeitig, aber nur vorübergehend, Rufstrom sendet. Bei dieser Anordnung ist es möglich, daß mehrere Gesprächspaare gleichzeitig miteinander sprechen. Einfachleitungslinienwähler sind wegen ihres starken Übersprechens nicht mehr zulässig.

Bei Reihenanlagen einfacher Art liegen sämtliche Sprechstellen an einer gemeinsamen Doppelleitung, so daß auf einmal immer nur ein Hausgespräch geführt werden kann; der Anruf der Sprechstellen untereinander erfolgt über getrennte Klingelleitungen.

Siehe Fachausdrücke: Linienwähler.

7. Ruf bei Innenverbindungen mit Gleich- oder Wechselstrom.

Es handelt sich um den gegenseitigen Anruf der Sprechstellen für Hausgespräche und es wird freigestellt, hierzu Gleich- oder Wechselstrom zu verwenden.

Für den Anruf der Innensprechstellen wird fast immer Gleichstrom benutzt, dagegen sind für den Anruf außenliegender Nebenstellen beide Stromarten gebräuchlich. Im Betrieb ergeben sich durch die eine oder andere Ausführung keine wesentlichen Unterschiede.

8. Ausführung der Gehäuse in Metall oder Isolierpreßstoff: schwarz. Ausführung in Holz zugelassen.

Siehe I, A, Punkt 10, S. 30.

9. Anschlußschnur bis zu einer Länge von 2 m, bei Bedarf mit hohem Isolationswiderstand.

Siehe I, A, Punkt 9, S. 30.

10. Zusätze für die Anpassung an die Amtsschaltungen.

Die Anlagen sind grundsätzlich zum Anschluß an ein Selbstanschluß-(W-) Amt vorgesehen. Wenn eine andere Amtsart, z. B. ein OB- oder W-Erdamt, vorhanden ist, dann sind Zusatzeinrichtungen zur Anpassung an die andere Amtsart erforderlich, die im Rahmen der Regelausstattung, d. h. ohne Mehrkosten für den Teilnehmer zu liefern sind.

11. Stromversorgungseinrichtung, bestehend aus Primärbatterie oder Sammlerbatterie und Ladegerät für selbsttätige Pufferung oder Netzanschlußgerät. Lade- oder Betriebsstrom aus dem Starkstromnetz oder Ersatz der Primärbatterie zu Lasten des Teilnehmers.

Bei Puffergeräten mit mehr als 3 A Ladestrom Anzeige beim Ausbleiben des Netzstroms durch einen ausschaltbaren Wecker oder eine Lampe.

Die Regelausstattung läßt 3 verschiedene Arten der Stromversorgung offen, nämlich

a) Primärbatterien (z. B. Trockenelemente),
b) Sammler (Akkumulatoren) in Pufferbetrieb und
c) das Netzanschlußgerät.

Welche dieser 3 Arten die zweckmäßigste ist, richtet sich nach dem Strombedarf und nach dem vorhandenen Starkstromnetz. Für kleinere Anlagen mit geringem Strombedarf sind Trockenelemente am geeignetsten, während größere Anlagen, besonders wenn Außennebenstellen mit Selbsteinschaltung auf Amt dazugehören, zweckmäßiger aus einem Netz anschlußgerät oder aus einer gepufferten Sammlerbatterie versorgt werden. Letztere Art der Stromversorgung muß in größeren Anlagen (bei mehr als 3 A Ladestrom) mit einer selbsttätigen Alarmeinrichtung versehen sein, die durch Wecker oder Lampe das Ausbleiben des Netzstroms (das z. B. in Überlandnetzen hier und da vorkommt) anzeigt. Hierdurch soll an die rechtzeitige Bereitstellung einer geladenen Ersatzbatterie erinnert werden, damit nicht nach Erschöpfung der Betriebsbatterie der Fernsprechverkehr zum Erliegen kommt. Die Kosten für die Stromversorgungseinrichtung sind grundsätzlich in die geregelten Miet- und Kaufpreise eingeschlossen, während der laufende Stromverbrauch — also auch die Erneuerung verbrauchter Primärelemente — zu Lasten des Teilnehmers geht.

12. Möglichkeit, Vermittlungseinrichtungen für Außennebenstellen anzuschließen.

Es muß immer möglich sein, die Anlage durch eine Vermittlungseinrichtung für Außenstellen zu ergänzen. Auch eine spätere Ergänzung muß sich ohne grundsätzliche Änderungen durchführen lassen.

B. Ergänzungsausstattung

1. Mithöreinrichtung
   a) gewöhnlicher Art,
   b) besondere und verschließbare.

Bevorzugte Nebenstellen können eine zusätzliche Einrichtung erhalten, durch die es möglich ist, sämtliche Amtsgespräche mitzuhören und sich daran zu beteiligen. Da jedes Amtsgespräch am sichtbaren Amtsbesetztzeichen, das selbsttätig und zwangsläufig bei allen Nebenstellen erscheint, ohne weiteres erkennbar ist, so ist mit der Mithöreinrichtung eine vollkommene Überwachungsmöglichkeit des gesamten Amtsverkehrs gegeben. Die Mithöreinrichtung gewöhnlicher Art besteht aus einer Mithörtaste je Amtsleitung. Mithöreinrichtungen besonderer Art ergeben sich, wenn z. B. bestimmte Nebenstellen von der Überwachung ausgeschlossen sein sollen, oder wenn nur bestimmte Gespräche von bestimmten Stellen nach Aufforderung mitgehört werden sollen usw. Auch verschließbare Mithöreinrichtungen, die zur Vermeidung von Mißbrauch nur mit Sicherheitsschlüssel wirksam gemacht werden können, gehören hierzu.

2. Selbsttätige Amtsrufumschalter zur einmaligen Rufweiterschaltung für 1, 2, 3 oder 4 Amtsleitungen.

Hiermit ist folgende Einrichtung gemeint:

Wenn der vom Amt kommende Ruf innerhalb einer gewissen Zeit — etwa nach drei- bis viermaliger Wiederholung — von der Hauptstelle nicht beantwortet wird, dann tritt die selbsttätige Rufumschaltung in

Wirksamkeit, indem sie den Amtsruf zu einer dafür vorgesehenen Nebenstelle umschaltet. Meldet sich auch diese nach mehrmaligem Ruf nicht, dann wird zur Hauptstelle zurückgeschaltet und so fort, d. h. der Amtsruf pendelt zwischen Haupt- und Nebenstelle so lange hin und her, bis ihn eine der beiden Stellen entgegennimmt oder der Anrufer seinen Hörer auflegt. Bei mehreren Amtsleitungen können die Amtsrufe entweder zu verschiedenen oder gemeinsam zu einer Nebenstelle weitergeleitet werden.

3. Schaltung halbamtsberechtigter Reihen- oder Außennebenstellen durch Weglassen der Nummernscheibe oder durch besondere Ergänzungseinrichtung (nur in Ortsnetzen mit Wählvermittlung zulässig).

Nur im Bereich von Wählerämtern sind halbamtsberechtigte Nebenstellen in Reihenanlagen zulässig. Um aus einer vollamtsberechtigten eine halbamtsberechtigte Nebenstelle zu machen, werden zwei Mittel zur Wahl gestellt, nämlich entweder:

Die betreffende Nebenstelle erhält keine Wählscheibe und kann infolgedessen die Amtsvermittlung nicht in Tätigkeit setzen; oder ihre Amtsschalter werden von der Hauptstelle durch irgendeine Schaltmaßnahme erst auf Anfordern wirksam gemacht, so daß vorher kein Zugang zum Amt besteht. Die erste Art ist die einfachere, hat aber den Nachteil, daß die Verbindung für ein abgehendes Amtsgespräch der halbamtsberechtigten Nebenstelle bis zum gewünschten Teilnehmer von der Hauptstelle aufgebaut werden muß, während bei der zweiten Art der halbamtsberechtigten Nebenstelle lediglich eine Amtsleitung zugewiesen wird, auf der sie sich die Verbindung dann selbst herstellt.

4. (Nur in privaten Anlagen mit Ausnahme der Anlagen einfacher Art.) Anzeige der Übernahme eines Amtsgesprächs durch sichtbares Zeichen für jede Amtsleitung und für jede amtsberechtigte Reihenstelle, abgesehen von der Hauptstelle.

Beim Weiterleiten eines Amtsgesprächs von der Hauptstelle zu einer Nebenstelle sieht bereits die Regelausstattung (Punkt 3) eine Übernahmekontrolle in der Weise vor, daß das Amtsbesetztzeichen der Hauptstelle erst dann erscheint, wenn die Nebenstelle das Gespräch übernommen hat.

Eine ähnliche Überwachungsmöglichkeit kann als Zusatzeinrichtung auch den innenliegenden Nebenstellen gegeben werden. Sie erhalten z. B. hierfür je Amtsleitung ein zweites Besetztzeichen, das bei der Ankündigung eines Amtsgesprächs erscheint und bei der Übernahme seitens der angerufenen Nebenstelle wieder verschwindet, so daß die übergebende Stelle hieran die erfolgte Übernahme erkennt. Die Einrichtung ist unter dem Namen »Zwillingsschauzeichen« bekannt. In Reihenanlagen vereinfachter Art ist sie unzulässig.

5. Allgemein verwendbare Ergänzungsausstattung (siehe XV).
Siehe vierten Abschnitt XV, S. 192.

VI. Vermittlungseinrichtungen für Außennebenstellen in Reihenanlagen mit Linientasten

(auch in Anlagen einfacher Art)

Wenn in eine Reihenanlage außenliegende Nebenstellen einbezogen werden sollen, dann sind hierfür besondere Vermittlungseinrichtungen erforderlich, weil weder die Durchschleifung der Amtsleitungen mit ihren Hilfsleitungen für Schluß- und Besetztzeichen, noch die Weiterführung der vieldrähtigen Linienwählerkabel bis zu den entfernten Außennebenstellen wirtschaftlich durchführbar ist. Von jeder außenliegenden Nebenstelle führt lediglich eine Doppelleitung zur Hauptstelle und hier müssen Vorkehrungen getroffen werden, um diese Anschlußleitungen

> mit den Amtsleitungen,
> mit den Innensprechstellen und
> untereinander

verbinden zu können. Die hierzu erforderlichen Einrichtungen sind durch die Überschrift gekennzeichnet. Eine vielfach übliche private Bezeichnung hierfür lautet: Umschaltschränke.

Es gibt zwei grundsätzlich verschiedene Vermittlungseinrichtungen für Außenstellen, die deshalb auch hinsichtlich ihrer Regelausstattung getrennt behandelt werden, nämlich

> a) handbediente Vermittlungseinrichtungen (handbediente Umschaltschränke) und
> b) Vermittlungseinrichtungen mit selbsttätiger Durchschaltung der Außennebenstellen zum Amt (automatische Umschaltschränke).

Der Unterschied liegt in der Amtseinschaltung. Während bei der einen der Amtsverkehr der Außennebenstellen in beiden Verkehrsrichtungen von der Hauptstelle vermittelt werden muß, erfolgt bei der anderen die Einschaltung auf Amt für abgehende Gespräche selbsttätig, so daß in diesem Punkt die Außennebenstellen gleich vollkommen sind wie die innenliegenden Reihenstellen.

A. Regelausstattung

a) Handbediente Vermittlungseinrichtungen bis zu 5 Außennebenstellen (in Anlagen einfacher Art nur 1 Außennebenstelle):

1. Die Vermittlungseinrichtungen werden in folgenden nicht erweiterungsfähigen Baustufen geliefert:

Baustufe A zu 1 Amtsleitung		*und 1 Außennebenstelle.*		
» *B* » *1*	»	» *2 Außennebenstellen.*		
» *C* » *2 Amtsleitungen*	» *2*	»		
» *D* » *3*	»	» *3*	»	
» *E* » *4*	»	» *5*	»	

(Es können auch Vermittlungseinrichtungen mit abweichender Zahl von Amtsleitungen und Außennebenstellen verwendet werden.)

Im Interesse wirtschaftlicher Fertigung werden hinsichtlich des Fassungsvermögens bestimmte Größen festgelegt, die als Baustufen bezeichnet werden. Jede Baustufe gilt als in sich abgeschlossene Ausführung, die weder vergrößert noch verkleinert werden darf. Hiernach gibt es 5 Baustufen A—E wie oben aufgeführt. Die Grenze liegt bei 4 Amtsleitungen und 5 Außennebenstellen. Da Umschaltschränke durch den nachträglichen Einbau von Anschluß- und Verbindungsorganen nicht vergrößert werden dürfen, empfiehlt es sich, im Falle zu erwartender Erweiterungen von vornherein die nächst größere Baustufe zu wählen, weil sonst im Erweiterungsfalle der vorhandene Umschaltschrank ausgewechselt werden muß, was mit zusätzlichen Kosten und u. U. mit einer Verlängerung der vertraglichen Bindung verknüpft ist. Zu beachten ist, daß der Umschaltschrank als Bestandteil der Reihenanlage gilt und die an ihn angeschlossenen Außennebenstellen mit zu den Sprechstellen der Reihenanlage zählen, deren Gesamtanzahl nicht höher als 16 sein darf.

2. Für jede Amtsleitung eine Verbindungsmöglichkeit nach den Außennebenstellen, außerdem ein Verbindungsorgan für die Gespräche der Außennebenstellen untereinander.

Jede Amtsleitung muß mit jeder Außennebenstelle verbunden werden können. Es ist also unzulässig, in einer Reihenanlage mit beispielsweise 2 Amtsleitungen und einer Außennebenstelle den Umschaltschrank der Baustufe A (1 A — 1 N) zu verwenden, etwa mit der Begründung, daß die zweite Amtsleitung nur den Innennebenstellen zur Verfügung stehen soll. Vielmehr muß in diesem Falle die Baustufe C (2 A — 2 N) verwendet werden, damit b e i d e Amtsleitungen mit der Außennebenstelle verbunden werden können. Liegen zwei oder mehr Außennebenstellen am Umschaltschrank, dann muß es möglich sein, sie für unmittelbare Gespräche untereinander zu verbinden; es genügt hierzu aber — auch bei fünf Außennebenstellen — ein Verbindungsorgan.

3. Herstellung und Trennung aller Amts- und Innenverbindungen für die Außennebenstellen, außer den von den Reihenstellen ausgehenden, und Rückstellung der Verbindungsorgane von Hand. (Abweichend auch selbsttätige Trennung der Amtsverbindungen.)

Verbindungen für ankommende und abgehende Amtsgespräche der Außennebenstellen werden von der Hauptstelle hergestellt und nach Gesprächsbeendigung getrennt. Selbsttätige Trennung, nämlich dann, wenn die Außenstelle nach beendetem Gespräch ihren Hörer auflegt, ist nur noch während einer Übergangszeit zulässig.

Auch Gesprächsverbindungen zwischen Außennebenstellen werden von der Hauptstelle hergestellt und nach Gesprächsbeendigung getrennt. Der Verkehr der Innensprechstellen mit den Außennebenstellen und umgekehrt vollzieht sich in der Weise, daß die Innensprechstellen die Außennebenstellen über Linienwähler anrufen (Drücken der betreffenden Linientaste, die sich nach Gesprächsbeendigung selbsttätig wieder auslöst), während die Außennebenstellen, die unmittelbar nur zur Hauptstelle rufen können, dieser diejenige Innensprechstelle ansagen, mit der sie sprechen wollen. Die Hauptstelle veranlaßt dann die betreffende Innenstelle, sich über Linienwähler mit der rufenden Außenstelle zu verbinden, sie vermittelt also nur mündlich und hat mit der Herstellung und Trennung dieser Gesprächsverbindungen nichts weiter zu tun.

4. Anruf der Außennebenstellen von den Reihenstellen ohne Mitwirkung der Hauptstelle.

Bereits unter Punkt 3 erläutert.

5. Hörbares Besetztzeichen für die Reihenstellen in der Leitung zu einer Außennebenstelle, wenn diese mit einer Amtsleitung verbunden ist (kann fehlen).

Ruft eine Innensprechstelle eine Außennebenstelle an, die gerade über Amt spricht, dann soll dies die rufende Stelle an einem Summer-Besetztzeichen in ihrem Hörer erkennen. Die Forderung ist berechtigt, weil ohne dieses Besetztzeichen die rufende Stelle im unklaren bliebe, w a r u m ihr Anruf nicht beantwortet wird, denn hierfür kommen drei Gründe in Betracht, nämlich

a) bei der angerufenen Außenstelle ist niemand anwesend,
b) die angerufene Stelle spricht über Amt,
c) die Leitung ist gestört.

Am Summerzeichen erkennt aber die rufende Stelle, daß die Außennebenstelle über Amt spricht, also jemand anwesend ist, und sie wird deshalb ihren Anruf nach einiger Zeit wiederholen. Das Besetztsein der Außennebenstelle durch ein Hausgespräch braucht nicht besonders angezeigt zu werden, weil in diesem Falle die rufende Stelle ohne weiteres in die bestehende Verbindung gerät (die bekannte Eigentümlichkeit des Linienwählers).

6. Sichtbares Besetztzeichen bei der Vermittlungseinrichtung während jedes Amtsgesprächs einer Außennebenstelle (kann fehlen).

Spricht eine Außennebenstelle über Amt, dann muß an der Vermittlungseinrichtung ein sichtbares Besetztzeichen, Schauzeichen oder Lampe, erscheinen. Das Besetztzeichen dient zur Überwachung der Verbindung und — durch sein Verschwinden — als Schlußzeichen, verhindert also vorzeitige Trennung der Amtsverbindung.

7. Für die Amtsleitungen Einzelnachtschaltung zu Außennebenstellen. Die nachtgeschalteten Außennebenstellen können von den Reihenstellen nicht erreicht werden.

Jede Amtsleitung kann mit je einer bestimmten Außennebenstelle über Nacht dauerverbunden werden (Nachtschaltung). Die nachtgeschaltete Nebenstelle besitzt dann unmittelbaren Zugang zum Amt und nimmt alle auf der betreffenden Amtsleitung eingehenden Anrufe entgegen, kann sie aber nicht weitergeben; auch kann sie während des Nachtschaltzustandes von den Innensprechstellen nicht angerufen werden.

Sind mehr Amtsleitungen als außenliegende Nebenstellen vorhanden, dann werden die übrigen entweder zu Innensprechstellen nachtgeschaltet, wozu eine Zusatzeinrichtung erforderlich ist, oder sie bleiben ohne Nachtschaltung.

b) *Vermittlungseinrichtung mit selbsttätiger Durchschaltung* *der Außennebenstelle zum Amt für 1 Außennebenstelle in Reihenanlagen zu 1 Amtsleitung (Baustufe F):*

1. Herstellung der ankommenden Amtsverbindungen für die Außennebenstelle und der Verbindungen von der Außennebenstelle nach den Reihenstellen, bei der Hauptstelle von Hand; abgehende Amtsverbindungen der Außennebenstelle selbsttätig.

Ankommende für Außennebenstellen bestimmte Amtsverbindungen müssen von der Hauptstelle vermittelt werden; für abgehende Amtsgespräche kann sich dagegen die Außennebenstelle selbständig auf Amt einschalten.

Ferner werden Gespräche zwischen der Außennebenstelle und einer Innensprechstelle von der Hauptstelle vermittelt. Innensprechstellen können dagegen die Außennebenstelle unmittelbar über Linienwähler anrufen.

Die Trennung der von der Hauptstelle hergestellten Gesprächsverbindungen ist nicht erwähnt; sie erfolgt stets selbsttätig.

2. Anruf der Außennebenstelle von den Reihenstellen ohne Mitwirken der Hauptstelle.

Bereits unter 1 erläutert.

3. Hörbares Besetztzeichen für die Reihenstellen in der Leitung zur Außennebenstelle, wenn diese mit der Amtsleitung verbunden ist. Das Besetztzeichen kann auch darin bestehen, daß das Freizeichen ausbleibt.

Ruft eine Innensprechstelle die außenliegende Nebenstelle an, die gerade über Amt spricht, also »amtsbesetzt« ist, dann soll dies die rufende Stelle an einem Summerzeichen in ihrem Hörer erkennen (positives Besetztzeichen).

In Anlagen, bei denen die Innenstelle beim Anruf der Außenstelle ein sog. Freizeichen in Form eines kurzen Summertons während des Anrufs erhält, gilt dessen Ausbleiben als negatives Besetztzeichen, da es nur dann ausbleibt, wenn die angerufene Außenstelle amtsbesetzt ist.

Der Zustand des »Hausbesetztseins« braucht nicht besonders angezeigt zu werden, weil die rufende Sprechstelle ohne weiteres in die bereits bestehende Hausverbindung gerät (Eigentümlichkeit des Linienwählers).

4. Rückfragemöglichkeit zur Hauptstelle während eines Amtsgesprächs der Außennebenstelle.

Die Außennebenstelle in Verbindung mit automatischem Umschaltschrank muß. als Regelausstattung Rückfrageeinrichtung besitzen im Gegensatz zu Anlagen mit handbedienten Umschaltschränken, wo die Rückfrageeinrichtung bei Außenstellen Ergänzungsausstattung ist.

Der Sprechapparat der Außennebenstelle ist mit einer Erdtaste ausgerüstet, die in ihrer Wirkungsweise vielseitig ist, nämlich

1. Nebenstelle will zum Amt:
   Erdtaste wird gedrückt,

2. Nebenstelle will Rückfrage halten:
   Erdtaste wird erneut gedrückt,

3. Nebenstelle will nach beendeter Rückfrage Amtsgespräch fortsetzen:
   Erdtaste wird wieder gedrückt,

4. Nebenstelle will Hauptstelle zum Eintreten in die Verbindung auffordern:
   Erdtaste wird gedrückt.

Übrigens ist die Rückfragemöglichkeit seitens der Außennebenstelle nicht etwa nur auf die Rückfrage zur Hauptstelle beschränkt — wie man nach dem amtlichen Wortlaut annehmen könnte —, sondern es kann, allerdings nur unter Mitwirkung der Hauptstelle, bei jeder beliebigen Innensprechstelle Rückfrage gehalten werden.

5. Nachtschaltung der Amtsleitung zur Außennebenstelle. Die Außennebenstelle bleibt für die Reihenstellen erreichbar.

Die Amtsleitung kann mit der Außennebenstelle über Nacht dauerverbunden werden (Nachtschaltung). Die nachtgeschaltete Nebenstelle besitzt dann nicht nur abgehend unmittelbaren Zugang zum Amt, sondern sie nimmt auch alle auf der betreffenden Amtsleitung eingehenden Anrufe entgegen, kann sie aber nicht weitergeben. Im Gegensatz zu Anlagen mit handbedientem Umschaltschrank kann die Außennebenstelle auch während des Nachtschaltzustandes von den Innensprechstellen angerufen werden.

B. Ergänzungsausstattung

1. Zweite Vermittlungseinrichtung für Außennebenstellen mit gleichem oder geringerem Ausbau als bei der Hauptstelle, jedoch mit denselben Betriebsmöglichkeiten.

Die Einrichtung kommt im allgemeinen nur für automatische Umschaltschränke in Betracht, bei denen die Weitergabe ankommender Amtsverbindungen zur gewünschten Außennebenstelle durch Tastendruck erfolgt (also nicht durch Schnurstöpsel, Druckknopf- oder Hebelschalter). Diese Vermittlungstaste kann bei anderen Stellen wiederholt werden, womit auch diese die Möglichkeit erhalten, ankommende Amtsrufe der Außennebenstelle zuzuteilen. Voraussetzung hierfür ist selbstverständlich, daß diese Stellen Amtswecker besitzen, d. h. nachtgeschaltet sind.

2. Hörbares, bei mehr als 1 Amtsleitung auch sichtbares Eintretezeichen für die Hauptstelle bei Amtsverbindungen der Außennebenstellen oder (nur in privaten Anlagen) selbsttätige Umschaltung auf Rückfrage (nur für handbediente Vermittlungseinrichtungen).

Außennebenstellen, die über Amt sprechen, können die Hauptstelle entweder zum Eintreten in die Verbindung (durch hörbares oder hörbares und sichtbares Zeichen) veranlassen, oder sie in Rückfrage anrufen. Letzteres ist vollkommener. Näheres siehe I, B, Punkt 1, S. 31.

3. Einmalige selbsttätige Weiterschaltung eingehender Amtsrufe zur Außennebenstelle (nur für selbsttätige Vermittlungseinrichtungen).

Siehe V, B, Punkt 2, S. 54.

4. Mithörmöglichkeit für die Außennebenstelle bei Amtsgesprächen der Reihenstellen (nur für selbsttätige Vermittlungseinrichtungen).

Die Einrichtung, die nur für automatische Umschaltschränke in Betracht kommt, ist von untergeordneter Bedeutung, weil die Außennebenstelle kein sichtbares Besetztzeichen besitzt. Näheres hierüber siehe II, B, Punkt 3, S. 36.

5. Allgemein verwendbare Ergänzungsausstattung (siehe XV).

Siehe vierten Abschnitt XV, S. 192.

VII. Reihenanlagen zu 2—4 Amtsleitungen mit Wählern[1])

Der Amtsverkehr vollzieht sich bei dieser Art von Nebenstellenanlagen in der gleichen Weise wie bei Reihenanlagen mit Linientasten nach V, während der Innenverkehr durch eine Wählereinrichtung (Automatenzentrale) selbsttätig vermittelt wird. Da die Anzahl der Nebenstellen auf 15 (außer der Abfragestelle) begrenzt ist, kommt die Bedeutung der W-Vermittlung erst bei solchen Anlagen zur Geltung, die außer den Nebenstellen zahlreiche Hausstellen enthalten, so daß sämtliche Sprechstellen, deren Gesamtzahl aber auf 50 begrenzt ist, nach Belieben untereinander durch Nummernwahl verkehren können.

Auch beim Vorhandensein von Außennebenstellen, die dann außer am Umschaltschrank auch an der W-Vermittlung liegen, bietet diese Art von Reihenanlagen beachtliche Erleichterungen im Innenverkehr.

A. Regelausstattung

1. Bei jeder amtsberechtigten Reihenstelle Amtsschalter für jede Amtsleitung mit Rückfragemöglichkeit innerhalb der Reihenanlage.

Siehe V, A, Punkt 1, S. 50.

2. Bei mehreren Amtsleitungen Rückfragemöglichkeit zwischen diesen (kann fehlen).

Siehe V, A, Punkt 2, S. 51.

3. Ein einfaches Besetztzeichen für jede Amtsleitung bei jeder amtsberechtigten Reihenstelle (bei der Hauptstelle kann das Besetztzeichen so geschaltet werden, daß es erst bei der Übernahme des Amtsgesprächs durch eine Reihennebenstelle erscheint).

Siehe V, A, Punkt 3, S. 51.

Bei Reihenanlagen mit Wählern verwendet man für die Besetztzeichen statt Sternschauzeichen zweckmäßiger Glühlampen, weil sie eindringlichere Zeichen geben. Ihr höherer Strombedarf fällt bei dem ohnehin höheren Strombedarf der Wählereinrichtung nicht ins Gewicht.

4. Amtsruf bei
    a) 1 Amtsleitung durch hörbares Zeichen,
    b) 2 Amtsleitungen durch hörbares oder sicht- und hörbares Zeichen,
    c) 3 und 4 Amtsleitungen durch sicht- und hörbares Zeichen.

Siehe V, A, Punkt 4, S. 51.

5. Möglichkeit der Ankündigung eines Amtsanrufs durch die Hauptstelle ohne Mithörmöglichkeit des anrufenden Teilnehmers; bei besetzter Nebenstelle Aufschaltung mit hörbarem Zeichen (das Zeichen kann fehlen).

Siehe V, A, Punkt 5, S. 52.

---

[1]) *Die Verwendung von Reihenanlagen mit Wählern zu 1 Amtsleitung bleibt bis auf weiteres zugelassen*

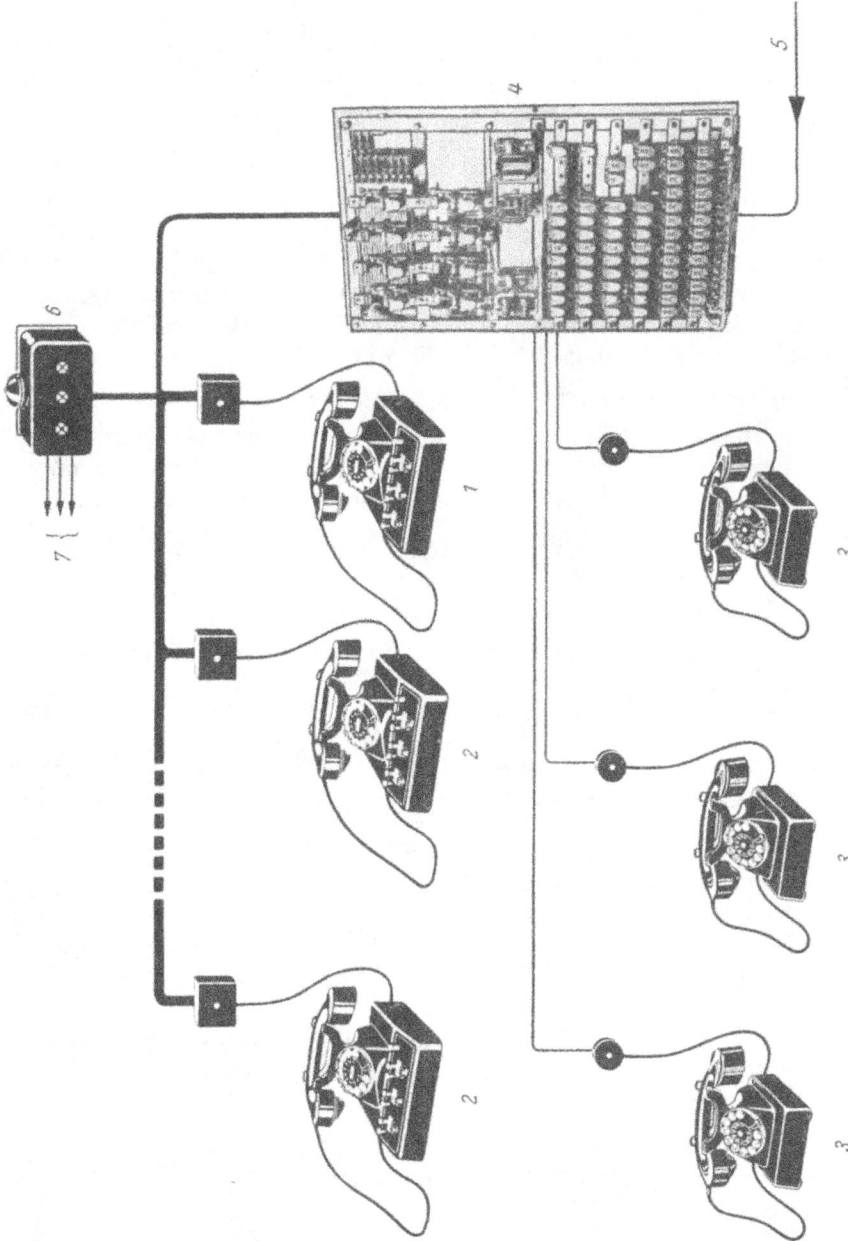

Bild 7. Reihenanlage zu 3 Amtsleitungen mit Wählervermittlung.

1 Abfragestelle,   *4* Wählervermittlung für den Innenverkehr,   *6* Amtsanruftablo,
2 Nebenstelle,   *5* Speiseleitung (von der Stromlieferungs-   *7* zum Amt.
3 Hausstelle,   anlage),

6. *Wählvermittlung für die Innenverbindungen. Mindestausstattung
an Verbindungssätzen*

> für 10 Anschlußorgane . . . . 2 Sätze,
> » 15 » . . . . 2 » ,
> » 25 » . . . . 3 » ,
> » 30 » . . . . 4 » ,
> » 40 oder 50 Anschlußorgane 5 » .

Die Anzahl der Gesprächsverbindungen, die eine Wählervermittlung
gleichzeitig herstellen kann, ist ihr wichtigstes Leistungsmerkmal;
deshalb werden in der Regelausstattung Mindestleistungen vorgeschrieben; soviel Verbindungssätze die Vermittlungseinrichtung besitzt,
soviel Gespräche kann sie gleichzeitig vermitteln. Im Bedarfsfalle kann
die Anzahl der Verbindungssätze erhöht werden.

7. *Ruf bei Innenverbindungen mit Gleich- oder Wechselstrom.*

Da die Innenverbindungen durch die Automatenzentrale hergestellt
werden, die zum gewünschten Teilnehmer selbsttätig ruft, wofür nur
Wechselstrom in Betracht kommt, ist dieser Punkt ohne Bedeutung.

8. *Ausführung der Gehäuse in Metall oder Isolierpreßstoff: schwarz.
Ausführung in Holz zugelassen.*

Siehe I, A, Punkt 10, S. 30.

9. *Anschlußschnur bis zu einer Länge von 2 m, bei Bedarf mit hohem
Isolationswiderstand.*

Siehe I, A, Punkt 9, S. 30.

10. *Zusätze für die Anpassung an die Amtsschaltungen.*

Siehe V, A, Punkt 10, S. 53.

11. *Innerhalb der Regelausstattung wird geliefert*

> a) in Wechselstromnetzen:
>> die volle Stromversorgungseinrichtung, bestehend aus einer
>> Batterie und Ladegerät für selbsttätige Pufferung oder aus
>> einem Netzanschlußgerät,
>
> b) in Gleichstromnetzen mit geerdetem Pluspol:
>> die volle Stromversorgungseinrichtung, bestehend aus einer
>> Batterie und Ladegerät für selbsttätige Pufferung,
>
> c) in Gleichstromnetzen ohne geerdeten Pluspol und immer bei
>> Lade- und Entladebetrieb:
>> Aufwendungen bis zum Betrage wie unter b).
>
> Bei a) und b) (Pufferbetrieb):
> Mindestleistung der Batterie
>> 75 Wh für jede Amtsleitung,
>> 60 Wh für je 5 Nebenstellen.

Bei c):

Bei Lade- und Entladebetrieb muß jede der beiden Batterien die doppelte Leistung haben.

Lade- oder Betriebsstrom aus dem Starkstromnetz zu Lasten des Teilnehmers.

Bei Puffergeräten mit mehr als 3 A Ladestrom Anzeige beim Ausbleiben des Netzstroms durch einen ausschaltbaren Wecker oder eine Lampe.

Siehe X, A, Punkt 20, S. 85.

12. *Möglichkeit, Vermittlungseinrichtungen für Außennebenstellen anzuschließen.*

Siehe V, A, Punkt 12, S. 54.

B. Ergänzungsausstattung

1. *Mithöreinrichtungen*
a) gewöhnlicher Art,
b) besondere und verschließbare.

Siehe V, B, Punkt 1, S. 54.

2. *Selbsttätige Amtsrufumschalter zur einmaligen Rufweiterschaltung für 1, 2, 3 oder 4 Amtsleitungen.*

Siehe V, B, Punkt 2, S. 54.

3. *Schaltung halbamtsberechtigter Reihen- oder Außennebenstellen (nur in Ortsnetzen mit Wählvermittlung zulässig).*

Siehe V, B, Punkt 3, S. 55.

Ergänzend hierzu ist zu bemerken:

Die selbständige Einschaltung auf Amt kann in Reihenanlagen mit Wählervermittlung nicht durch Weglassen der Wählscheibe unterbunden werden, weil die Wählscheibe auch für den Innenverkehr benötigt wird. Die Wählscheibe kann aber innerhalb des Sprechstellenapparates so geschaltet werden, daß sie nur in der Hausanschlußleitung wirksam ist, womit der Apparat zum halbamtsberechtigten Nebenstellenapparat wird.

4. *Anzeige der Übernahme eines Amtsgesprächs durch hörbares oder sichtbares Zeichen für jede Amtsleitung und für jede amtsberechtigte Reihenstelle, abgesehen von der Hauptstelle.*

Siehe V, B, Punkt 4, S. 55.

5. *Aufschaltung bei Innenverbindungen für einzelne Nebenstellen, auch mit hörbarem Zeichen.*

Bevorzugte Sprechstellen können, wie die Abfragestelle, eine Aufschalteinrichtung in der Automatenzentrale erhalten, durch die sie beim

Anruf eines hausbesetzten Teilnehmers sich auf dessen Gespräch auf-
schalten können, und zwar entweder unmittelbar oder nach Erhalt des
Besetztzeichens durch Drücken einer Taste.

Die Aufschalteinrichtung ist mit oder ohne Aufmerksamkeitszeichen
(Tickerzeichen) zulässig.

6. *Anschluß von 2 außenliegenden Nebenstellen an eine gemeinsame
Anschlußleitung (Zweieranschlüsse).*

Siehe Fachausdrücke: Zweieranschluß.

7. *Anzeigevorrichtung für das Ansprechen von Sicherungen durch
einen ausschaltbaren Wecker oder eine Lampe.*

Nichts zu bemerken.

8. *Allgemein verwendbare Ergänzungsausstattung (siehe XV).*

Siehe vierten Abschnitt, XV, S. 192.

VIII. Vermittlungseinrichtungen für Außennebenstellen in Reihenanlagen mit Wählern[1])

Außennebenstellen in Verbindung mit Reihenanlagen, deren Innenverkehr über eine W-Zentrale vermittelt wird, erfordern bei der Hauptstelle die gleichen Vermittlungseinrichtungen wie bei Reihenanlagen mit
Linientasten (vgl. Vorbemerkungen zu VI).

Nur in bezug auf den Untereinanderverkehr der Außennebenstellen
und Innensprechstellen besteht ein bedeutsamer Unterschied insofern,
als die Umschaltschränke hierfür keinerlei Einrichtungen zu besitzen
brauchen, weil sämtliche Sprechstellen durch Nummernwahl unmittelbar miteinander verkehren, womit die Außennebenstellen auch unbeschränkte Rückfragemöglichkeit ohne die umständliche Zwischenvermittlung durch die Hauptstelle besitzen.

Im übrigen werden auch diese Umschaltschränke als handbediente
nach Regelausstattung *a)* und als »automatische« nach Regelausstattung
b) geliefert.

A. Regelausstattung

*a) Handbediente Vermittlungseinrichtungen bis zu 5 Außenneben-
stellen:*

*1. Die Vermittlungseinrichtungen werden in folgenden nicht erweite-
rungsfähigen Baustufen geliefert:*

Baustufe C zu 2 Amtsleitungen und 2 Außennebenstellen,
» D » 3 » » 3 » ,
» E » 4 » » 5 » .

[1]) *Wenn durch die Rückfragemöglichkeit der Außennebenstellen besondere Anschlußorgane im Wählerteil belegt werden, rechnen sie für die Bemessung der Verbindungssätze und der Baustufen als Nebenstellen.*

(Es können auch Vermittlungseinrichtungen mit abweichender Zahl von Amtsleitungen und Außennebenstellen verwendet werden.)

Erläuterungen siehe VI, A, a, Punkt 1, S. 56, und Vorbemerkungen zu VII, S. 62.

Die Fußnote zur Überschrift S. 66 ist wegen der Systemunterschiede erforderlich. Bei einigen Systemen wird für eine Rückfrage die im Umschaltschrank aufgebaute Verbindung umgeschaltet auf ein **besonderes** Anschlußorgan in der W-Zentrale, während bei anderen Systemen zur Rückfrage die Anschlußleitung der Außennebenstelle selbst auf die W-Zentrale **zurück**geschaltet wird.

Die erstere Ausführungsart erfordert demnach in der W-Zentrale je Amtsleitung ein besonderes Rückfrageanschlußorgan und die Fußnote besagt, daß diese Anschlüsse bei der Bemessung der Verbindungssätze der W-Zentrale (vgl. VII, A, Punkt 6) sowie bei der Begrenzung auf 50 Teilnehmeranschlüsse als Anschlußorgane mitzählen.

Abweichende Zahl von Amtsleitungen und Außennebenstellen ist nur noch während einer Übergangzeit zulässig (vgl. Vorbemerkungen zum dritten Abschnitt, zweiten Absatz S. 26).

2. Für jede Amtsleitung eine Verbindungsmöglichkeit nach den Außennebenstellen.

Siehe VI, A, a, Punkt 2, S. 57.

Verbindungsorgane für den Verkehr der Außennebenstellen untereinander sind nicht erforderlich, weil er über die W-Zentrale erfolgt.

3. Herstellung und Trennung aller Amtsverbindungen der Außennebenstellen in beiden Richtungen von Hand. (Abweichend auch selbsttätige Trennung der Amtsverbindungen.)

Verbindungen für ankommende und abgehende Amtsgespräche der Außennebenstellen werden von der Hauptstelle hergestellt und nach Gesprächsbeendigung getrennt. Selbsttätige Trennung, nämlich dann, wenn die Außenstelle nach beendetem Gespräch ihren Hörer auflegt, ist zulässig.

Gesprächsverbindungen zwischen Außennebenstellen und Innensprechstellen werden unmittelbar durch Nummernwahl in der W-Zentrale hergestellt und daher nach Gesprächsbeendigung auch selbsttätig getrennt.

4. Für die Amtsleitungen Einzelnachtschaltung zu Außennebenstellen. Die nachtgeschalteten Außennebenstellen können von den anderen Nebenstellen nicht erreicht werden.

Siehe VI, A, a, Punkt 7, S. 59.

b) Vermittlungseinrichtungen mit selbsttätiger Durchschaltung
der Außennebenstellen zum Amt bis zu 3 Außennebenstellen:

---

1. *Die Vermittlungseinrichtungen werden in folgenden, nicht erweiterungsfähigen Baustufen geliefert:*

Baustufe G zu 2 Amtsleitungen und 2 Außennebenstellen,
» H » 3 » » 3 »

(Es können auch Vermittlungseinrichtungen mit abweichender Zahl von Amtsleitungen und Außennebenstellen verwendet werden.)

Siehe VI, A, a, Punkt 1, S. 57.

2. *Für jede Amtsleitung eine Verbindungsmöglichkeit nach den Außennebenstellen.*

Siehe VI, A, a, Punkt 2, S. 57.

3. *Herstellung der ankommenden Amtsverbindungen für die Außennebenstellen bei der Hauptstelle von Hand, abgehende Amtsverbindungen und Innenverbindungen der Außennebenstellen selbsttätig.*

Ankommende Amtsverbindungen werden den Außennebenstellen von der Hauptstelle zugeteilt. Für abgehende Amtsgespräche besitzen sie Selbsteinschaltung auf Amt, wobei der rufenden Außenstelle eine freie Amtsleitung selbsttätig zugeteilt oder, wenn keine mehr frei ist, hörbares Besetztzeichen gegeben wird. Innenverkehr durch Nummernwahl. Sämtliche Gesprächsverbindungen lösen sich nach Gesprächsbeendigung selbsttätig.

4. *Rückfragemöglichkeit der Außennebenstellen während eines Amtsgesprächs nach der Hauptstelle und den anderen Nebenstellen.*

Siehe VI, A, b, Punkt 4, S. 60.

Die Herstellung einer Rückfrageverbindung erfolgt jedoch nicht wie bei Reihenanlagen mit Linientasten durch Mitwirkung der Hauptstelle, sondern die Außennebenstelle kann jede beliebige Sprechstelle unmittelbar anrufen.

5. *Für jede Amtsleitung Einzelnachtschaltung zu einer Außennebenstelle. Die nachtgeschalteten Außennebenstellen bleiben für die anderen Nebenstellen erreichbar.*

Siehe VI, A, b, Punkt 5, S. 60.

B. Ergänzungsausstattung

1. *Zweite Vermittlungseinrichtung für Außennebenstellen mit gleichem oder geringerem Ausbau als bei der Hauptstelle, jedoch mit denselben Betriebsmöglichkeiten.*

Siehe VI, B, Punkt 1, S. 61.

*2. Hörbares, bei mehr als 1 Amtsleitung auch sichtbares Eintrete-
zeichen für die Hauptstelle bei Amtsverbindungen der Außennebenstellen
oder selbsttätige Umschaltung auf Rückfrage (nur bei handbedienten Vermittlungseinrichtungen).*

Siehe VI, B, Punkt 2, S. 61.

*3. Einmalige selbsttätige Weiterschaltung eingehender Anrufe in je
einer Amtsleitung zu je einer Außennebenstelle (nur bei selbsttätigen Vermittlungseinrichtungen).*

Siehe V, B, Punkt 2, S. 54.

*4. Mithörmöglichkeit für die Außennebenstelle bei Amtsgesprächen der
Reihenstellen (nur bei selbsttätigen Vermittlungseinrichtungen zu 1 Amtsleitung und 1 Außennebenstelle).*

Nur noch während einer Übergangszeit zulässig.

5. Allgemein verwendbare Ergänzungsausstattung (siehe XV).

Siehe vierten Abschnitt XV, S. 192.

IX. Nebenstellenanlagen mit Wählern zu 1 Amtsleitung und 2—9 Nebenstellen

(kleine W-Anlagen)

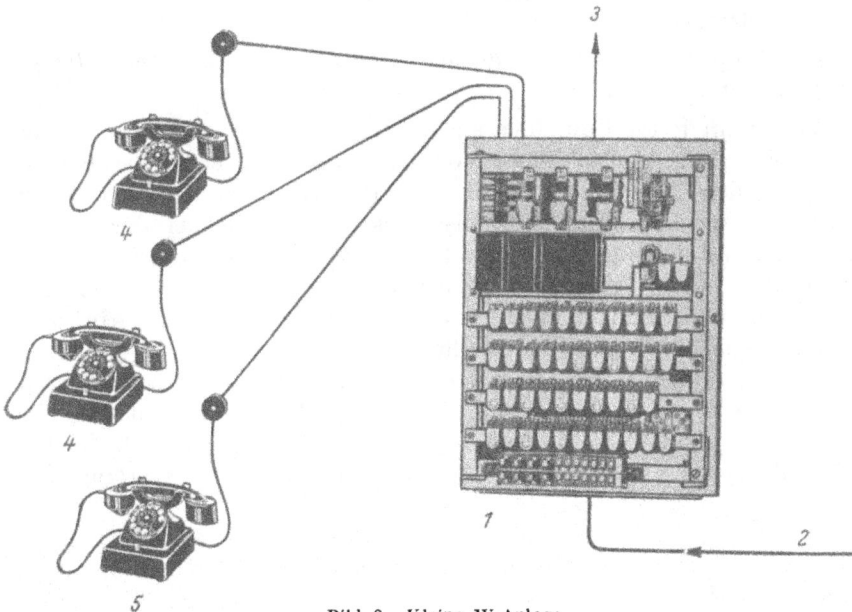

Bild 8. Kleine W-Anlage.

1 Wählervermittlung,
2 Speiseleitung (von der Stromlieferungs-
    anlage),
3 Amtsleitung,
4 Nebenstelle.
5 Abfragestelle.

Diese in ihrem Umfang beschränkte Klein-W-Anlage weist bereits alle typischen Vollkommenheitsmerkmale der mittleren W-Nebenstellenanlagen auf und gehört deshalb zu der Klasse von Anlagen, die im privaten Sprachgebrauch vielfach als Universalzentralen bezeichnet werden. Wichtig ist, daß die Nebenstellenapparate trotz Selbsteinschaltung auf Amt, Rückfrageeinrichtung, unmittelbarer Umlegemöglichkeit von Amtsverbindungen und unbeschränkten Untereinanderverkehrs durch Nummernwahl nur mit einer zweidrähtigen Anschlußleitung an die Vermittlung angeschlossen werden und daß jede Nebenstelle Abfragestelle (Bedienungsapparat) sein kann.

A. Regelausstattung.

1. Die Vermittlungseinrichtungen werden in folgenden nicht erweiterungsfähigen Baustufen geliefert:

Baustufe I A zu 3 Nebenstellen und
1 Innenverbindungssatz,
Baustufe I B zu 5 Nebenstellen und
1 Innenverbindungssatz,
Baustufe I C 1 zu 9 Nebenstellen und
1 Innenverbindungssatz[1]),
Baustufe I C 2 zu 9 Nebenstellen und
2 Innenverbindungssätzen,
dazu die Abfragestelle.

(Es können auch Anlagen mit abweichender Zahl von Nebenstellen geliefert werden.)

Den Sinn fester Baustufen siehe Fachausdrücke: Baustufe. Übergangsweise sind Abweichungen von den vorgenannten Baustufen zulässig. Zu den Nebenstellenanschlüssen tritt stets noch ein weiterer Anschluß für die Abfragestelle (Bedienungsapparat), die bei der kleinen W-Anlage aus einem gewöhnlichen Sprechapparat mit Erdtaste besteht; sie ist im Preis der Vermittlungseinrichtungen enthalten. Bei der Planung muß man daran denken, daß die einzelnen Baustufen nicht erweiterbar sind und daß es sich deshalb fast immer empfiehlt, die nächst größere zu wählen, um bei später eintretendem Bedarf weitere Sprechstellen ohne weiteres anschließen zu können. Das verursacht dann bei Mietanlagen keine Vertragsverlängerung und nur geringe Baukosten, während der spätere Austausch einer Baustufe Vertragsverlängerung und höhere Baukosten zur Folge hat.

In Anlagen mit mehr als 6 Sprechstellen sollte man die Baustufe I C2 (mit 2 Innenverbindungssätzen) stets dann verwenden, wenn die Anlage geschäftlichen Zwecken dient, weil erfahrungsgemäß die Bau-

---

[1]) *Ein nachträglicher Einbau des zweiten Verbindungssatzes ist nicht möglich. Bei Bedarf muß die Vermittlungseinrichtung I C 1 gegen I C 2 ausgewechselt werden.*

stufe I C1 (mit 1 Innenverbindungssatz) eigentlich nur als Wohnungs-
telephonanlage ausreichende Verkehrsmöglichkeiten bietet.

2. Es können gleichzeitig geführt werden:

*a) bei Anlagen der Baustufe I A: 1 Amtsgespräch und 1 Innen-
gespräch (bei abgehenden Amtsgesprächen nur, wenn das Amtsgespräch vor dem Innengespräch aufgebaut worden ist) oder
1 Amtsgespräch und 1 Rückfragegespräch;*

*b) bei Anlagen der Baustufen I B und I C1: 1 Amtsgespräch,
1 Innengespräch und 1 Rückfragegespräch;*

*c) bei Anlagen der Baustufe I C2: 1 Amtsgespräch, 2 Innen-
gespräche und 1 Rückfragegespräch.*

*(Zugelassen sind unter 2 a auch Anlagen, bei denen gleichzeitig nur
1 Amtsgespräch und 1 Rückfragegespräch oder nur 1 Innengespräch möglich sind, anderseits auch Anlagen, bei denen gleichzeitig mehr Gespräche
bis zur Erfüllung der Bedingungen unter 2 b geführt werden können.)*

In Anlagen, die geschäftlichen Zwecken dienen, ist es immer wertvoll, wenn mehrere Gespräche gleichzeitig geführt werden können. Dabei
muß die Rückfragemöglichkeit s t e t s gesichert sein (vgl. Punkt 10). In
Wohnungstelephonanlagen ist die gleichzeitige Gesprächsmöglichkeit —
abgesehen von Rückfragegesprächen — von untergeordneter Bedeutung.

*3. Innenverbindungen vollselbsttätig; auf eine bestehende Verbindung
ist Aufschaltung nur bei Rückfrage, und zwar in Mithörschaltung möglich
(vgl. Punkt 9). (Zugelassen sind auch Anlagen, in denen die Aufschaltung
ohne diese Einschränkung möglich ist.)*

Sämtliche Sprechstellen rufen sich untereinander durch Nummernwahl (einstellig) an. Rückfragegespräche haben Vorrang; ist bei Vorhandensein nur eines Innenverbindungssatzes dieser besetzt und für
Rückfragezwecke kein eigener vorhanden (trifft nur für die Baustufe I A
zu), dann tritt bei Rückfrage unmittelbare Aufschaltung auf das im
Gange befindliche Gespräch ein, aber mit Aufmerksamkeitszeichen für
die Sprechenden. Wird ein besonderer Rückfrageverbindungssatz benutzt (was bei allen übrigen Baustufen der Fall ist) und man trifft auf
einen besetzten Teilnehmer, dann tritt ebenfalls unmittelbare Aufschaltung mit Aufmerksamkeitszeichen ein (vgl. Punkt 10).

4. Selbsttätige Durchschaltung der Nebenstellen zum Amt.

Alle Nebenstellen besitzen Selbsteinschaltung auf Amt, meist durch
Erdtastendruck.

*5. Zugänglichkeit der Amtsleitung auch bei Besetztsein des inneren
Verbindungswegs bei Anlagen mit mehr als 3 Nebenstellen (Punkt 5 kann
auch in kleineren Anlagen erfüllt sein).*

Die Selbsteinschaltung auf Amt soll unabhängig von den Einrichtungen des Innenverkehrs erfolgen.

6. *Verbindungsmöglichkeit mit dem Amt, wenn die Anlage gestört ist.*
(Bei privaten Nebenstellenanlagen wird die Bedingung durch den Postprüf-
apparat erfüllt.)

Nichts zu bemerken.

7. *Ankommende Amtsverbindungen durch Vermittlung.*

Ankommende Amtsanrufe werden normalerweise von der Abfragestelle entgegengenommen und zur gewünschten Nebenstelle weitergeleitet. Vorherige Ankündigung muß möglich sein (vgl. Punkt 9). Die
Abfragestelle (der Bedienungsapparat) unterscheidet sich nicht von einer
gewöhnlichen Nebenstelle, so daß u. U. jeder Nebenstellenapparat auch
vorübergehend Abfragestelle sein kann (vgl. Punkt 8, 13 und Punkt 2
der Ergänzungsausstattung).

8. *Amtsleitung ohne Sperrung für abgehende Amtsverbindungen beim*
Einlaufen eines Amtsanrufs (auch mit Sperrung zulässig). (Gilt in der
Ostmark nicht bei Ämtern mit Sofortauslösung der Verbindung durch den
Angerufenen.)

Ein ankommender Amtsanruf soll dann, wenn sich zufällig gleichzeitig eine Nebenstelle auf Amt einschaltet, zu dieser statt zur Abfragestelle gelangen. Hierin liegt eine bemerkenswerte Verkehrserleichterung,
z. B. bei Verwendung einer derartigen Anlage als Wohnungstelephon in
einer Villa. Man wird hier zweckmäßig den Amtswecker so im Treppen-
haus anbringen, daß er im ganzen Haus hörbar ist. Kommt ein Amtsruf
an, dann braucht man sich zu seiner Entgegennahme nicht zur Abfragestelle zu begeben, sondern man kann von einer beliebigen, z. B. der nächstgelegenen Nebenstelle aus abfragen, indem man sich einfach auf Amt
einschaltet.

9. *Möglichkeit der Ankündigung eines Amtsanrufs durch die Haupt-*
stelle ohne Mithörmöglichkeit des anrufenden Teilnehmers; bei besetzter
Nebenstelle Aufschaltung mit hörbarem Zeichen. (Das Zeichen kann fehlen.)

Die Möglichkeit vorheriger Ankündigung ist immer wichtig, damit
nicht Nebenstellen durch Amtsanrufe belästigt werden, für deren Entgegennahme sie nicht zuständig sind. Die Ankündigung darf nicht daran
scheitern, daß die Nebenstelle, der ein Amtsanruf angekündigt werden
soll, gerade ein Hausgespräch führt, daher Aufschaltung (vgl. Punkt 3).

10. *Bei der Baustufe I A (3 Nebenstellen) Rückfragemöglichkeit wäh-*
rend eines Amtsgesprächs nach der Abfragestelle und den anderen Neben-
stellen über den Innenweg. Bei den übrigen Baustufen (mehr als 3 Neben-
stellen) Rückfragemöglichkeit über besonderen Rückfrageweg. In beiden
Fällen Sperrung der Amtsleitung für andere Nebenstellen. Bei Aufschaltung
in Rückfrage stets hörbares Zeichen. (In Anlagen aller Größen kann Rück-
fragemöglichkeit über besonderen Rückfrageweg oder über den Innenweg
vorhanden sein. Das hörbare Zeichen kann fehlen.)

Der erste und zweite Satz sind ohne weiteres klar. »Sperrung der Amtsleitung für andere Nebenstellen« heißt, daß sich während des Rückfragezustandes keine andere Nebenstelle auf Amt einschalten kann, sondern beim Versuch Besetztzeichen erhält.

11. *Während der Tagesschaltung Nichtauslösen von Amtsverbindungen, wenn bei der Nebenstelle in der Rückfragestellung der Hörer aufgelegt wird, sondern erneuter Anruf bei der Hauptstelle (kann fehlen).*

Siehe III, B, Punkt 19, S. 46 und X, A, Punkt 13, S. 83.

12. *Selbsttätiges Umlegen einer Amtsverbindung von Nebenstelle zu Nebenstelle.*

Siehe Fachausdrücke: Selbsttätiges Umlegen von Amtsverbindungen.

13. *Nachtschaltung für eine Nebenstelle. Die Nebenstelle kann Amtsverbindungen zu anderen Nebenstellen weiterleiten und bleibt für andere Nebenstellen erreichbar (in der Ostmark können auch Nachtschaltungen angewendet werden, bei denen alle Nebenstellen Amtsanrufe abfragen und zu anderen Nebenstellen weiterleiten können).*

Diese Nachtschaltung ist so aufzufassen, daß nach Umstellen eines Nachtschalters in der Vermittlung eine bestimmte Nebenstelle alle eingehenden Amtsanrufe erhält, sie entgegennimmt und nötigenfalls weiterleitet; außerdem bleibt sie für alle anderen Sprechstellen erreichbar. Ein ankommender Amtsanruf macht sich auch dann bemerkbar, wenn die Nebenstelle gerade über Haus spricht (und zwar als Aufmerksamkeitszeichen im Hörer). Die nachtgeschaltete Nebenstelle wird also zu einem vollkommenen zweiten Bedienungsapparat. (Vgl. Punkt 7.)

14. *Schaltung von halbamtsberechtigten Nebenstellen.*

Siehe Fachausdrücke: Vollamtsberechtigte und halbamtsberechtigte Nebenstellen.

15. *Innerhalb der Regelausstattung wird geliefert:*

> *a) in Wechselstromnetzen:*
> *die volle Stromversorgungseinrichtung, bestehend aus einer Batterie und Ladegerät für selbsttätige Pufferung oder aus einem Netzanschlußgerät,*
> *b) in Gleichstromnetzen mit geerdetem Pluspol:*
> *die volle Stromversorgungseinrichtung, bestehend aus einer Batterie und Ladegerät für selbsttätige Pufferung,*
> *c) in Gleichstromnetzen ohne geerdeten Pluspol und immer bei Lade- und Entladebetrieb:*
> *Aufwendungen bis zum Betrage wie unter b).*
> *Bei a) und b) (Pufferbetrieb):*
> *Mindestleistung der Batterie 72 Wh für Anlagen der Baustufe I A, 120 Wh für die übrigen Anlagen.*

Bei c):

Bei Lade- und Entladebetrieb muß jede der beiden Batterien die doppelte Leistung haben.

Lade- oder Betriebsstrom aus dem Starkstromnetz zu Lasten des Teilnehmers.

Bei Puffergeräten mit mehr als 3 A Ladestrom Anzeige beim Ausbleiben des Netzstroms durch einen ausschaltbaren Wecker oder eine Lampe.

Siehe X, A, Punkt 20, S. 85.

16. *Zusätze für die Anpassung an die Amtsschaltungen.*
Siehe X, A, Punkt 21, S. 87.

B. Ergänzungsausstattung

1. *Technische Maßnahmen für Nebenanschlußleitungen mit mehr als 2 × 150 Ohm Widerstand, soweit erforderlich:*

a) Stromstoßübertragungen für Gleichstrom bis zu 2 × 450 Ohm,
b) Stromstoßübertragungen für Gleichstrom über 2 × 450 Ohm,
c) Stromstoßübertragungen für Wechselstrom oder Induktivwahl,
d) andere technische Maßnahmen.

Siehe Fachausdrücke: Stromstoßübertragung.

2. *Einmalige selbsttätige Weiterschaltung eines eingehenden Rufs in der Amtsleitung oder in einer Nebenanschlußleitung.*
Siehe X, B, Punkt 3, S. 88.

3. *Anzeigevorrichtung für das Ansprechen von Sicherungen.*
Nichts zu bemerken.

4. *Mithöreinrichtungen bei Unterbringung der technischen Mittel in der Wählereinrichtung (zulässig bis zu 3 Mithörstellen).*

Gemeint sind Einrichtungen innerhalb der Wählervermittlung, durch die bestimmte Nebenstellen, wenn sie sich auf die besetzte Amtsleitung einschalten, ohne weiteres in das im Gange befindliche Amtsgespräch geraten, es also mithören und sich daran beteiligen können. Hierin liegt aber noch keine vollwertige Mithöreinrichtung, weil ein Mithören nur zufällig möglich ist, nämlich nur dann, wenn die betreffende Nebenstelle sich auf Amt schaltet, während die Amtsleitung anderweitig besetzt ist. Eine vollwertige Mithöreinrichtung entsteht erst, wenn der betreffende Nebenstellenapparat mit einer Amtsbesetztlampe ausgerüstet wird, für die dann übrigens eine besondere Leitung erforderlich ist. Erst hiermit ist die Möglichkeit gegeben, den gesamten Amtsverkehr zu überwachen.

Mehr als 3 Mithörstellen sind nicht zulässig.

5. *Anschluß von 2 außenliegenden Nebenstellen an eine gemeinsame Nebenanschlußleitung (Zweieranschlüsse).*
Siehe Fachausdrücke: Zweieranschluß.

6. *Besetztanzeige für die Amtsleitung durch sichtbares Zeichen.*
Siehe Punkt 4 Mithöreinrichtungen.

7. *Allgemein verwendbare Ergänzungsausstattung (siehe XV) außer XV Nr. 2, 4 und 9 in Anlagen der Baustufe I A. Durch die Einrichtung zum Anschluß einer Personensuchanlage (XV, Nr. 4) werden in Anlagen der Baustufen I B und I C1 ein Anschlußorgan, in Anlagen der Baustufe I C2 zwei Anschlußorgane belegt. Durch die Einrichtung zur Anschaltung von einer Querverbindung (XV, Nr. 9) wird in Anlagen der Baustufen I B bis I C2 ein Anschlußorgan belegt.*

Der Unterabschnitt XV, auf den hier verwiesen wird, ist im vierten Abschnitt enthalten.

Zu beachten ist, daß für die kleinste Baustufe (I A) Sperreinrichtungen für besondere Verbindungen durch Mitlaufwerk, der Anschluß einer Personensuchanlage und von Querverbindungen sowie von Zweitnebenstellenanlagen mit mehr als 2 Sprechstellen nicht in Betracht kommen.

Zu den übrigen Angaben ist nichts zu bemerken.

X. Nebenstellenanlagen mit Wählern zu 2—10 Amtsleitungen und zu 10—100 Nebenstellen,

bei denen die abgehenden Amtsverbindungen und die Innenverbindungen selbsttätig, die ankommenden Amtsverbindungen von der Hauptstelle über Wähler oder über Schnüre oder andere handbediente Schaltmittel aufgebaut werden

(mittlere W-Anlagen mit Amtswahl)

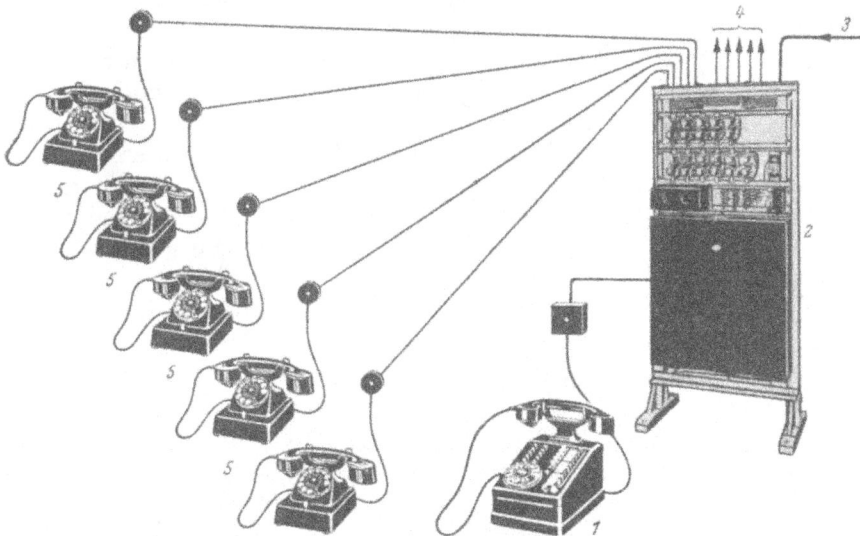

Bild 9. . Mittlere W-Anlage mit Amtswahl.

1 Abfragestelle (Bedienungsapparat),	*4* Amtsleitungen.
2 Wählervermittlung,	*5* Neben- oder Hausstellen (Hausstellen ohne
3 Speiseleitung (von der Stromlieferungsanlage),	Taste).

In der vorstehenden Überschrift werden zwei grundsätzlich verschiedene Arten der mittleren W-Nebenstellenanlagen zusammengefaßt, nämlich Anlagen mit Wählerzuteilung und Anlagen mit Schnurzuteilung. Außerdem bleibt sowohl in der Überschrift als auch in den einzelnen Punkten der Regelausstattung selbst die Frage offen, auf welche Weise die Nebenstellen mit dem Amt verbunden werden; es wird nur allgemein gesagt »selbsttätig«. Auch hierfür gibt es zwei grundsätzlich verschiedene Möglichkeiten, die in bezug auf ihre Verkehrsgüte nicht ganz gleichwertig sind, nämlich Amtseinschaltung durch Wähler, die außer dem Amtsverkehr auch dem Innenverkehr dienen (z. B. über die zehnte Dekade der LW), oder durch besondere Amtswähler, wobei es sogar für die letztere Art noch wichtige Unterschiede gibt, nämlich Anlagen, bei denen die Nebenstellen Zugang zu den Amtswählern unmittelbar durch Erdtastendruck besitzen und Anlagen, bei denen dieser Zugang über Einrichtungen erfolgt, die außerdem dem Innenverkehr dienen (durch Nummernwahl). Als Mittel zur Weitergabe ankommender Amtsverbindungen werden in der Überschrift Wähler, Schnüre oder andere handbediente Schaltmittel genannt, wobei mit den letzteren Druckknopf- oder Hebelschalter gemeint sind, die früher in handbedienten Anlagen öfters verwendet wurden, in W-Nebenstellenanlagen aber heute kaum noch vorkommen. Sie bleiben deshalb in den nachstehenden Erläuterungen unberücksichtigt, obwohl sie im amtlichen Wortlaut immer wieder genannt werden.

Angesichts dieser zahlreichen Systemunterschiede kommt der gewissenhafte Planer einer Neuanlage nicht drum herum, trotz der einheitlichen Regel- und Ergänzungsausstattung und trotz der Preisgleichheit, zu prüfen, welche Systeme den einzelnen Angeboten zugrunde liegen und ihr Für und Wider in Rücksicht auf die vorliegenden Bedürfnisse gegeneinander abzuwägen. In diesem Zusammenhang ist schon die Frage Wählerzuteilung oder Schnurzuteilung von Interesse. Die erstere bietet den nicht zu unterschätzenden Vorteil, daß die ganze von Hand zu bedienende Vermittlungseinrichtung in einem verhältnismäßig kleinen Tischapparat zusammengedrängt ist, der fast auf jedem Arbeitstisch genügend Platz findet und u. U. nebenamtlich bedient werden kann. Demgegenüber ist der Glühlampenschrank, ohne den es keine Schnurzuteilung gibt, in bezug auf seine Unterbringung schon anspruchsvoller, was zur Folge hat, daß man bei ihm kaum an die Möglichkeit einer nebenamtlichen Bedienung denkt.

Die Vorteile der Schnurzuteilung kommen erst in Großanlagen zur Geltung, während für mittlere Anlagen der Wählerzuteilung aus den vorgenannten Gründen der Vorzug zu geben ist. Tatsächlich ist sie auch für mittlere W-Anlagen mit Amtswahl die gebräuchlichste Ausführungsart.

Siehe Fachausdrücke: Amtswähler, Schnurzuteilung, Universalzentrale, Wählerzuteilung.

A. Regelausstattung

1. Die Vermittlungseinrichtungen werden in folgenden Baustufen geliefert:

Baustufe	Mindestausbau			Endausbau		
	Anschlußorgane für		Innen-verbindungs-sätze	Anschlußorgane für		Innen-verbindungs-sätze
	Amts-leitungen	Neben-stellen		Amts-leitungen	Neben-stellen	
II A[1]	—	—	—	2	10	2
II B[1]	2	15	2	3	15	3
II C[1]	2	25	3	3	25	3
II D[1][2] ...	3	25	3	5	25	4
II E[3]	3	30	4	5	50	6
II F[3][4] ...	3	30	4	7	60	6
II G[3]	5	50	5	10	100	12

Erweiterungsfähigkeit der Baustufen II B bis G bis zum Endausbau nach Wahl um je

> *1 Anschlußorgan für Amtsleitungen,*
> *10 Anschlußorgane für Nebenstellen,*
> *1 Innenverbindungssatz.*

Mindestausstattung an Innenverbindungssätzen für Anlagen, deren Ausrüstung zwischen dem Mindestausbau und dem Endausbau liegt:

> *10 vH der Zahl der eingebauten Anschlußorgane für Nebenstellen, bei 40 Anschlußorganen jedoch mindestens 5. Hierbei zählen als Anschlußorgane für Nebenstellen auch die Anschlußorgane für die als Nebenstellen geschalteten Querverbindungen, dagegen nicht die Organe für die Meldeleitungen und für die Rückfrageanschlüsse der Amtsleitungen.*

[1]) *Übergangsweise können für die Baustufen II A bis D größere Vermittlungseinrichtungen verwendet werden, wenn Verdrahtung und Relaisausrüstung nur bis zum angegebenen Endausbau ausgeführt sind. Die Einrichtungen dürfen nachträglich nicht über diesen Ausbau hinaus ergänzt werden, vielmehr sind sie bei Überschreitung der für die Stufe vorgesehenen Ausbaugrenze auszuwechseln.*

[2]) *Für die Baustufe II D können in privaten Anlagen übergangsweise bis zum 31. 12. 1940 Vermittlungseinrichtungen verwendet werden, die eine Erweiterung auf 4 Innenverbindungssätze nicht gestatten.*

[3]) *Zu den Baustufen II E bis G: Bei der Bemessung der Grenze des Endausbaues rechnen auch die Meldeleitungen, die Leitungen für die Kennziffernwahl und die in die Vermittlungseinrichtung eingebauten Rückfrageanschlüsse der Amtsleitungen als Nebenstellen, wenn durch sie die Zahl der anschaltbaren Nebenstellen beeinflußt wird.*

[4]) *Die Baustufe II F kann bei privaten Anlagen im Endausbau für 8 Anschlußorgane für Amtsleitungen, 50 Anschlußorgane für Nebenstellen und 6 Innenverbindungssätze vorgesehen werden.*

Die Festsetzung bestimmter Baustufen mit einem vorgeschriebenen Mindestausbau, der nicht unterschritten, und einem Höchstausbau, der nicht überschritten werden darf, ergab sich aus wirtschaftlichen Erwägungen.

Fernsprechvermittlungseinrichtungen mit Wählern sind hinsichtlich ihres Fassungsvermögens an technische Systemgrenzen gebunden (z. B. Zehner-, Hunderter- und Tausendersystem), wobei der erforderliche technische Aufwand beim Überschreiten einer Grenze stark wächst.

Schon aus diesem Grunde muß die Möglichkeit einer späteren Erweiterung in einem angemessenen Verhältnis zum Anfangsausbau stehen, weil andernfalls Aufwendungen an Material und Arbeit erforderlich sind, die vergeudet sein würden, wenn sie nicht durch tatsächliche spätere Erweiterungen gerechtfertigt werden. Den sich hieraus ergebenden Mißständen wird vorgebeugt durch die Festsetzung bestimmter Baustufen, wie sie aus obiger Zahlentafel ersichtlich sind.

Der Teilnehmer wird hierdurch angehalten, die Frage der zukünftigen Erweiterungsnotwendigkeit sorgfältig zu prüfen und eine Baustufe zu wählen, die seinen voraussichtlichen zukünftigen Ansprüchen ohne unnötigen Materialaufwand Rechnung trägt.

Liegt eine Neuanlage bereits beim ersten Ausbau nahe an der Höchstgrenze (10 A, 100 N), dann muß die Frage der zukünftigen Entwicklung des betreffenden Unternehmens in bezug auf die Erweiterungsmöglichkeit der Telephonzentrale besonders sorgfältig erwogen werden, weil bei einer Erweiterung über 10 A oder über 100 N hinaus die Grenze der mittleren W-Anlage überschritten wird, so daß die Zentrale gegen eine Großanlage ausgetauscht werden müßte, was stets mit erheblichen Kosten verknüpft ist. Deshalb ist es u. U. zweckmäßiger, von vornherein eine Großanlage zu verwenden, um so mehr, als diese bereits in einem Mindestausbau von 5 A, 50 N, erweiterbar auf 20 A 200 N geliefert werden kann. Sie ist zwar, auch in ihrem kleinsten Ausbau, etwas teurer als die mittlere Anlage, dafür werden aber im Falle einer Erweiterung über 10 A oder 100 N hinaus die sehr erheblichen Auswechslungskosten und die mit einer Auswechslung stets verknüpften Betriebsstörungen vollkommen vermieden.

Ein wichtiges Leistungsmerkmal ist die Anzahl der Verbindungssätze für den Innenverkehr; sie müssen in Anlagen von 50 Sprechstellen an in einer Anzahl von mindestens 10 vH der Sprechstellen, d. h. der eingebauten Anschlußorgane vorhanden sein. In kleineren Anlagen erhöht sich die Anzahl der Verbindungssätze entsprechend der obigen Zahlentafel; für 40 Sprechstellen gelten 5 Verbindungssätze als Mindestausstattung. Die in den Fußnoten angegebenen zulässigen Abweichungen ergeben sich aus den System- und Typenverschiedenheiten der einzelnen Lieferfirmen.

2. Innenverbindungen vollselbsttätig.

Sämtliche Sprechstellen verkehren untereinander durch Nummernwahl über die W-Zentrale.

*3. Selbsttätige Auswahl der Amtsleitungen bei abgehenden Verbin-
dungen, abgesehen von den Amtsleitungen, die ausnahmsweise nach anderen
Vermittlungsstellen führen.*

Die Nebenstellen besitzen Selbsteinschaltung auf Amt. Solange
freie Amtsleitungen verfügbar sind, erhält jede rufende Nebenstelle
eine solche selbsttätig zugewiesen. Nur Amtsleitungen, die ausnahmsweise zur Vermittlung eines anderen Ortsnetzes führen (Ausnahme-
hauptanschlüsse), sind hiervon ausgenommen, d. h. Selbsteinschaltung
auf diese wird nicht zur Bedingung gemacht.

*4. Jederzeitige Zugänglichkeit zu freien Amtsleitungen bei abgehen-
den Verbindungen (abgesehen von den Amtsleitungen, die ausnahmsweise
nach anderen Vermittlungsstellen führen). Wenn diese Forderung nicht erfüllt ist, wird ein Verbindungssatz über die Regelausstattung hinaus ohne
Gebührenberechnung geliefert.*

Die textliche Fassung dieses Punktes läßt erkennen, wie schwierig
es war, grundsätzlich verschiedene technische Ausführungsformen unter
den Hut einer Regelausstattung zu bringen. Der erste Satz besagt,
daß, solange freie Amtsleitungen überhaupt verfügbar sind, diese allen
Nebenstellen für abgehende Amtsgespräche uneingeschränkt zugänglich
sein müssen. Diese Forderung wird z. B. erfüllt von Systemen, bei denen
jeder Amtsleitung ein eigener Amtswähler zugeordnet ist, zu denen die
Nebenstellen unmittelbaren Zugang durch Erdtastendruck besitzen.

Im zweiten Satz wird die Forderung gemildert mit Rücksicht auf
Systeme, bei denen der abgehende Amtsverkehr entweder über die
gleichen Verbindungssätze vermittelt wird, die auch dem Innenverkehr
dienen, oder die zwar einen eigenen Amtswähler je Amtsleitung besitzen,
der aber nur unter Inanspruchnahme eines Hausverbindungssatzes erreichbar ist, nämlich durch Wahl einer Kennziffer.

Um den abgehenden Amtsverkehr auch bei diesen Systemen wenig-
stens so weit wie möglich sicherzustellen, wird gefordert, daß solche
W-Zentralen einen Verbindungssatz über die Regelausstattung hinaus
besitzen müssen, der nicht berechnet werden darf.

*5. Verbindungsmöglichkeit mit dem Amt, wenn die Anlage gestört
ist. (Bei privaten Nebenstellenanlagen wird die Bedingung durch den
Postprüfapparat erfüllt.)*

Nichts zu bemerken.

*6. Schaltung von halbamtsberechtigten Nebenstellen in einer Zahl von
nicht mehr als 5 bei Anlagen bis 25 Sprechstellen, 10 bei größeren An-*

lagen[1]*). In Anlagen mit Schnur- oder Schalterzuteilung müssen die halb-*
amtsberechtigten Nebenstellen Anrufzeichen bei der Abfragestelle erhalten.
(Auf Verlangen des Teilnehmers kann ein gemeinsames Anrufzeichen
vorgesehen werden.)

Der Teilnehmer kann — ohne daß ihm hieraus zusätzliche Kosten
erwachsen — verlangen, daß bis 5 oder bei Anlagen mit mehr als
25 Sprechstellen, bis 10 Nebenstellen keine Selbsteinschaltung auf
Amt besitzen. Wollen solche Stellen abgehend über Amt sprechen,
dann müssen sie sich von der Bedienung eine freie Amtsleitung zuweisen lassen. Zweck der Beschränkung ist, den abgehenden Amtsverkehr gewisser Nebenstellen unter die Aufsicht der Zentralenvermittlung
zu stellen. Da die Nebenstellenleitungen im Vermittlungsschrank ohnehin
auf Klinke liegen, ist für die Anschlüsse der halbamtsberechtigten Nebenstellen lediglich eine Anruflampe je Anschluß hinzuzufügen, was den
Vorteil hat, daß, wenn eine halbamtsberechtigte Nebenstelle anruft, die
Bedienung ohne weiteres erkennt, welche Stelle ruft.

Der eingeklammerte Satz »auf Verlangen des Teilnehmers auch
gemeinsame Anrufzeichen« ist so zu verstehen, daß es auch genügt,
wenn den halbamtsberechtigten Nebenstellen eine oder mehrere Anschlußleitungen gemeinsam zur Verfügung stehen, über die sie die Zentralenbedienung anrufen können. Gemeint sind der sog. Automatenanschluß oder, wenn es sich um mehrere handelt, Meldeleitungen.

In Anlagen mit Wählerzuteilung (Universalzentralen) vollzieht sich
der abgehende Amtsverkehr in der Weise, daß die halbamtsberechtigte
Nebenstelle, um zum Amt zu gelangen, die Erdtaste drückt, worauf
aber keine selbsttätige Durchschaltung zum Amt erfolgt, sondern
nur ein Lampensignal im Bedienungsapparat ausgelöst wird, an dem
die Bedienung erkennt, daß eine der halbamtsberechtigten Nebenstellen
zum Amt will. Sie weiß aber nicht welche und muß infolgedessen in
die Leitung, auf der das Lampensignal liegt, eintreten, um sich mit
der rufenden Stelle zu verständigen. Alsdann bewirkt sie durch Tastendruck die Durchschaltung zum Amt. Selbstverständlich ist diese vorherige Verständigung mit der rufenden Stelle nur dann nötig, wenn
der abgehende Amtsverkehr der halbamtsberechtigten Nebenstellen
von der Bedienung überwacht werden soll. Andernfalls kann die Verbindung sofort nach Erscheinen des betreffenden Lampensignals durchgeschaltet werden, womit die Einrichtung aber eigentlich keinen rechten
Sinn hätte.

---

[1]) *Wenn die Anlage für selbsttätiges Umlegen einer Amtsverbindung von Nebenstelle zu Nebenstelle eingerichtet ist, kann eine Amtsverbindung für eine halbamtsberechtigte Nebenstelle auch über eine amtsberechtigte Nebenstelle vermittelt werden.
Wird dies zu verhindern gewünscht, so muß auf die selbsttätige Umlegung verzichtet
werden.*

In Anlagen mit Wählerzuteilung gibt es für halbamtsberechtigte Nebenstellen noch eine andere Art, eine Amtsleitung zu erhalten, nämlich Anrufen der Vermittlung über Meldeleitung oder Automatenanschluß, worauf die Vermittlung nach Feststellung durch Abfragen, wer anruft, der rufenden Nebenstelle eine Amtsleitung durch Tastendruck zuweist. Eine Zuweisung ohne vorheriges Abfragen, die an sich technisch möglich wäre, kommt nicht in Betracht, weil die Vermittlung beim Erscheinen der Anruflampe nicht wissen kann, ob der Anrufende zum Amt will oder die Bedienung aus einem anderen Grunde zu sprechen wünscht.

Der Ausdruck »halbamtsberechtigte Nebenstellen« ist nicht so zu verstehen, daß diese Sprechstellen nur am halben Amtsverkehr teilnehmen können und z. B. vom abgehenden ausgeschlossen sind, sondern ihre Halbberechtigung liegt lediglich darin, daß sie sich nicht selbständig mit dem Amt verbinden können. Die Fußnote weist darauf hin, daß in Anlagen mit selbsttätiger Amtsgesprächsumlegung die Überwachung ohne weiteres umgangen werden kann, indem sich die halbamtsberechtigten Nebenstellen durch Vermittlung einer beliebigen anderen Nebenstelle eine Amtsleitung verschaffen können und daß, wenn diese Umgehungsmöglichkeit nicht bestehen darf, auf die selbsttätige Umlegung von Amtsverbindungen verzichtet werden muß.

7. Nur für Anlagen mit Schnur- oder Schalterzuteilung: Ankommende Amtsverbindungen nur durch Vermittlung der Hauptstelle. Für jede Amtsleitung eine Verbindungsmöglichkeit. Ruf zu den Nebenstellen durch die Hauptstelle über die Verbindungssätze für die Amtsgespräche selbsttätig. Rückstellung der Verbindungsorgane von Hand. Der selbsttätige Ruf muß mit dem für Innengespräche übereinstimmen. Die Hauptstelle kann auch abfragen, wenn alle Amtsleitungen besetzt sind.

Ankommende Amtsverbindungen werden von der Abfragestelle entgegengenommen und an die gewünschte Nebenstelle weitergegeben. Die hierfür notwendigen Verbindungsorgane (Einschnurstöpsel oder Schnurpaare) müssen so zahlreich sein, daß für jede Amtsleitung ein Verbindungsorgan verfügbar ist, so daß u. U. auf sämtlichen Amtsleitungen gleichzeitig ankommende Gespräche geführt werden können. Der Ruf zur Nebenstelle soll nach Herstellung der Verbindung selbsttätig erfolgen, und zwar allein über das benutzte Verbindungsorgan, damit die Bedienung nach Durchschaltung der Verbindung sofort wieder frei ist. Es ist nicht zulässig, den Wecker der Nebenstelle beim Anruf für ein Amtsgespräch anders ertönen zu lassen — z. B. in kürzeren Zwischenräumen — als beim Anruf für ein Hausgespräch.

Die Abfragestelle muß Hausanrufe auch dann entgegennehmen können, wenn sämtliche Amtsleitungen besetzt sind.

8. Möglichkeit der Ankündigung eines Amtsanrufs durch die Haupt-stelle ohne Mithörmöglichkeit des anrufenden Teilnehmers; bei besetzter Nebenstelle Aufschaltung mit hörbarem Zeichen.

Die Abfragestelle muß die Möglichkeit besitzen, ankommende Amts-anrufe der gewünschten Nebenstelle vor Durchschaltung anzukündigen, z. B. um der Nebenstelle die Möglichkeit zu geben, die Annahme des Gesprächs abzulehnen. Selbstverständlich darf der anrufende Teilneh-mer das Gespräch zwischen Vermittlung und Nebenstelle nicht mit-hören.

Ist die gewünschte Nebenstelle besetzt — einerlei ob durch ein Amts- oder ein Hausgespräch —, dann muß die Vermittlung die Mög-lichkeit haben, sich auf die bestehende Verbindung aufzuschalten, aber nur unter zwangsläufiger Einschaltung irgendeines hörbaren Zeichens (z. B. eines Tickerzeichens), an dem die sprechenden Personen sofort erkennen, daß sie nicht mehr »unter sich« sind.

9. Wartestellung für ankommende Amtsverbindungen mit selbsttätiger Durchschaltung, wenn Nebenstelle frei wird (selbsttätige Durchschaltung kann fehlen, in Anlagen mit Schnur- oder Schalterzuteilung kann Warte-stellung fehlen).

Ein ankommender Amtsanruf, der nicht gleich an die gewünschte Nebenstelle weiter verbunden werden kann, weil diese bereits ander-weitig spricht, muß von der Vermittlung in eine Wartestellung gebracht werden können. Sobald die gewünschte Nebenstelle frei geworden ist, schaltet sich die wartende Amtsverbindung entweder selbsttätig zur Nebenstelle durch (was die Nebenstelle am Ertönen ihres Weckers er-kennt, das sofort einsetzt, nachdem sie ihren Hörer aufgelegt hat) oder die Vermittlung nimmt die Durchschaltung von Hand vor. Daß die selbsttätige Durchschaltung die vollkommenere Ausführung ist, liegt auf der Hand.

Anlagen mit Schnurzuteilung müssen die Wartestellung nicht be-sitzen, besitzen sie aber in allen besseren Privatausführungen.

10. Halten von Amtsverbindungen durch die Hauptstelle zum Ab-fragen in einer anderen Amtsleitung.

Wenn ein ankommender Amtsanruf nicht sofort an eine Neben-stelle weitergegeben werden kann (z. B. weil erst geklärt werden muß, welche Stelle für das Anliegen des anrufenden Teilnehmers zuständig ist) und wenn gleichzeitig weitere Anrufe eingehen, dann muß die Ver-mittlung die Möglichkeit besitzen, erst diese abzufertigen, während die Erstverbindung gehalten bleibt und später abgefertigt wird.

11. Möglichkeit des Anrufs der Hauptstelle über eine Meldeleitung.

Die Hauptstelle liegt wie eine gewöhnliche Haussprechstelle an der dem Innenverkehr dienenden Wählereinrichtung, kann also von sämtlichen Sprechstellen angerufen werden und kann auch ihrerseits sämtliche Sprechstellen anrufen. In Privatanlagen bezeichnet man diesen Anschluß im allgemeinen nicht als Meldeleitung, sondern als »Automatenanschluß«.

12. Rückfragemöglichkeit bei Amtsgesprächen für die Nebenstellen nach der Abfragestelle und den anderen Nebenstellen und auf Wunsch des Teilnehmers auch über eine andere Amtsleitung (Rückfragemöglichkeit über eine andere Amtsleitung kann in der Ostmark allgemein, sonst in Anlagen mit Schnur- oder Schalterzuteilung fehlen).

Siehe V, A, Punkt 2, S. 51.

13. Während der Tagesschaltung Nichtauslösen von Amtsverbindungen, wenn bei der Nebenstelle in der Rückfragestellung der Hörer aufgelegt wird, sondern erneuter Anruf bei der Hauptstelle (kann fehlen, wenn Punkt 16 erfüllt ist).

Hält eine Nebenstelle Rückfrage und nimmt nach deren Beendigung das Amtsgespräch aus irgendeinem Grunde nicht wieder auf, sondern legt ihren Hörer auf, wobei in der Hauptstelle der Rückfragezustand schaltungsmäßig noch besteht, dann soll, schon im Interesse des Gegenteilnehmers, die Verbindung im Amt nicht unerledigt hängen bleiben, sondern in der Zentrale soll die Anruflampe der betreffenden Amtsleitung erneut erscheinen. Die Bedienung muß also abfragen, um die weiteren Wünsche des Gegenteilnehmers entgegenzunehmen. Mit dieser Einrichtung ist den Nebenstellen die Möglichkeit gegeben, die Hauptstelle zum Eintreten in eine Amtsverbindung zu veranlassen.

14. Selbsttätige Freigabe einer Nebenstelle nach beendetem Amtsgespräch; neuer Amtsruf nur bei der Hauptstelle wahrnehmbar, auch wenn in Anlagen mit Schnur- oder Schalterzuteilung eine von ihr aufgebaute Verbindung noch nicht getrennt ist.

Jede Nebenstelle soll sofort nach Beendigung eines Amtsgesprächs, d. h. nach Auflegen ihres Hörers, von der Amtsverbindung gelöst sein; in Anlagen mit Schnurzuteilung auch dann, wenn das Verbindungsorgan in der Vermittlung noch nicht zurückgestellt, d. h. der Amtsstöpsel oder die Stöpsel des Schnurpaars noch nicht herausgezogen sind. Die Bedeutung dieser Einrichtung liegt darin, daß eine Nebenstelle, die über Amt gesprochen hat, sofort nach Auflegen des Hörers (oder nach einmaligem kurzen Niederdrücken des Gabelträgers) sich die Verbindung zu einem neuen Gespräch, einerlei ob Amts- oder Hausgespräch, aufbauen kann.

15. Selbsttätiges Umlegen einer Amtsverbindung von Nebenstelle zu Nebenstelle bei Anlagen mit Wählerzuteilung in den Baustufen II A—D (das selbsttätige Umlegen kann im Einverständnis mit dem Teilnehmer fehlen).

Unter dem selbsttätigen Umlegen einer Amtsverbindung von Nebenstelle zu Nebenstelle ist folgendes zu verstehen: Spricht eine Nebenstelle
über Amt, dann kann sie über Rückfrage eine andere Nebenstelle anrufen
und diese auffordern, das Gespräch zu übernehmen. Darüber, ob es
zweckmäßiger ist, von der übernehmenden Nebenstelle erst irgendeine
Schaltmaßnahme, z. B. einen Tastendruck, zu verlangen oder die Durchschaltung ohne weiteres durch Auflegen des Hörers wirksam werden
zu lassen, sind die Ansichten geteilt, infolgedessen gibt es beide Arten.
Im übrigen gehört diese Einrichtung nur in Anlagen mit Wählerzuteilung der Baustufen II A—II D zur Regelausstattung und kann fehlen,
wenn der Teilnehmer keinen Wert darauf legt. Siehe Fachausdrücke:
Selbsttätige Umlegung von Amtsverbindungen.

*16. Eintretezeichen für die Hauptstelle bei Amtsverbindungen von
Nebenstellen (kann fehlen, wenn Punkt 13 erfüllt ist).*

Durch das Eintretezeichen wird die Vermittlung aufgefordert, in
eine bestehende Amtsverbindung einzutreten, und zwar in Richtung zur
Nebenstelle unter gleichzeitiger Abschaltung des Außenteilnehmers.
Die technischen Mittel hierzu werden freigestellt; bei manchen Systemen
wird das Eintretezeichen durch Tastendruck von bestimmter Zeitdauer,
bei anderen über Rückfrage durch Wahl einer Kennziffer gegeben.

*17. Für jede Amtsleitung Einzelnachtschaltung zu einer Nebenstelle
(ohne Aufschaltemöglichkeit nach Nr. 8); die Nebenstellen bleiben für andere Nebenstellen erreichbar (in der Ostmark können auch Nachtschaltungen
angewendet werden, bei denen alle Nebenstellen Amtsanrufe abfragen und
zu anderen Nebenstellen weiterleiten können).*

Nach Dienstschluß in der Vermittlung kann jede Amtsleitung mit
einer bestimmten Nebenstelle dauerverbunden werden, ohne daß der
Hausverkehr dieser Nebenstelle beeinträchtigt wird. Alle auf der betreffenden Amtsleitung eingehenden Anrufe gelangen dann unmittelbar
zur nachtgeschalteten Nebenstelle, auch wenn diese anderweitig spricht
(einerlei ob im Haus oder über eine andere Amtsleitung); in diesem
Falle macht sich der ankommende Amtsanruf durch ein Aufmerksamkeitszeichen im Hörer bemerkbar.

Die Weitergabe eines Nachtamtsanrufs an eine andere Nebenstelle
erfolgt mit Hilfe der Umlegeeinrichtung jedoch ohne Aufschaltmöglichkeit (nach Punkt 8), wenn die gewünschte Nebenstelle besetzt ist.

*18. Anzeige des Ansprechens von Sicherungen durch einen ausschalt-
baren Wecker oder eine Lampe.*

Nichts zu bemerken.

*19. Verteiler mit Lötösenstreifen und Trennstreifen für alle Amts-
leitungen und Nebenanschlüsse. Die Trennstreifen können im Aufbau*

*mit den Lötösenstreifen vereinigt sein (gilt nicht für Anlagen der Bau-
stufen II A—D).*

Siehe XI, A, Punkt 17, S. 113.

20. *Innerhalb der Regelausstattung wird geliefert*

a) in Wechselstromnetzen:
   *die volle Stromversorgungseinrichtung, bestehend aus einer
   Batterie und Ladegerät für selbsttätige Pufferung oder aus
   einem Netzanschlußgerät,*

b) in Gleichstromnetzen mit geerdetem Pluspol:
   *die volle Stromversorgungseinrichtung, bestehend aus einer Bat-
   terie und Ladegerät für selbsttätige Pufferung,*

*c) in Gleichstromnetzen ohne geerdeten Pluspol und immer bei
   Lade- und Entladebetrieb:*
   Aufwendungen bis zum Betrage wie unter b.

Bei a) und b) (Pufferbetrieb):
   Mindestleistung der Batterie
      75 Wh für jede Amtsleitung,
      60 Wh für je 5 Nebenstellen.

*Bei c): Bei Lade- und Entladebetrieb muß jede der beiden
   Batterien die doppelte Leistung haben.*
   *Lade- oder Betriebsstrom aus dem Starkstromnetz zu Lasten
   des Teilnehmers.*
   *Bei Puffergeräten mit mehr als 3 A Ladestrom Anzeige des
   Ausbleibens des Netzstroms durch einen ausschaltbaren Wecker
   oder eine Lampe.*

Die Stromversorgungseinrichtung ist ein fester Bestandteil der
Nebenstellenanlage; sie muß den Bedingungen der Regelausstattung
entsprechen und darf — abgesehen von Ausnahmefällen — nicht besonders berechnet werden, weil ihre Kosten in den geregelten Kauf- und
Mietpreisen für die Hauptstelle bereits enthalten sind.

Alle Stromversorgungseinrichtungen, für die Primärelemente wegen
des großen Strombedarfs der zu versorgenden Anlage nicht mehr in
Frage kommen, sind abhängig von dem örtlichen Starkstromnetz,
das in drei Arten vorkommt, nämlich Wechselstromnetze, Gleichstromnetze mit und Gleichstromnetze ohne geerdeten Pluspol. Die
Abhängigkeit ergibt sich aus der Notwendigkeit, den für Nebenstellenanlagen erforderlichen Betriebsstrom entweder aus einem Netzanschlußgerät oder aus einer Sammlerbatterie (Akkumulatorenbatterie) zu beziehen, die aus dem örtlichen Starkstromnetz geladen werden muß.

Die Fälle a) und b) sind klar, sie besagen:

a) Erfolgt die örtliche Starkstromversorgung aus einem Wechselstromnetz, dann kann als Stromversorgungseinrichtung entweder

eine Sammlerbatterie mit einem Dauerladegerät »für selbsttätige Pufferung«[1]) oder ein Netzanschlußgerät verwendet werden; Sonderkosten entstehen nicht.

b) Erfolgt die örtliche Starkstromversorgung aus einem Gleichstromnetz mit geerdetem Pluspol, dann kommt nur die Sammlerbatterie mit Dauerladegerät und selbsttätiger Pufferung in Betracht; Sonderkosten entstehen also auch in diesem Falle nicht.

c) In Gleichstromnetzen ohne geerdeten Pluspol kann weder eine Sammlerbatterie mit Dauerladegerät noch ein Netzanschlußgerät verwendet werden, sondern hier muß die Stromversorgungseinrichtung aus zwei Sammlerbatterien mit einer Ladeeinrichtung für wechselseitige Ladung und Entladung bestehen, d. h. während die eine Batterie in Betrieb ist, wird die andere geladen und umgekehrt. Eine weitere Möglichkeit bietet, unter Beibehaltung nur einer Sammlerbatterie, die Verwendung einer Lademaschine mit selbsttätiger Pufferung. In beiden Fällen entstehen Sonderkosten, die der Teilnehmer tragen muß, aber nur insoweit, als die Doppelbatterie mit wechselseitiger Lade- und Entladeeinrichtung oder die Lademaschine teuerer sind, als eine Einzelbatterie mit Dauerladegerät[2]). Dabei fällt ins Gewicht, daß die Leistung (Kapazität) der Einzelbatterie infolge der Dauerladung nur halb so groß zu sein braucht wie die Leistung der Doppelbatterien, die, jede für sich allein, den Betrieb mehrere Tage aufrecht erhalten müssen.

Da die Mindestleistung der Einzelbatterie mit Pufferbetrieb

75 Wattstunden je Amtsleitung und
60   »   » 5 Sprechstellen

betragen muß, so ergeben sich beispielsweise für eine Anlage der Baustufe II D (5 A, 25 N) bei der üblichen Betriebsspannung von 24 V folgende Leistungswerte in Ampèrestunden:

Für die Einzelbatterie mit Pufferbetrieb:

$5 \times 75 = 375$ Wattstunden
$5 \times 60 = 300$ »
_____
675 Wattstunden oder rd. 28 Ah.

Für die Doppelbatterie mit Wechselbetrieb:

$5 \times 150 = 750$ Wattstunden
$5 \times 120 = 600$ »
_____
1350 Wattstunden oder rd. 56 Ah je Batterie.

Der Lade- oder (bei Netzanschlußgeräten) der Betriebsstrom geht stets zu Lasten des Teilnehmers.

---

[1]) Siehe Fachausdrücke: Pufferung.
[2]) Vgl. vierten Abschnitt XVIII.

Die Stromversorgung aus nur einer Batterie mit Dauerladegerät oder aus einem Netzanschlußgerät bringt es mit sich, daß bei Aussetzen des Starkstroms der gesamte Fernsprechverkehr zum Erliegen kommt, und zwar bei Netzanschlußgerät sofort, bei Einzelbatterie nach Erschöpfung ihrer Leistung. Aus diesem Grunde hat der Planer stets zu erwägen, ob er nicht von vornherein zwei Batterien mit wechselseitiger Ladung und Entladung vorschreiben und die Mehrkosten in Kauf nehmen soll, weil dann der Fernsprechbetrieb beim Aussetzen des Netzstroms mindestens auf mehrere Tage gesichert ist. In lebenswichtigen Betrieben, z. B. in Krankenhäusern, wird man deshalb stets Doppelbatterien den Vorzug geben.

Scheut man die höheren Kosten des Zweibatteriebetriebs, dann kann die Betriebssicherheit des Einbatteriebetriebs auch dadurch erhöht werden, daß man eine höhere Leistung (Kapazität) zugrunde legt, was nur verhältnismäßig geringe Sonderkosten verursacht. Von dieser Batterie kann dann erwartet werden, daß sie beim Aussetzen des Ladestroms den Betrieb mindestens so lange aufrecht erhält, bis eine Ersatzbatterie bereitsteht.

Zur weiteren Erhöhung der Betriebssicherheit bei Einbatteriebetrieb wird für Puffergeräte von mehr als 3 A Leistung eine selbsttätige Alarmeinrichtung (durch Wecker oder Lampe) vorgeschrieben, die sofort bei Aussetzen des Netzstroms in Tätigkeit tritt, so daß die Bereitstellung einer Notbatterie rechtzeitig in die Wege geleitet werden kann. Für Puffergeräte kleinerer Leistung gilt die Alarmeinrichtung als Ergänzungsausstattung, wird also nur gegen besondere Berechnung geliefert.

21. Zusätze für die Anpassung an die Amtsschaltungen.

Die Anlagen sind normalerweise für den Anschluß an W-Ämter eingerichtet. Soll eine Anlage an ein ZB- oder OB-Amt angeschlossen werden, dann sind Anpassungszusätze erforderlich, die zur Regelausstattung gehören und deshalb nicht besonders berechnet werden dürfen.

22. Anschlußmöglichkeit für vorgeschaltete Reihenapparate (kann in der Ostmark fehlen).

Vorgeschaltete Reihenapparate haben folgenden Sinn:

An sich besitzt jede Nebenstelle Selbsteinschaltung auf Amt, sie weiß aber vorher nicht, ob eine freie Amtsleitung verfügbar ist oder nicht. Unter Umständen erhält sie beim Einschalten auf Amt das Besetztzeichen, d. h., daß alle Amtsleitungen besetzt sind. Sie muß deshalb den Versuch nach einiger Zeit wiederholen, wobei auch der zweite Versuch erfolglos sein kann. Anders beim vorgeschalteten Reihenapparat. Er besitzt je Amtsleitung eine Besetztlampe und eine Amtseinschalttaste. Am Leuchten der Besetztlampen ist das jeweilige Besetztsein der Amtsleitungen ohne weiteres zu erkennen; einen vergeblichen Versuch, zum Amt zu gelangen, gibt es also beim vorgeschalteten Reihenapparat nicht. Noch wichtiger ist aber folgendes: Der Apparat kann außer der Amtseinschalttaste je Amtsleitung eine Mithörtaste erhalten, womit Überwachung des gesamten Amtsverkehrs möglich ist. Siehe Fachausdrücke: Mithöreinrichtungen.

B. Ergänzungsausstattung

1. Aufschaltemöglichkeit für einzelne Nebenstellen oder für die Meldeleitung (auch mit hörbarem Zeichen)

a) bei Verwendung der vorhandenen Verbindungssätze,

b) bei Verwendung zusätzlicher Einrichtungen für die Aufschaltung.

Bevorzugte Nebenstellen, auch die Abfragestelle, können die Möglichkeit erhalten, sich auf Hausgespräche aufzuschalten. Die Aufschaltung vollzieht sich, sobald ein besetzter Teilnehmer gewählt wird, entweder selbsttätig, d. h. der Rufende gelangt unmittelbar in das bestehende Gespräch, oder erst nach Drücken einer Taste. Die Aufschaltung kann entweder lautlos oder mit Aufmerksamkeitszeichen (z. B. Tickerzeichen) für die Sprechenden erfolgen. Die Aufschaltstellen benutzen zur Aufschaltung gewöhnlich die vorhandenen Verbindungssätze, die zu diesem Zweck einer technischen Ergänzung bedürfen.

In größeren Anlagen mit lebhaftem Innenverkehr ist es zweckmäßig, jeder Aufschaltstelle einen eigenen, nur ihr zur Verfügung stehenden Hausverbindungssatz mit Aufschalteinrichtung zuzuordnen. Hierin liegt eine weitere wesentliche Bevorzugung insofern, als der Hausverkehr dieser Stellen niemals durch Mangel an freien Verbindungssätzen beeinträchtigt werden kann.

2. Schaltung von halbamtsberechtigten Nebenstellen in einer über die Regelausstattung hinausgehenden Zahl.

Vgl. Punkt 6 der Regelausstattung.

3. Einmalige selbsttätige Rufweiterschaltung eines eingehenden Rufs

a) in einer Amtsleitung (nur in Anlagen mit Wählerzuteilung),

b) in einer Nebenanschlußleitung.

Die selbsttätige Rufweiterschaltung hat den Zweck, Anrufe, die nach einer bestimmten Zeit, z. B. nach drei- bis viermaliger Wiederholung, nicht beantwortet werden, selbsttätig zu einer anderen Sprechstelle umzuschalten. Meldet sich auch diese nach mehrmaligem Ruf nicht, dann erfolgt selbsttätige Zurückschaltung auf die erste Stelle und so weiter, d. h. der Anruf pendelt zwischen den beiden Sprechstellen so lange hin und her, entweder bis er von einer entgegengenommen wird oder der Anrufer seinen Hörer auflegt.

Zwei verschiedene Anwendungsmöglichkeiten gibt es, nämlich:

a) Für Amtsanrufe, die von der Abfragestelle nicht beantwortet und deshalb nach mehrmaliger Wiederholung zu einer bestimmten

Nebenstelle, z. B. zu einer Nachtabfragestelle, umgeschaltet werden. Diese Amtsrufweiterschaltung ist aber nur in Anlagen mit Wähler-zuteilung anwendbar.

b) Für die Anrufe einer Nebenstelle, die, wenn sich die Neben-stelle nicht meldet, nach mehrmaliger Wiederholung zu einer anderen umgeschaltet werden.

Die letztere Art der Rufweiterschaltung ist besonders für solche Nebenstelleninhaber wertvoll, die sich nicht ständig an ihrem Arbeits-platz aufhalten. Im Falle ihrer Abwesenheit bleiben die an sie gerich-teten Anrufe nicht unbeantwortet, sondern sie werden nach erfolgter Ruf-weiterschaltung von der zur Vertretung bestimmten Nebenstelle entgegen-genommen (bekanntes Anwendungsbeispiel: Chef- und Sekretärapparat).

4. Einrichtung zur Anschaltung von Nebenanschlüssen oder Querver-bindungen als Sammelanschlüsse.

Wenn mehrere Leitungen zu einer gemeinsamen Abfragestelle führen, z. B. Meldeleitungen oder Nebenanschlußleitungen zu der Ab-fragestelle einer Zweitnebenstellenanlage, dann können sie als Sammel-anschlüsse auf Sammelanruf geschaltet werden, d. h. zum Anruf der Abfragestelle wird nur eine — meist zweistellige — Rufnummer ge-wählt, worauf der die Durchschaltung zur Gegenseite bewirkende Wähler selbsttätig unter mehreren eine freie Leitung aussucht, durch die er dann den Rufenden mit der Gegenseite verbindet. Solche Sammel-anschlüsse bedeuten eine wesentliche Verkehrsbeschleunigung, denn ohne Sammelanruf muß, wenn die eine Leitung besetzt gefunden wird, die nächste Nummer gewählt werden und so weiter, bis man eine freie Leitung findet, während der auf Sammelanruf geschaltete Wähler im Bruchteil einer Sekunde feststellt, welche Leitung frei ist und diese dem rufenden Teilnehmer augenblicklich zur Verfügung stellt.

5. Einrichtung zur Führung von Kettengesprächen.

Siehe Fachausdrücke: Kettengespräche.

6. Einrichtung zum selbsttätigen Umlegen einer Amtsverbindung von Nebenstelle zu Nebenstelle bei Anlagen der Baustufen II E—G (nur in Anlagen mit Wählerzuteilung).

In Anlagen mit mehr als 25 Sprechstellen gilt die selbsttätige Amts-gesprächsumlegung als Ergänzungsausstattung, die besonders zu be-zahlen ist. (Vgl. A, Punkt 15.)

7. Zweite und weitere Meldeleitungen.

Gemäß Punkt 11 der Regelausstattung ist die Bedienung der Haupt-stelle mit einer Leitung an die W-Vermittlung angeschlossen (Auto-matenanschluß), auf der sie von allen Teilnehmern angerufen werden und diese auch selbst anrufen kann. Da die Leitung gewöhnlich überlastet ist, empfiehlt es sich, mehrere sog. Meldeleitungen vorzusehen, die allen Sprechstellen zum Anrufen der Bedienung zur Verfügung stehen und meist als Sammelanschluß geschaltet werden.

Besteht der Bedienungsapparat aus einer Glühlampenzentrale (was bei Anlagen mit Schnurzuteilung immer der Fall ist), dann können die Meldeleitungen zum Zwecke des Weiterverbindens durch Schnurpaare auf Klinke endigen. (Vgl. Punkt 25.)

8. *Nachtvermittlung bei einer bestimmten Nebenstelle (nur in Anlagen mit Wählerzuteilung).*

Eine »Nachtvermittlung« ist nicht zu verwechseln mit einer Nebenstelle in Nachtschaltung. Letztere ist nur mit einer Amtsleitung fest verbunden, deren Anrufe sie entgegenzunehmen, aber im allgemeinen nicht weiterzugeben hat. Die Nachtvermittlung erhält dagegen die Anrufe aus sämtlichen Amtsleitungen (soweit sie nicht durch feste Nachtschaltung vergeben sind) und kann sie — wie die Tagesvermittlung — an jede gewünschte Nebenstelle weitergeben. Trotz dieser weitgehenden Vermittlungsmöglichkeit besteht die Nachtvermittlungsstelle nur aus einem einfachen Sprechapparat mit einer Doppelleitung, der im Tagesbetrieb als gewöhnliche Nebenstelle benutzt wird. Der Schwerpunkt der Nachtvermittlung liegt in einem Wählerzusatz in der Zentrale, der übrigens weiter durch eine Umschalteinrichtung ergänzt werden kann, mittels der mehreren Nebenstellen wahlweise die Eigenschaft einer Nachtvermittlung zugeteilt werden kann.

9. *Nachtabfragestelle für ankommende Amtsanrufe (ohne Vermittlung).* Siehe XI, B, Punkt 9, S. 115.

10. *Technische Maßnahmen für Nebenanschlußleitungen mit mehr als 2 × 200 Ohm, soweit erforderlich:*
   a) Stromstoßübertragungen für Gleichstrom bis zu 2 × 450 Ohm,
   b) Stromstoßübertragungen für Gleichstrom über 2 × 450 Ohm,
   c) Stromstoßübertragungen für Wechselstrom- oder Induktivwahl,
   d) andere technische Maßnahmen.

In einer Nebenstellenanlage mit außergewöhnlich langen Nebenanschlußleitungen, z. B. für Außennebenstellen, deren Widerstände die Normalgrenze von 2 × 200 Ohm überschreiten, sind häufig besondere technische Maßnahmen erforderlich, die als Ergänzungsausstattung besonders zu bezahlen sind. Siehe Fachausdrücke: Stromstoßübertragung.

11. *Zweite Abfragestelle mit gleichem oder geringerem Ausbau als bei der ersten, jedoch mit denselben Betriebsmöglichkeiten. (In Anlagen mit Schnur- oder Schalterzuteilung keine Zuteilung über Wähler.)*

Unter der zweiten Abfragestelle versteht man in Anlagen mit Wählerzuteilung einen weiteren Bedienungsapparat, in Anlagen mit Schnurzuteilung einen weiteren Vermittlungsschrank.

Die zweite Abfragestelle kann entweder sämtliche Amtsleitungen und Nebenstellenanschlüsse oder nur einen Teil davon enthalten. Grundsätzlich muß sie aber die gleichen Betriebsmöglichkeiten und die gleiche Technik besitzen wie die Hauptstelle. Gedacht ist sie entweder als Hilfsvermittlung, auch in demselben Raum wie die Hauptstelle, also gewissermaßen als zweiter Arbeitsplatz, oder als selbständige zweite Vermittlung an anderer Stelle, die dann in Tätigkeit tritt, wenn die Hauptstelle unbesetzt ist, etwa über Mittag oder abends, wenn in einzelnen Abteilungen länger gearbeitet wird. Auch für Luftschutzzwecke als sog. Ausweichvermittlung ist sie von Bedeutung.

12. Technische Maßnahmen zur selbsttätigen Auswahl der Amtsleitungen bei abgehenden Verbindungen, die dadurch erforderlich werden, daß die Amtsleitungen zu mehreren Vermittlungsstellen führen.

Wenn zu einer Nebenstellenanlage Amtsleitungen von verschiedenen Ortsämtern gehören (was z. B. in dicht besiedelten Industriegebieten öfters der Fall ist), dann sind für die wahlweise Selbsteinschaltung zu den verschiedenen Ämtern technische Ergänzungen erforderlich, die besonders zu bezahlen sind. Ohne diese Ergänzungen besitzen die Nebenstellen nur auf das Regelamt Selbsteinschaltung, während Verbindungen mit den Ausnahmeämtern von der Bedienung hergestellt werden müssen.

13. Einrichtung des unmittelbaren Anrufs von den Nebenstellen zur Hauptstelle.

Die Einrichtung dient dazu, bevorzugten Nebenstellen die Möglichkeit zu geben, die Vermittlung unmittelbar, z. B. durch Tastendruck, anzurufen, statt über die W-Zentrale, wozu eine Rufnummer gewählt werden muß. Der unmittelbare Anruf erscheint in der Vermittlung auf einem besonderen, nur der betreffenden Nebenstelle zugeordneten Anruforgan, womit es der Bedienung möglich ist, solche Anrufe mit Vorrang abzufertigen. Somit bedeutet diese Einrichtung für die bevorzugten Sprechstellen bequeme Handhabung und Verkehrsbeschleunigung.

14. Anrufzähler für Nebenstellen, die das Amt selbsttätig erreichen können.

Öfters kommt es vor, daß mehrere Teilnehmergruppen, z. B. verwandte Unternehmungen oder verschiedene selbständige Dienststellen einer Behörde, eine Nebenstellenanlage gemeinsam benutzen, und daß jedes Unternehmen oder jede Dienststelle mit Gesprächsgebühren nur für diejenigen abgehenden Amtsgespräche belastet werden soll, die sie selbst geführt hat. Zu diesem Zweck kann jeder Nebenstellenanschluß mit einem Zähler in der Zentrale ausgerüstet werden, der jede Selbsteinschaltung auf Amt in abgehender Richtung zählt, allerdings unabhängig vom Zustandekommen der Verbindung, d. h. der Zähler zählt auch dann, wenn der gewünschte Teilnehmer besetzt oder abwesend war, das Gespräch also nicht zustande gekommen ist. Hierdurch unterscheiden sich diese Anrufzähler von den Gesprächszählern der Hauptanschlüsse auf dem Amt, die bekanntlich nur zustandegekommene Verbindungen zählen.

Statt der Einzelzähler können auch Gruppenzähler verwendet werden, die sämtliche abgehenden Amtsgespräche einer ganzen Teilnehmergruppe zählen, wodurch die zur anteiligen Gebührenbelastung der einzelnen Gruppen erforderlichen monatlichen Zählerstandsaufnahmen erheblich vereinfacht werden.

15. *Anschluß von 2 außenliegenden Nebenstellen an eine gemeinsame Nebenanschlußleitung (Zweieranschlüsse).*

Siehe Fachausdrücke: Zweieranschluß.

16. *Ersatz für den Ruf- und Signalstromerzeuger mit Handumschaltung oder mit selbsttätiger Umschaltung.*

Der Ruf- und Signalstromerzeuger tritt bei jeder Verbindung in Tätigkeit und wird infolgedessen stärker beansprucht als die übrigen Teile der Vermittlungseinrichtung. Deshalb ist es bei größeren Anlagen zweckmäßig, einen weiteren Rufstromerzeuger als Ersatz (zur Reserve) vorzusehen, um ihn bei einer Störung sofort in Betrieb nehmen zu können. Die Umschaltung kann von Hand oder selbsttätig erfolgen. Die erfolgte selbsttätige Umschaltung wird durch ein hörbares Signal angezeigt, damit nicht versäumt wird, die schadhafte Einrichtung sofort instandsetzen zu lassen.

Ist der Rufstromerzeuger über eine Steckerleiste mit der Vermittlungseinrichtung verbunden, dann kann im Störungsfalle der Austausch einfach, schnell und bequem von Hand vorgenommen werden. In diesem Falle ertönt das Alarmzeichen sofort beim Versagen des Stromerzeugers.

17. *Prüfschrank mit Prüfstöpsel.*

Siehe Fachausdrücke: Prüfschrank.

18. *Besetztlampen für die Nebenstellen.*

Damit die Bedienung sofort sieht, ob die Nebenstelle, der sie ein Amtsgespräch zuweisen will, frei ist, kann im Bedienungsapparat oder in einem besonderen Tablo je Nebenstellenanschluß eine Besetztlampe vorgesehen werden, die leuchtet, sobald die betreffende Nebenstelle spricht. Hierdurch wird ein vergebliches Anwählen der gewünschten Nebenstelle vermieden.

19. *Sicherungsstreifen statt Trennstreifen für den Verteiler. Die Sicherungsstreifen können im Aufbau mit den Lötösenstreifen vereinigt sein.*

Siehe XI, B, Punkt 20, S. 118.

20. *Weitere Lötösenstreifen, Trennstreifen oder Sicherungsstreifen für den Verteiler, die für Vorratsleitungen bestimmt sind.*

Nichts zu bemerken.

21. *Allgemein verwendbare Ergänzungsausstattung (siehe XV).*

Siehe vierten Abschnitt XV, S. 192.

Weitere Ergänzungsausstattungen nur für Anlagen mit Schnur- oder Schalterzuteilung:

22. *Zweite Verbindungsstöpsel mit Umschalter für je 1 Amtsleitung an Vermittlungsschränken mit Einschnurbetrieb.*

In Anlagen mit Schnurzuteilung nach dem Einschnursystem würde der ankommende Amtsverkehr einer Amtsleitung im Falle des Schadhaftwerdens der Stöpselschnur vollkommen lahmgelegt werden. Deshalb empfiehlt es sich, je Amtsleitung einen kompletten Reserveamtsstöpsel mit Schnur und Umschalter vorzusehen, der sofort nach Umlegen des Umschalters benutzbar ist. Sache der Bedienung ist es aber, für sofortige Instandsetzung der schadhaften Stöpselschnur Sorge zu tragen, damit nicht eines Tages beide Amtsstöpsel unbrauchbar sind, ein Nachteil, der als Folge von Unachtsamkeit derartigen Reserveeinrichtungen leicht anhaftet. Man folgere hieraus aber nicht, daß die Stöpselschnur ein besonders empfindliches und störungsanfälliges Gebilde sei. Das ist nicht der Fall, sondern gute Stöpselschnüre halten bei sorgsamer Behandlung jahrelang; nur Mißhandlungen — z. B. Herausziehen der Stöpsel an den Schnüren — machen sie vorzeitig unbrauchbar.

23. *Weitere Schnurpaare für Amtsverbindungen in einer über die Regelausstattung (A 7) hinausgehenden Zahl.*

Nichts zu bemerken.

24. *Verbindungsmöglichkeit zwischen Nebenstellen durch die Hauptstelle mit besonderen Schnurpaaren, Stöpseln oder Schaltern.*

Vermittlungsschränke mit Schnurzuteilung können mit besonderen Schnurpaaren ausgerüstet werden, um Nebenstellen auch von Hand untereinander verbinden zu können. Das kommt z. B. für bevorzugte Sprechstellen in Frage, um ihnen die Nummernwahl zu ersparen. (Vgl. B, Punkt 13.) Auch für Sonderanschlüsse, die nicht an der W-Zentrale liegen sowie für Notbetrieb im Falle des Aussetzens der W-Vermittlung, können derartige besondere Schnurpaare verwendet werden, woraus sich mannigfaltige Anwendungsmöglichkeiten im Werkluftschutz ergeben.

25. *Schnurpaare, die sowohl für Amts- wie für Innenverbindungen benutzt werden können.*

Sie haben dann Bedeutung, wenn für die unter Punkt 23 und 24 genannten Fälle die gleichen Schnurpaare verwendbar sind. Es ist dies abhängig vom System. Systeme, bei denen für Amts- und Innenverkehr die gleichen Schnurpaare verwendbar sind, sind vorzuziehen.

26. Zweite Abfragemöglichkeit bei der Hauptstelle (ohne Vermehrung der Verbindungsmittel).

Siehe III, B, Punkt 2, S. 42.

XI. Nebenstellenanlagen mit Wählern für eine Aufnahmefähigkeit von mehr als 10 Amtsleitungen und mehr als 100 Nebenstellen,

bei denen die abgehenden Amtsverbindungen und die Innenverbindungen selbsttätig, die ankommenden Amtsverbindungen von der Hauptstelle über Wähler oder über Schnüre oder andere handbediente Schaltmittel aufgebaut werden

(große W-Anlagen mit Amtswahl)

Auch bei Großanlagen ist der Technik weiter Spielraum gelassen, indem die technischen Mittel zur Abwicklung des Amts- und Innenverkehrs jedem Lieferer freigestellt werden. Ihre große Verschiedenheit zeigt die nachstehende Zusammenstellung.

Es kommen hauptsächlich in Betracht:

A. Für den abgehenden Amtsverkehr:
1. Amtswahl über eigene Amtswähler,
2. Amtswahl über allgemeine Gruppenwähler.

B. Für den ankommenden Amtsverkehr: Wählerzuteilung und zwar:
1. Über eigene Amtswähler,
2. über eigene Amtsgruppenwähler und allgemeine Leitungswähler.

Schnurzuteilung:
1. Nach dem Einschnursystem,
2. nach dem Zweischnursystem.

C. Wählereinrichtungen für den Innenverkehr nach dem dekadischen 1000er-System:
a) Mit Anrufsuchern,
b) mit Vorwählern,
c) mit hundertteiligen Wählern,
d) mit zweihundertteiligen Wählern,
e) mit zweihundertteiligen Wählern und Gruppenaushilfe.

Amtswahl über eigene AW hat den grundsätzlichen Vorteil, daß sich Amtsverkehr und Innenverkehr nicht gegenseitig beeinträchtigen (sich nicht gegenseitig die Verbindungssätze wegnehmen). Ist das Fassungsvermögen des Amtswählers so groß, daß er sämtliche Nebenstellen-anschlüsse aufnehmen kann (der Fallwähler beherrscht z. B. 200 An-schlüsse), dann kann jeder Amtsleitung ihr eigener AW zugeordnet werden, der dann den gesamten ausgehenden und eingehenden Verkehr einer Amtsleitung allein vermittelt, womit vollkommene Sicherstellung des Amtsverkehrs gewährleistet ist. Anlagen dieser Art, also mit eigenen Amtswählern und Wählerzuteilung, die unter den Begriff »Universal-zentralen« fallen, sind hinsichtlich der Nebenstellenanzahl begrenzt durch das Fassungsvermögen des Amtswählers, beim Fallwähler dem-nach auf 200, während die Anzahl der Hausstellen im Rahmen des 1000er-Systems unbegrenzt ist. In Anlagen mit mehr als 200 Neben-stellen ist es üblich, die Amtswahl abgehend über dieselben Gruppen-wähler zu vollziehen, die auch dem Innenverkehr dienen, weshalb sie in genügender Anzahl vorgesehen werden müssen; die Regelausstattung gibt hierzu genaue Vorschriften. Für die Vermittlung des ankommenden Amtsverkehrs kommt Wähler- oder Schnurzuteilung in Betracht. Erstere erfordert einen erhöhten Aufwand sowohl an Gruppenwählern — weil zur Sicherstellung des ankommenden Amtsverkehrs zweckmäßig jeder Amtsleitung ein eigener Gruppenwähler zugeordnet wird — als auch an Leitungswählern, deren Anzahl mit Rücksicht auf die Mehrbelastung durch ankommende Amtsgespräche erhöht werden muß.

Anlagen dieser Art mit Wählerzuteilung erfüllen den Begriff »Groß-Universalzentrale«.

Die Wählerzuteilung hat auf den ersten Blick etwas Bestechendes, weil sich die Handvermittlungsarbeit an einem verhältnismäßig kleinen Pult durch Drücken von Tasten und Nummernwahl, auch durch sog. Zahlengeber, vollzieht, im Gegensatz zur Schnurzuteilung, wo an Schränken mit umfangreichen Bedienungsfeldern mit zahlreichen Klinken durch Schnurstöpsel vermittelt wird. Die Einfachheit des Bedienungsapparates bei der Wählerzuteilung ist aber nur eine schein-bare, weil der dazu erforderliche große technische Aufwand, der in den Wählergestellen sitzt, am Arbeitsplatz unsichtbar bleibt. Demgegenüber ist die Schnurzuteilung tatsächlich einfach, da sie keinerlei Mehransprüche an Wählern stellt. Außerdem ist sie aber, namentlich in Großanlagen, für die Bedienung wesentlich bequemer und ermöglicht infolgedessen schnellere Abfertigung. Der Grund liegt u. a. darin, daß die Bedienung, die sich vor Zuteilung einer Amtsverbindung über das etwaige Besetzt-sein der empfangenden Nebenstelle unterrichten muß, dies beim Ein-schnursystem ohne weiteres an der Besetztlampe erkennt, oder beim Zweischnursystem durch Berühren der Klinke mit der Stöpselspitze (wobei im Besetztfalle eine Lampe aufblitzt) augenblicklich feststellt. Dagegen muß bei Wählerzuteilung die empfangende Nebenstelle zuerst angewählt werden, wobei sich ihr Besetztsein erst nach beendeter Wahl ergibt. Allerdings kann diese Betriebsschwerfälligkeit durch zusätzliche Nebenstellen-Besetztlampen in der Vermittlung beseitigt werden, was aber erhebliche Mehrkosten verursacht (B, Punkt 16).

Beachtenswerte weitere Vorteile bietet die Schnurzuteilung insofern, als durch Sonderanschlüsse für Handvermittlung über besondere Schnurpaare, ferner durch die Möglichkeit der Aufrechterhaltung eines Notbetriebs bei Ausfall der W-Vermittlung wichtige Erfordernisse des Werkluftschutzes ohne weiteres erfüllt werden können (siehe X, B, Punkt 13 und 24).

Hinsichtlich der Unterschiede zwischen Einschnur- und Zweischnurbetrieb wird auf die Fachausdrücke, hinsichtlich der Systemunterschiede der Wählereinrichtung — des »Hausautomaten« — auf den zweiten Abschnitt S. 25 verwiesen.

A. Regelausstattung

1. Die Vermittlungseinrichtungen werden in folgenden Baustufen geliefert:

	Mindestausbau			Endausbau[1])		
	Anschlußorgane für		Innen-verbindungs-sätze	Anschlußorgane für		Innen-verbindungs-sätze
Baustufe	Amts-leitungen	Neben-stellen		Amts-leitungen	Neben-stellen	
III A.....	5	50	5	20	200	20
III B.....	11	110	10	unbegrenzt		

Erweiterungsfähigkeit bis zum Endausbau nach Wahl um je

1 Anschlußorgan für Amtsleitungen,
10 Anschlußorgane für Nebenstellen,
1 Innenverbindungssatz.

Die Zahl der Verbindungssätze ist so zu bemessen, daß gleichzeitig mindestens geführt werden können:

Abgehende Amtsgespräche auf allen nur für sie vorgesehenen Amtsleitungen und auf der Hälfte der Zahl der doppeltgerichteten Amtsleitungen,

ankommende Amtsgespräche auf allen nur für sie vorgesehenen Amtsleitungen und auf der Hälfte der Zahl der doppeltgerichteten Amtsleitungen,

10 vH Innengespräche bei Anlagen bis zu 100 eingebauten Anschlußorganen für Nebenstellen[2]),

---

[1]) *Bei der Bemessung der Grenze des Endausbaues rechnen auch die Meldeleitungen, die Leitungen für die Kennziffernwahl und die in die Vermittlungseinrichtung eingebauten Rückfrageanschlüsse der Amtsleitungen als Nebenstellen, wenn durch sie die Zahl der anschaltbaren Nebenstellen beeinflußt wird.*

[2]) *Für die Bemessung der Zahl der Verbindungssätze zählen als Anschlußorgane für Nebenstellen auch die Anschlußorgane für die als Nebenstellen geschalteten Querverbindungen, nicht dagegen die Organe für die Meldeleitungen und für die Rückfrageanschlüsse der Amtsleitungen.*

8 vH Innengespräche bei größeren Anlagen, bezogen auf die Zahl der eingebauten Anschlußorgane für Nebenstellen[2]), mindestens 10 Sätze.

Sinn der Baustufen siehe Fachausdrücke: Baustufe.

Anzahl der Verbindungssätze.

Unter Verbindungssatz ist hier nicht allein der zur Herstellung einer Innenverbindung erforderliche Wählersatz in der W-Zentrale zu verstehen, sondern auch das Verbindungsorgan zur Herstellung von Amtsverbindungen, das entweder aus Wählern oder aus Schnurstöpseln (seltener aus Druckknopf- oder Hebelschaltern) besteht.

a) Für Amtsgespräche.

In Großanlagen kommen drei Arten von Amtsleitungen in Betracht, nämlich

1. Amtsleitungen, die ausschließlich dem ankommenden Verkehr dienen
2. Amtsleitungen, die ausschließlich dem abgehenden Verkehr dienen

»gerichteter« Verkehr,

3. Amtsleitungen, die in beiden Richtungen benutzbar sind

»doppelt gerichteter« oder »gemischter« Verkehr.

Diese Verkehrsaufteilung ist wichtig für die Bemessung der Verbindungssätze, weil für beide Verkehrsrichtungen — abgesehen von einer Ausnahme (siehe nachstehendes Beispiel 1) — stets verschiedene Verbindungseinrichtungen in Betracht kommen, nämlich »ankommende« und »abgehende«.

Es wird verlangt, daß bei gerichtetem Verkehr so viel Verbindungssätze je Verkehrsrichtung vorhanden sind, daß sämtliche Amtsleitungen einer Verkehrsrichtung gleichzeitig benutzbar sind.

Bei doppeltgerichtetem (gemischtem) Verkehr sind sowohl die »abgehenden« als auch die »ankommenden« Verbindungssätze nur in der halben Anzahl der Amtsleitungen erforderlich. Es wird nämlich dabei angenommen, daß sich ankommender und abgehender Amtsverkehr in einer großen Nebenstellenanlage ungefähr die Waage halten. Wenn das nicht der Fall ist, dann empfiehlt es sich, die Amtsleitungen in ankommende und abgehende aufzuteilen und dabei der stärker belasteten Verkehrsrichtung die größere Anzahl zuzuordnen. Man kann aber auch die stärker belastete Verkehrsrichtung mit zusätzlichen Verbindungsorganen ausstatten (vgl. B, Punkt 19).

b) Für Innengespräche.

Für den Innenverkehr wird ein Unterschied gemacht zwischen Anlagen bis zu 100 und solchen mit mehr als 100 Sprechstellenanschlüssen.

Für erstere wird 10 proz., für letztere 8 proz. Verbindungsmöglichkeit als Mindestleistung vorgeschrieben. Da aber hiernach eine Zentrale mit 110 Sprechstellenanschlüssen weniger Verbindungssätze haben würde als eine solche mit 100 Anschlüssen, wird die Vorschrift der 8 proz. Verbindungsmöglichkeit dahingehend erweitert, daß für Anlagen der Baustufe III A bei mehr als 100 Anschlüssen und für Anlagen der Baustufe III B 10 Verbindungssätze als Mindestausstattung gelten. Maßgebend für die Berechnung sind nicht die tatsächlich angeschlossenen Sprechstellen, sondern die in die Wählereinrichtung eingebauten Anschlußorgane.

Nachstehend seien an Hand von Prinzipschaltungen einige Beispiele von Großanlagen behandelt, aus denen nicht allein die jeweils erforderliche Anzahl von Verbindungsorganen hervorgeht, sondern die außerdem die technischen Zusammenhänge bei den verschiedenen Arten der Verkehrsabwicklung erkennen lassen. Dabei wird zunächst ein Anrufsuchersystem mit Fallwählern zugrunde gelegt, weil es in seiner aufgelockerten Gestellanordnung und durch die klare und übersichtliche Darstellung, die sich aus den gemeinsamen Wähler-Kontaktfeldern (Bankfeldern) ergibt, besonders übersichtlich und leicht verständlich ist, während ein Vorwählersystem mit Hebdrehwählern zum Schluß erörtert wird.

Beispiel 1, hierzu Bild 10.

Angenommen sei eine Anlage der Baustufe III A als Universalzentrale, ausgebaut für

12 Amtsleitungen, gemischt geschaltet,
115 Nebenstellen,
35 Hausstellen.
Amtsverkehr in beiden Richtungen über eigene AW,
  abgehend durch Erdtastendruck,
  ankommend durch Wählerzuteilung.

Wählerzentrale: Anrufsuchersystem mit Fallwählern als 200 er-Großgruppe geschaltet.

Gemäß Regelausstattung muß diese Anlage mit folgenden Verbindungssätzen ausgerüstet sein:

1. für den ankommenden und abgehenden Amtsverkehr mit insgesamt 12 AW,
2. für den Innenverkehr mit 12 AS-LW[1]), das sind 8 vH der 150 Teilnehmeranschlußorgane.

---

[1]) Daß keine GW erforderlich sind, ergibt sich aus der 200 er Großgruppe und den 200 teiligen Fallwählern.

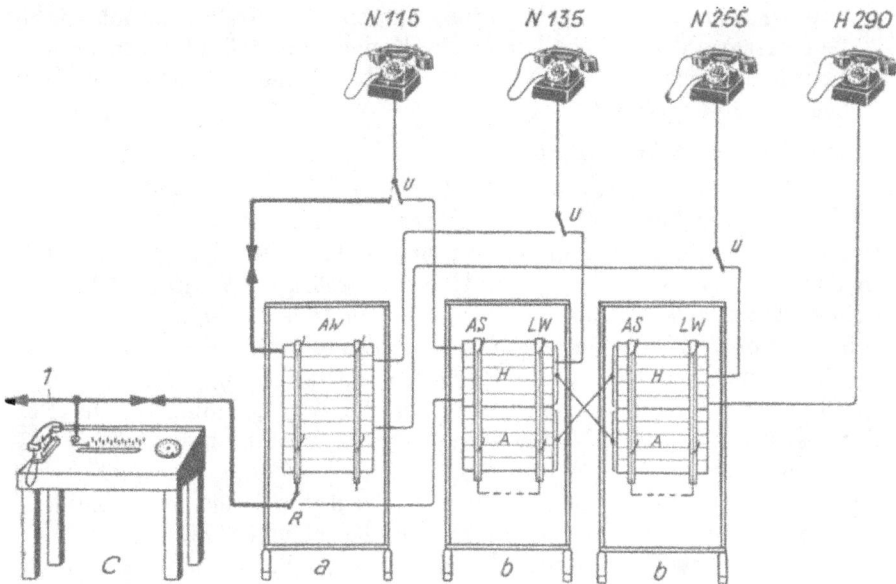

Bild 10. Große W-Anlage mit Amtswahl.
Beispiel 1: Prinzipschaltung einer Baustufe III A nach dem AS-Fallwählersystem mit Wählerzuteilung.
l = Amtsleitung.

Erläuterungen zu Bild 10.

a Amtsgestell mit einem 200teiligen Bankfeld, an das, je durch eine
Relaisweiche *U*, sämtliche Nebenstellenanschlußleitungen gelegt werden können. Das Bankfeld wird beherrscht von 12 (erwf. auf 20)
200teiligen AW (je Amtsleitung einer), die sich auf jeden Nebenstellenanschluß einstellen können, und zwar bei abgehenden Verbindungen selbsttätig (in Freiwahl), bei ankommenden Verbindungen
von der Vermittlung durch Wählscheibenstromstöße gesteuert.

b 2 Hausgestelle, je mit einem 200teiligen Bankfeld, zu einer Großgruppe verkabelt, in der sämtliche Sprechstellenanschlüsse liegen, und
zwar Nebenstellenanschlüsse über die Relaisweiche *U*, Hausstellenanschlüsse unmittelbar. Die Bankfelder werden beherrscht von AS
und LW, den Verbindungsorganen für den Innenverkehr.

c Das Bedienungspult, an dem sämtliche ankommende Amtsanrufe
abgefragt und an die gewünschte Nebenstelle weiterverbunden werden, indem der betreffende AW durch Wählscheiben- oder Zahlen-
geberimpulse auf den gewünschten Nebenstellenanschluß im Bankfeld gesteuert und gleichzeitig die zugehörige Relaisweiche *U* umgelegt
wird.

R Rückfrageweiche. Jede Amtsleitung durchläuft vor Eintritt in
den AW eine Relaisweiche *R*, durch welche die über den AW mit Amt
verbundene Nebenstelle auf ein Hausgestell umgeschaltet wird, so

7*

daß sie sich eine Innenverbindung für ein Rückfragegespräch durch Nummernwahl aufbauen kann. Die Weichenumstellung erfolgt durch Erdtastendruck bei der Nebenstelle, ebenso die Rückstellung nach beendeter Rückfrage.

Aufbau der Verbindungen.

1. Für ein abgehendes Amtsgespräch. N 115 will abgehend über Amt sprechen, hebt ihren Hörer ab und drückt die Erdtaste. *U* schaltet infolgedessen um, wodurch die Anschlußleitung von N 115 an das Bankfeld von *a* gelegt und ein unbesetzter AW ausgelöst wird. Dieser gleitet abwärts und stellt seinen Bürstensatz auf die Bankfeldlamellen von N 115, womit die Durchschaltung zum Amt vollzogen ist.

2. Für ein ankommendes Amtsgespräch. Ein Amtsruf kommt an, im Bedienungspult leuchtet die Amtsanruflampe, die Bedienung fragt ab, N 115 wird verlangt. Zur Verbindung Amt—N 115 muß der betreffende AW auf den Anschluß 115 im Bankfeld *a* gesteuert werden, was die Bedienung entweder durch Drücken der Zahlengebertasten 1—1—5 oder durch Ziehen der gleichen Ziffern an ihrer Wählscheibe bewirkt, wobei gleichzeitig die Weiche *U* umschaltet. Mit oder ohne vorherige Ankündigung vollzieht sich die Durchschaltung Amt—N 115 endgültig in dem Augenblick, wo die Bedienung aus der Verbindung austritt.

3. Für ein Rückfragegespräch. N 115 will Rückfrage halten und drückt deshalb ihre Erdtaste. Hierdurch schaltet die Relaisweiche *R* in der Amtsleitung um und verbindet N 115 über den Rückfrageanschluß mit dem Bankfeld in Gestell *b*, wo infolgedessen ein freier AS ausgelöst wird, der auf den Rückfrageanschluß aufläuft, so daß N 115 nun durch Wahl, beispielsweise der Nummer 135, wobei der zugehörige LW die Impulse aufnimmt, die Nebenstelle 135 zu einer Rückfrage anrufen kann. Nach beendetem Rückfragegespräch drückt N 115 erneut die Erdtaste, wodurch sich die Weiche *R* wieder umstellt, d. h. die Amtsverbindung wieder durchschaltet, während die Rückfrageverbindung zusammenfällt.

Beispiel 2, hierzu Bild 11: Halbautomatische Nebenstellenzentrale mit vollautomatischer Hauszentrale.

Auch diesem Beispiel liegt die Baustufe III A zugrunde, mit dem gleichen Ausbau wie vor, also für

12 Amtsleitungen, gemischt geschaltet,
115 Nebenstellen,
35 Hausstellen.

Amtsverkehr abgehend über eigene AW durch Erdtastendruck.
ankommend durch Schnurzuteilung nach dem Einschnursystem.

Wählerzentrale: Anrufsuchersystem mit Fallwählern als 200er Großgruppe geschaltet.

Gemäß Regelausstattung muß diese Anlage folgende Verbindungssätze besitzen:

1. für den **abgehenden** Amtsverkehr 12 eigene AW,[1])
2. für den **ankommenden** Amtsverkehr 12 Einschnurstöpsel,
3. für den **Innenverkehr** 12 AS-LW, wie im ersten Beispiel.

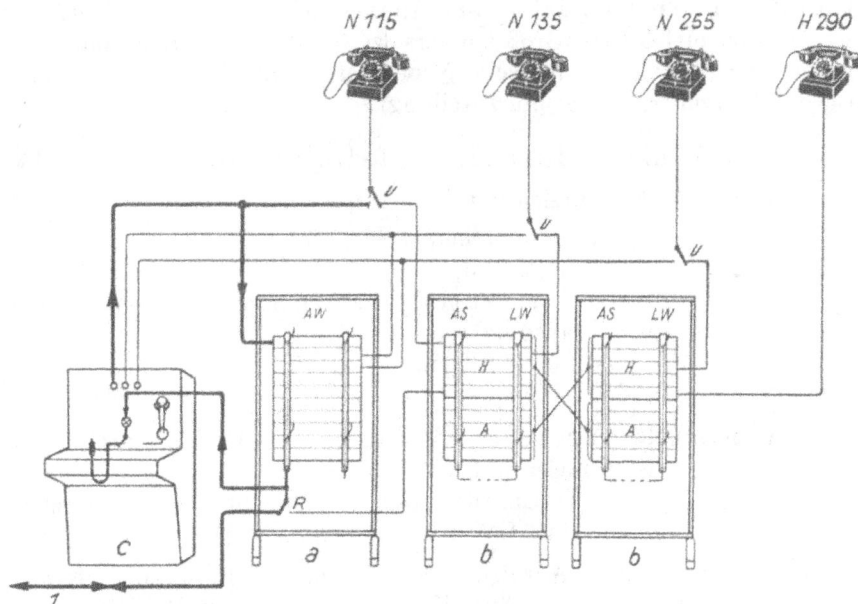

Bild 11. Große W-Anlage mit Amtswahl.
Beispiel 2: Prinzipschaltung einer Baustufe III A nach dem AS-Fallwählersystem mit Schnurzuteilung (Einschnursystem).
1 = Amtsleitung.

Erläuterungen zu Bild 11.

a, *b* und *R* wie in Bild 10.

c **Vermittlungsschrank nach dem Einschnursystem.**

Jede Amtsleitung liegt (über die Rückfrageweiche *R*) im Bedienungsfeld des Schrankes an einem Amtsorgan, bestehend aus Anruflampe, Abfrageschalter und Einschnurstöpsel, außerdem, abgezweigt, am AW. Die Nebenstellenanschlußleitungen liegen von der Weiche *U* ab sowohl im Bankfeld eines Hausgestells, als auch im Bankfeld des Amtsgestells und, abgezweigt, an Klinken im Bedienungsfeld des Schrankes.

---

[1]) Streng genommen wären gemäß Regelausstattung nur 6 AW erforderlich; da dann aber besondere Verteilungseinrichtungen nötig wären, um die 6 AW für sämtliche 12 Amtsleitungen verwenden zu können, ist es wirtschaftlicher, 12 eigene AW vorzusehen.

Aufbau der Verbindungen. Die verschiedenen Gesprächsverbindungen bauen sich in der gleichen Weise auf wie im Beispiel 1 mit
Ausnahme der ankommenden Amtsverbindung, die im Bedienungsfeld
des Schrankes durch Stecken des Amtsstöpsels in die Klinke der gewünschten Nebenstelle weiterverbunden wird, wobei Weiche U selbsttätig umschaltet. Selbstverständlich ist auch hier Vorankündigung,
g. F. mit Aufschaltung möglich.

Den Beispielen 3 und 4 (Bild 12 und 13) sei eine Großanlage der
Baustufe III B mit gerichtetem Amtsverkehr zugrunde gelegt, und
zwar in Beispiel 3 als »Groß-Universalzentrale« (Wählerzuteilung), in
Beispiel 4 als »halbautomatische Nebenstellenzentrale mit vollautomatischer Hauszentrale« (Schnurzuteilung).

Beispiel 3, hierzu Bild 12: Groß-Universalzentrale.

Ausbau: 30 Amtsleitungen, davon

> 12 ankommend,
> 12 abgehend,
> 6 gemischt geschaltet (zum gegenseitigen Spitzen-
> ausgleich),
> 250 Nebenstellen,
> 100 Hausstellen.

Amtsverkehr abgehend: Über allgemeine AS-GW durch Nummernwahl, z. B. Null,

> ankommend: durch Wählerzuteilung über eigene
> Amts-GW und allgemeine LW.

Wählerzentrale: Anrufsuchersystem mit Fallwählern, aufgeteilt
in 4 Hundertergruppen mit Aushilfsverkabelung für volle Wähleraushilfe von Gruppe zu Gruppe.

Diese Anlage muß gemäß Regelausstattung mit folgenden Verbindungssätzen ausgerüstet sein:

1. Für den abgehenden Amtsverkehr
   mit 15 zusätzlichen[1]) AS-GW,

2. für den ankommenden Amtsverkehr
   mit 18 eigenen Amts-GW und, zusätzlich[1]) zu den allgemeinen LW, 15 weiteren LW,

---

[1]) Die hier genannten AS-GW und LW werden als »zusätzliche« bezeichnet, weil

a) der abgehende Amtsverkehr über die auch dem Innenverkehr dienenden allgemeinen AS-GW sich vollzieht, deren Anzahl — zum Ausgleich der Mehrbelastung
— durch zusätzliche AS-GW erhöht werden muß,

b) der ankommende Amtsverkehr den gewünschten Nebenstellen über ebenfalls
dem Innenverkehr dienende allgemeine LW zugeteilt wird, so daß auch deren
Anzahl — zum Ausgleich der Mehrbelastung — durch zusätzliche LW erhöht
werden muß.

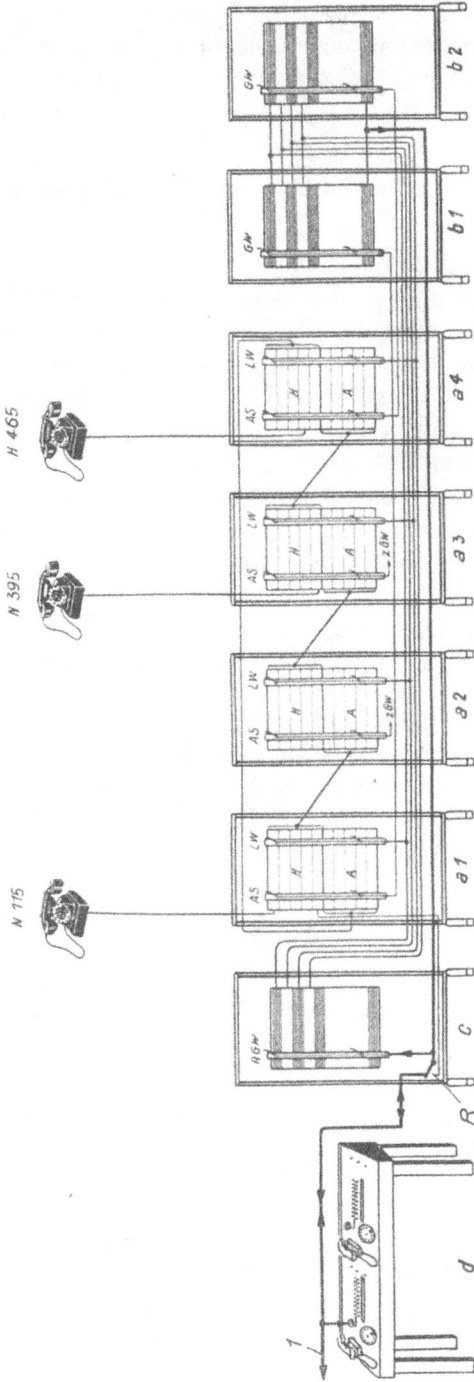

Bild 12. Große W-Anlage mit Amtswahl.

Beispiel 3: Prinzipschaltung einer Baustufe III B nach dem AS-Fallwählersystem mit Wählerzuleitung.
l = Amtsleitung.

3. für den Innenverkehr

Verbindungssätze in einer Anzahl von 8 vH der 350 Sprechstellenanschlußorgane, das sind

    28 AS-GW,
    28 LW.

Die schaltungstechnischen Zusammenhänge ergeben sich aus Bild 12.
In diesem ist

d   ein zweiplätziges Bedienungspult,

c   ein Amtsgruppenwählergestell mit einem Bankfeld, an dessen
            Lamellendekaden die allgemeinen LW der einzelnen Hunder-
            tergruppen liegen. Es wird beherrscht von

                18 Amts-GW, an denen 12 ankommende und 6 gemischte
                Amtsleitungen liegen. In jeder Amtsleitung liegt die
                Rückfrageweiche *R*.

a1—a4   Je ein Gestell für 100 Teilnehmeranschlüsse mit 200teiligem
            Bankfeld, aus Haupt- und Aushilfsfeld bestehend und auf
            Aushilfe verkabelt, sowie mit der erforderlichen Anzahl von
            AS und LW.

b1 und *b2* Zwei Gruppenwählergestelle mit gemeinsamen Bankfeldern,
            an deren durchverbundenen Lamellendekaden *1—4* die LW
            der vier Hundertergruppen und an den untersten die ab-
            gehend und gemischt geschalteten Amtsleitungen liegen.
            Diese Bankfelder werden beherrscht von sämtlichen GW,
            die je mit einem eigenen Anrufsucher fest verbunden sind
            (daher die Bezeichnung AS-GW).

Aufbau der Gesprächsverbindungen.

1. **Für ein abgehendes Amtsgespräch.** N 115 will abgehend
über Amt sprechen und hebt ihren Hörer ab. Hierdurch löst sie einen
freien AS im Gestell *a1* aus, der infolgedessen abwärts gleitet und sich
auf die Anschlußleitung 115 einstellt. Hiermit ist N 115 über den AS
mit dem zugehörigen GW im Gestell *b1* verbunden, den sie nunmehr
durch Wahl, beispielsweise der Ziffer Null, auf die unterste Lamellendekade steuert, wo er sich in Freiwahl auf eine freie Amtsleitung einstellt. Hiermit ist N 115 zum Amt durchgeschaltet.

2. **Für ein ankommendes Amtsgespräch.** Ein Amtsanruf
kommt an, im Bedienungspult leuchtet die Amtsanruflampe, Bedienung
fragt ab, N 115 wird verlangt. Zur Weitergabe der Amtsverbindung
muß der zu der betreffenden Amtsleitung gehörige AGW im Gestell *c*
auf die erste Lamellendekade seines Bankfeldes gesteuert werden, an
der die LW des ersten Hunderts liegen. Hierzu drückt die Bedienung
die Zahlengebertaste *1* oder zieht die Ziffer *1* an der Wählscheibe. Der

AGW sucht in Freiwahl einen freien LW, der alsdann von der Bedienung durch Zehner- und Einerimpulse auf den Teilnehmeranschluß N 115 gesteuert wird. Mit oder ohne vorherige Ankündigung vollzieht sich die Durchschaltung Amt—N 115 in dem Augenblick, wo die Bedienung aus der Verbindung austritt.

3. Für ein Rückfragegespräch. N 115 will Rückfrage halten und drückt deshalb ihre Erdtaste. Hierdurch schaltet die Relaisweiche *R* in der Amtsleitung um und verbindet N 115 über den Rückfrageanschluß mit dem Bankfeld im Gestell *a1* (die Rückfrageanschlüsse können beliebig auf die einzelnen Bankfelder verteilt sein), wo infolgedessen ein freier AS ausgelöst wird, der auf den Rückfrageanschluß aufläuft, so daß sich N 115 nunmehr über diesen AS, den zugehörigen GW sowie einen LW irgendeines Hunderts eine beliebige Innenverbindung zu einer telephonischen Rückfrage aufbauen kann. Nach beendetem Rückfragegespräch drückt sie erneut die Erdtaste, wodurch die Relaisweiche *R* die Amtsverbindung wieder durchschaltet, während die Rückfrageverbindung zusammenfällt.

Beispiel 4, hierzu Bild 13: Halbautomatische Nebenstellenzentrale mit vollautomatischer Hauszentrale.

Ausbau, Aufteilung der Amtsleitungen und Wählerzentrale wie in Beispiel 3.

Amtsverkehr abgehend: Über allgemeine AS-GW durch Nummernwahl, z. B. Null,

ankommend: durch Schnurzuteilung nach dem Zweischnursystem.

Gemäß Regelausstattung sind erforderlich:

1. Für den abgehenden Amtsverkehr
   15 zusätzliche AS-GW,

2. für den ankommenden Amtsverkehr
   15 Schnurpaare,

3. für den Innenverkehr
   8 vH der 350 Sprechstellenanschlußorgane, das sind
   28 AS-GW,
   28 LW.

Die schaltungstechnischen Zusammenhänge gemäß Bild 13 weichen in folgendem von Bild 12 ab:

d Ist ein zweiplätziger Vermittlungsschrank nach dem Schnurpaarsystem, in dessen Bedienungsfeldern alle ankommend und gemischt geschalteten Amtsleitungen sowie sämtliche Nebenstellen auf Klinken in Vielfachschaltung liegen. Gestell *c* fällt weg.

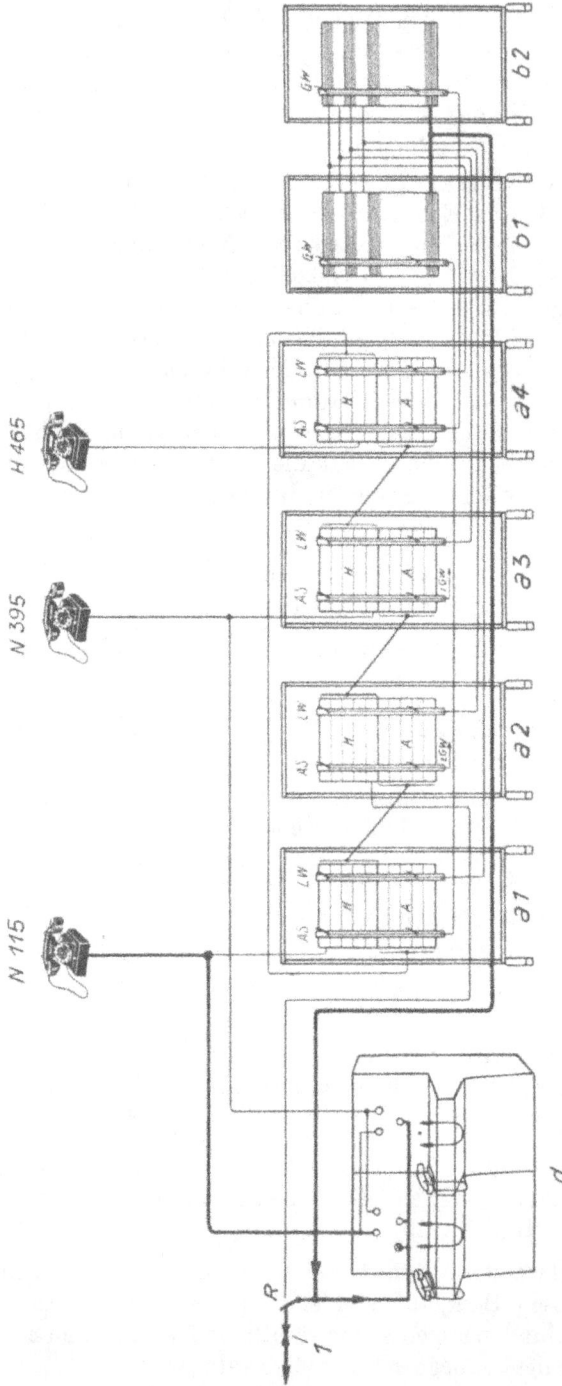

Bild 13. Große W-Anlage mit Amtswahl.

Beispiel 4: Prinzipschaltung einer Baustufe III B nach dem AS-Fallwählersystem mit Schnurzuleitung (Schnurpaarsystem und Vielfachschaltung).
1 = Amtsleitung.

Die gemischt geschalteten Amtsleitungen liegen außerdem, ebenso wie die abgehend geschalteten, an den unteren Lamellendekaden der GW-Bankfelder in den Gestellen *b1* und *b2*.

Abgehende Amts- und Rückfrageverbindungen bauen sich in der gleichen Weise auf wie in Beispiel 3, während ankommende Amtsverbindungen im Vermittlungsschrank durch Schnurpaare, mit oder ohne vorherige Ankündigung, den· gewünschten Nebenstellen zugeschaltet werden.

Über die Vorteile der Schnurzuteilung siehe Vorbemerkungen S. 95.

Vorwählersystem, hierzu Bild 14. Unter Zugrundelegung des Beispiels 3, Groß-Universalzentrale, soll auch das Vorwählersystem mit 100 teiligen Hebdrehwählern als Gruppen- und Leitungswähler mit Wählerzuteilung einer näheren Betrachtung unterzogen werden.

Ausbau: 30 Amtsleitungen, davon

> 12 ankommend,
> 12 abgehend,
> 6 gemischt geschaltet.
> 250 Nebenstellen,
> 100 Hausstellen.

Amtsverkehr abgehend: Über allgemeine GW durch Nummernwahl, z. B. Null,

> ankommend: Wählerzuteilung über allgemeine GW mit Vorwahl oder über eigene Amts-GW und — in beiden Fällen — über allgemeine LW.

Innenverkehr über VW—GW—LW (normales 1000er-System). Da jeder Teilnehmeranschluß grundsätzlich seinen eigenen VW besitzt, bestehen die zur Erfüllung der Regelausstattung erforderlichen »Verbindungssätze« lediglich aus GW und LW, und zwar sind erforderlich

1. für den abgehenden Amtsverkehr,
   15 zusätzliche GW,

2. für den ankommenden Amtsverkehr
   (zweckmäßig) 18 eigene AGW und
   15 zusätzliche LW,

3. für den Innenverkehr
   28 GW und
   28 LW.

Vergleicht man diesen zur Erfüllung der Regelausstattung erforderlichen Wähleraufwand mit dem Aufwand des AS-Systems gemäß Beispiel 3, dann ergibt sich zunächst bei beiden Systemen der gleiche Aufwand an Gruppen- und Leitungswählern, nämlich 61 GW und 43 LW.

Dagegen tritt eine Verschiebung in der Vorwahlstufe ein, nämlich

beim VW-System	beim AS-System
380 VW	43 AS
(10teilige Wähler)	(200teilige Wähler).

Auf die durch den 200teiligen Wähler gegebenen Möglichkeiten der Bildung von Großgruppen und Wähleraushilfen soll hier nicht näher eingegangen werden.

Die technischen Zusammenhänge der Groß-Universalzentrale nach dem VW-System ergeben sich aus Bild 14.

Wie bei den Bildern 10—13 ist auch für Bild 14 eine Darstellungsweise gewählt, die sich — im Gegensatz zu den sonst üblichen Prinzipbildern — weitestmöglich der Wirklichkeit nähert, wodurch das Verständnis der schaltungstechnischen Zusammenhänge erleichtert und gleichzeitig eine richtige Vorstellung von dem tatsächlich erforderlichen technischen Aufwand vermittelt wird.

Es bedeutet

e ein zweiplätziges Bedienungspult zur Entgegennahme und Weitergabe ankommender Amtsverbindungen,

$a1—a4$ vier Vorwählerrahmen mit je 100 VW (Bedarf 380 VW),

c einen Gruppenwählerrahmen mit 18 eigenen Amts-GW für die Weitergabe ankommender Amtsverbindungen,

$b1—b3$ drei Gruppenwählerrahmen mit 28 und 15 zusätzlichen allgemeinen GW,

$d1—d4$ vier Leitungswählerrahmen mit 28 und 15 zusätzlichen LW,

R Rückfrageweiche in jeder Amtsleitung.

Die Wähler sind wie folgt verkabelt:

Die Vorwähler (in den Rahmen $a1—a4$). Am Schaltarm jedes VW liegt ein Teilnehmeranschluß, an den 30 letzten je ein Rückfrageanschluß. Die 10 VW-Ausgänge, rahmenweise vielfachverkabelt, führen zu den Schaltarmen der GW, so daß sich jeder VW auf einen freien GW einstellen kann.

Die Gruppenwähler (in den Rahmen $b1—b3$). Die GW-Ausgänge, das sind zehn 10teilige Kontaktbänke (100teilige Hebdrehwähler), sind wie folgt geschaltet: Die Ausgänge der ersten Kontaktbank sind verbunden mit den Schaltarmen der LW des ersten Hunderts (im Rahmen $d1$). Die der zweiten mit den Schaltarmen der LW des zweiten Hunderts (im Rahmen $d2$) usw. bis zur vierten, deren Ausgänge mit den Schaltarmen der LW des vierten Hunderts verbunden sind. An den Ausgängen der zehnten Kontaktbank liegen abgehende Amtsleitungen, während die der fünften bis neunten nach Bedarf zur Aufnahme von Meldeleitungen, Querverbindungen und für Erweiterungen dienen.

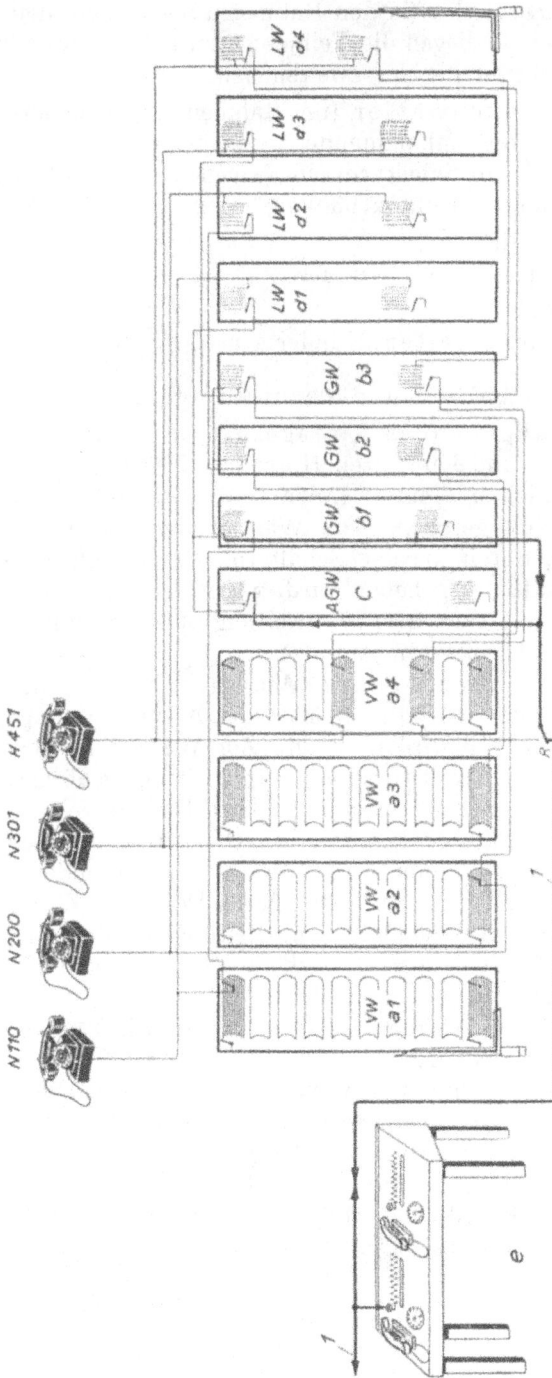

Bild 14. Große W-Anlage mit Amtswahl.

Prinzipschaltung einer Baustufe III B nach dem Vorwähler-Hebdrehwählersystem mit Wählerzuteilung.
I = Amtsleitung.

Die Leitungswähler (in den Rahmen *d1—d4*). An den LW-Ausgängen im Rahmen *d1* liegen die Teilnehmeranschlüsse des ersten Hunderts, an den nächsten die des zweiten usw.

Die Amtsgruppenwähler (im Rahmen *c*). Jede ankommende Amtsleitung (bzw. der ankommende Zweig der gemischt geschalteten Amtsleitungen) liegt am Schaltarm eines eigenen AGW (100 teilige Hebdrehwähler). An deren Kontaktbänken liegen:

> an den ersten
>> die LW des ersten Hunderts,
>
> an den zweiten
>> die LW des zweiten Hunderts usw.

Aufbau der Verbindungen.

1. Für ein abgehendes Amtsgespräch. N 110 will abgehend über Amt sprechen und hebt ihren Hörer ab. Der zugehörige VW verbindet augenblicklich mit einem freien GW. Am Nebenstellenapparat wird die Ziffer Null gezogen. Die Wählscheibe gibt beim Ablaufen 10 Stromimpulse, durch die der Schaltarm des betreffenden GW vor die zehnte Kontaktbank gehoben wird, wo er selbsttätig eindreht und sich in Freiwahl auf eine freie Amtsleitung stellt, womit die Durchschaltung zum Amt vollzogen ist.

2. Für ein ankommendes Amtsgespräch. Ein Amtsruf kommt an, im Bedienungspult leuchtet die Amtsanruflampe, die Bedienung fragt ab, N 110 wird verlangt. Zur Weitergabe der Amtsverbindung muß der zu der betreffenden Amtsleitung gehörige AGW im Rahmen *c*, d. h. sein Schaltarm, auf die erste Dekade gehoben werden, was durch Wahl der Ziffer 1 geschieht. Hier dreht er selbsttätig ein und stellt sich in Freiwahl auf einen LW des ersten Hunderts (im Rahmen *d1*), den die Bedienung nunmehr durch Wahl der Ziffern 1 und 0 auf die gewünschte Teilnehmeranschlußleitung steuert. Die Durchschaltung Amt—N 110 vollzieht sich in dem Augenblick, wo die Bedienung aus der Verbindung austritt.

3. Für ein Rückfragegespräch. N 110 will Rückfrage halten und drückt deshalb ihre Erdtaste. Hierdurch schaltet die Relaisweiche *R* in der Amtsleitung um und verbindet die Nebenstelle mit einem Rückfragevorwähler, der ihr sofort einen freien GW zur Verfügung stellt, so daß sie sich über diesen und irgendeinen LW die gewünschte Rückfrageverbindung wählen kann. Nach beendetem Rückfragegespräch drückt sie erneut die Erdtaste, wodurch die Relaisweiche *R* die Amtsverbindung wieder durchschaltet, während die Rückfrageverbindung zusammenfällt.

2. Innenverbindungen vollselbsttätig.

Nichts zu bemerken.

3. *Selbsttätige Auswahl der Amtsleitungen bei abgehenden Verbindungen, abgesehen von den Amtsleitungen, die ausnahmsweise nach anderen Vermittlungsstellen führen.*

Siehe X, A, Punkt 3, S. 79.

4. *Verbindungsmöglichkeiten mit dem Amt, wenn die Anlage gestört ist (bei privaten Nebenstellenanlagen wird die Bedingung durch den Postprüfapparat erfüllt).*

Nichts zu bemerken.

5. *Halbamtsberechtigte Nebenstellen in einer Zahl von nicht mehr als 10 vH der Nebenstellen. In Anlagen mit Schnur- oder Schalterzuteilung müssen die halbamtsberechtigten Nebenstellen Anrufzeichen bei der Abfragestelle erhalten (auf Verlangen des Teilnehmers können für Gruppen von Nebenstellen gemeinsame Anrufzeichen vorgesehen werden).*

Siehe X, A, Punkt 6, S. 79.

6. *Nur für Anlagen mit Schnur- oder Schulterzuteilung: Ankommende Amtsverbindungen nur durch Vermittlung der Hauptstelle. Anruf der Nebenstellen durch die Hauptstelle über die Verbindungswege für Amtsgespräche selbsttätig. Rückstellung der Verbindungsorgane von Hand. Für jede Amtsleitung eine Verbindungsmöglichkeit. Der selbsttätige Ruf muß mit dem für Innengespräche übereinstimmen. Die Hauptstelle kann auch abfragen, wenn alle Amtsleitungen besetzt sind.*

Siehe X, A, Punkt 7, S. 81.

7. *Möglichkeit der Ankündigung eines Amtsanrufs durch die Hauptstelle ohne Mithörmöglichkeit des anrufenden Teilnehmers; bei besetzter Nebenstelle Aufschaltung mit hörbarem Zeichen.*

Siehe X, A, Punkt 8, S. 82. Ergänzend hierzu ist für Großanlagen mit Schnurzuteilung folgendes zu bemerken. In Anlagen mit mehr als zwei Arbeitsplätzen ist die Forderung des Punktes 7 nur dann erfüllt, wenn die Nebenstellen vielfach geschaltet sind. Denn nur dann ist es möglich, von jedem Arbeitsplatz aus jeder Nebenstelle einen Amtsanruf vor Durchschaltung anzukündigen.

8. *Wartestellung für ankommende Amtsverbindungen mit selbsttätiger Durchschaltung, wenn Nebenstelle frei wird (selbsttätige Durchschaltung kann fehlen, in Anlagen mit Schnur- oder Schalterzuteilung kann Wartestellung fehlen).*

Siehe X, A, Punkt 9, S. 82.

9. *Halten von Amtsverbindungen durch die Hauptstelle zum Abfragen in einer anderen Amtsleitung.*

Siehe X, A, Punkt 10, S. 82.

10. *Möglichkeit des Anrufs der Hauptstelle über eine Meldeleitung je Arbeitsplatz.*

Siehe X, A, Punkt 11, S. 82.

11. *Rückfragemöglichkeit bei Amtsgesprächen für die Nebenstellen nach der Abfragestelle und den anderen Nebenstellen.*

Nichts zu bemerken.

Zu beachten ist, daß es bei Großanlagen keine Rückfrage auf einer anderen Amtsleitung gibt, auch nicht als Ergänzungsausstattung.

12. *Während der Tagesschaltung Nichtauslösen von Amtsverbindungen, wenn bei der Nebenstelle in der Rückfragestellung der Hörer aufgelegt wird, sondern erneuter Anruf bei der Hauptstelle (kann bei Amtsleitungen, die nur in abgehender Richtung benutzt werden, fehlen. Sind doppelt gerichtete und rein abgehende Amtsleitungen vorhanden, so kann auch bei den doppelt gerichteten Amtsleitungen in abgehender Richtung das Nichtauslösen und der Wiederanruf beim Auflegen in der Rückfrage fehlen. Punkt 12 kann auch ganz fehlen, wenn Punkt 13 erfüllt ist).*

Siehe X, A, Punkt 13, S. 83.

Hierzu ist ergänzend zu bemerken: Für Amtsleitungen, die nur abgehend benutzbar sind, kommt die Einrichtung nicht in Betracht, weil abgehend gerichtete Amtsleitungen meist überhaupt nicht im Vermittlungsplatz liegen, so daß die Vermittlung in diese Leitungen auch nicht eintreten kann. Sind außerdem doppelt gerichtete Amtsleitungen vorhanden, dann kann das Nichtauslösen von Amtsverbindungen in Rückfragestellung auch dann fehlen, wenn über diese Leitungen abgehend gesprochen wird. Das ergibt sich daraus, daß eine in abgehender Richtung über Amt sprechende Nebenstelle nicht wissen kann, ob sie über eine gerichtete oder eine gemischte Amtsleitung spricht.

13. *Eintretezeichen für die Hauptstelle bei Amtsverbindungen. (Das Eintretezeichen kann fehlen bei Amtsleitungen, die nur für abgehende Gespräche bestimmt sind. Sind doppelt gerichtete und rein abgehende Amtsleitungen vorhanden, so kann bei den doppelt gerichteten Amtsleitungen das Eintretezeichen bei abgehenden Verbindungen fehlen. Das Eintretezeichen kann auch ganz fehlen, wenn Punkt 12 erfüllt ist.)*

Siehe X, A, Punkt 16, S. 84.

Die Erläuterung ist im gleichen Sinne zu ergänzen wie vorstehende zu Punkt 12.

14. *Selbsttätige Freigabe einer Nebenstelle nach beendetem Amtsgespräch; neuer Amtsruf nur bei der Hauptstelle wahrnehmbar, auch wenn in Anlagen mit Schnur- oder Schalterzuteilung eine von ihr aufgebaute Verbindung noch nicht getrennt ist.*

Siehe X, A, Punkt 14, S. 83.

15. *Für jede Amtsleitung Einzelnachtschaltung zu einer Nebenstelle (ohne Aufschaltemöglichkeit nach Punkt 7). Die Nebenstellen bleiben für andere Nebenstellen erreichbar.*

Siehe X, A, Punkt 17, S. 84.

16. *Anzeige des Ansprechens von Sicherungen durch einen ausschalt-baren Wecker oder eine Lampe.*

Nichts zu bemerken.

17. *Verteiler mit Lötösenstreifen und Trennstreifen für alle Amts-leitungen und Nebenanschlüsse. Die Trennstreifen können im Aufbau mit den Lötösenstreifen vereinigt sein.*

Der hier gemeinte Verteiler wird im allgemeinen als Haupt- und Rangierverteiler bezeichnet; er gehört zur Hauptstelle und ist das Bindeglied zwischen dem äußeren Leitungsnetz und den unmittelbar zur Vermittlungseinrichtung führenden Systemkabeln. Die Kabel-adern werden im Verteiler an Lötösenstreifen angeschlossen, die mit einer Trenneinrichtung versehen und so gestaltet sein müssen, daß nach Einführen eines Prüfstöpsels die beiden Netzadern des betreffen-den Teilnehmeranschlusses (*a* und *b*) von den beiden Systemadern ge-trennt und beide Zweige über den Prüfstöpsel und eine vieradrige An-schlußschnur an den Prüfschrank gelegt werden (siehe Bild 36). An diesem kann alsdann die Teilnehmeranschlußleitung sowohl in ihrem äußeren Zweig bis zum Teilnehmerapparat, als auch in ihrem inneren Zweig bis zum Teilnehmeranschlußorgan in der Vermittlung auf ihre Betriebsfähigkeit geprüft werden. Zweck der Einrichtung ist, im Störungs-falle sofort feststellen zu können, ob die Störung innerhalb oder außer-halb der Vermittlung liegt (Störungseingrenzung).

Auch die Amtsleitungen werden an Trennstreifen des Hauptvertei-lers angeschlossen, von wo sie über Systemkabel zur Vermittlung weiter-führen, um sie (bei Privatanlagen) unabhängig von den Privateinrich-tungen prüfen zu können. Dies geschieht dann ebenfalls durch Ein-führen eines mit Anschlußschnur versehenen zweiadrigen Prüfstöpsels, wodurch die Amtsleitung unter Trennung von der Vermittlung unmittel-bar an den Postprüfapparat gelegt wird (siehe Fachausdrücke: Post-prüfschalter).

18. *Zahl der Arbeitsplätze: je 1 Platz bis zu 15 nur ankommend oder bis zu 20 gemischt benutzten Amtsleitungen.*

Die Vermittlungsarbeit für gemischt geschaltete Amtsleitungen ist geringer als für gerichtete (nur ankommend geschaltete), weil auf den gemischt geschalteten eine erhebliche Anzahl abgehender Gespräche geführt wird, mit deren Vermittlung die Bedienung nichts zu tun hat.

Aus diesem Grunde kann ein Arbeitsplatz bis zu 20 gemischt geschaltete Amtsleitungen enthalten, während ankommend geschaltete Amtsleitungen nur bis zu 15 je Arbeitsplatz zulässig sind. Bei Überschreitung der Höchstzahl ist ein weiterer Arbeitsplatz erforderlich, der im Rahmen der Regelausstattung, also ohne Sonderkosten, geliefert werden muß.

Ein weiterer Arbeitsplatz kann aber auch dann in Frage kommen, wenn man einer Bedienungsperson die Bedienung von 20 bzw. 15 Amtsleitungen nicht zumuten will und deshalb die Amtsleitungen auf mehrere Arbeitsplätze verteilt. In diesem Falle gilt jeder weitere Arbeitsplatz, weil über den Rahmen der Regelausstattung hinausgehend, als Ergänzungsausstattung (vgl. vierten Abschnitt, XI, Vorbemerkungen zu B, letzten Absatz).

19. Innerhalb der Regelausstattung wird geliefert

a) in Wechselstromnetzen:

die volle Stromversorgungseinrichtung, bestehend aus einer Batterie und Ladegerät für selbsttätige Pufferung oder aus einem Netzanschlußgerät,

b) in Gleichstromnetzen mit geerdetem Pluspol:

die volle Stromversorgungseinrichtung, bestehend aus einer Batterie und Ladegerät für selbsttätige Pufferung,

c) in Gleichstromnetzen ohne geerdeten Pluspol und immer bei Lade- und Entladebetrieb:

Aufwendungen bis zum Betrage wie unter b.

Bei a und b (Pufferbetrieb):

Mindestleistung der Batterie

75 Wh für jede Amtsleitung,
60 Wh für je 5 Nebenstellen.

Bei c: Bei Lade- und Entladebetrieb muß jede der beiden Batterien die doppelte Leistung haben.

Lade- oder Betriebsstrom aus dem Starkstromnetz zu Lasten des Teilnehmers.

Bei Puffergeräten Anzeige des Ausbleibens des Netzstroms durch einen ausschaltbaren Wecker oder eine Lampe.

Siehe X, A, Punkt 20, S. 85.

20. Zusätze für die Anpassung an die Amtsschaltungen.
Siehe X, A, Punkt 21, S. 87.

21. Anschlußmöglichkeit für vorgeschaltete Reihenapparate.
Siehe X, A, Punkt 22, S. 87.

B. Ergänzungsausstattung

*1. Aufschaltemöglichkeit für einzelne Nebenstellen oder für die Melde-
leitungen (auch mit hörbarem Zeichen)*

> *a) bei Verwendung der vorhandenen Verbindungssätze,*
> *b) bei Verwendung zusätzlicher Einrichtungen für die Aufschaltung.*

Siehe X, B, Punkt 1, S. 88.

*2. Schaltung von halbamtsberechtigten Nebenstellen in einer über die
Regelausstattung hinausgehenden Zahl.*
Siehe X, B, Punkt 2, S. 88.

3. Einmalige selbsttätige Rufweiterschaltung

> *a) in einer Amtsleitung (nur in Anlagen mit Wählerzuteilung),*
> *b) in einer Nebenanschlußleitung.*

Siehe X, B, Punkt 3, S. 88.

*4. Einrichtung zur Anschaltung von Nebenanschlüssen oder Querver-
bindungen als Sammelanschlüsse.*
Siehe X, B, Punkt 4, S. 89.

5. Einrichtung zur Führung von Kettengesprächen.
Siehe Fachausdrücke: Kettengespräch.

*6. Einrichtung zum selbsttätigen Umlegen einer Amtsverbindung von
Nebenstelle zu Nebenstelle (nur in Anlagen mit Wählerzuteilung).*
Siehe Fachausdrücke: Selbsttätige Umlegung von Amtsverbin-
dungen.

7. a) Weitere Meldeleitungen,
> *b) Vielfachschaltung von Meldeleitungen.*

Zu a) siehe X, B, Punkt 7, S. 89.
Zu b): In Vermittlungen mit mehreren Arbeitsplätzen können die
Meldeleitungen so geschaltet werden, daß sie in sämtlichen Plätzen auf
Anruf liegen und abgefragt werden können (Vielfachschaltung).

*8. Nachtvermittlung bei einer bestimmten Nebenstelle (nur in Anlagen
mit Wählerzuteilung).*
Siehe X, B, Punkt 8, S. 90.

9. Nachtabfragestelle für ankommende Amtsanrufe (ohne Vermittlung).
Die Nachtabfragestelle ist in beliebigen Ausführungsformen zu-
lässig; sie kann z. B. aus einem einfachen Klinkenkasten mit sichtbaren
Anrufzeichen und aus einem einfachen Apparat mit Stöpselschnur be-
stehen. Mit diesem Apparat werden sämtliche über Nacht ankommende
Amtsrufe abgefragt; eine Weitergabe an andere Stellen ist nicht möglich.

10. *Technische Maßnahmen für Nebenanschlußleitungen mit mehr als 2 × 200 Ohm, soweit erforderlich:*

> a) *Stromstoßübertragungen für Gleichstrom bis zu 2 × 450 Ohm,*
> b) *Stromstoßübertragungen für Gleichstrom über 2 × 450 Ohm,*
> c) *Stromstoßübertragungen für Wechselstrom oder Induktivwahl,*
> d) *andere technische Maßnahmen.*

Siehe Fachausdrücke: Stromstoßübertragung.

11. *Zweite Abfragestelle mit gleichem oder geringerem Ausbau als bei der ersten, jedoch mit denselben Betriebsmöglichkeiten (in Anlagen mit Schnur- oder Schalterzuteilung keine Zuteilung über Wähler).*

Siehe X, B, Punkt 11, S. 90.

12. *Technische Maßnahmen zur selbsttätigen Auswahl der Amtsleitungen, die dadurch erforderlich werden, daß die Amtsleitungen zu mehreren Vermittlungsstellen führen.*

Siehe X, B, Punkt 12, S. 91.

13. *Einrichtung für unmittelbaren Anruf von Nebenstellen zur Hauptstelle.*

Siehe X, B, Punkt 13, S. 91.

14. *Ersatz für den Ruf- und Signalstromerzeuger*
> *mit Handumschaltung oder*
> *mit selbsttätiger Umschaltung.*

Zur Regelausstattung jeder großen Vermittlung gehört eine Rufsignalmaschine, die einen Wechselstrom niedriger Periodenzahl zur Betätigung der Apparatwecker und einen weiteren Wechselstrom höherer Periodenzahl zur Hervorbringung von Summerzeichen erzeugt. Eine weitere Maschine als Reserve ist Ergänzungsausstattung; sie wird bei Ausfall der Regelmaschine, der sich durch ein selbsttätiges Alarmsignal bemerkbar macht, entweder von Hand oder auch selbsttätig in Betrieb genommen. Im allgemeinen ist es Sache der Telephonistin, für die Instandsetzung der ausgefallenen Maschine das Erforderliche sofort zu veranlassen (vgl. X, B, Punkt 16).

15. *Prüfschrank mit Prüfstöpsel.*
Siehe XI, A, Punkt 17, S. 113.

16. *Besetztlampen für die Nebenstellen.*
Siehe X, B, Punkt 18, S. 92.

17. *a) Weitere Abfrageplätze über die Regelausstattung hinaus,*
> *b) Vielfachschaltung der Amtsleitungen.*

Zu a): Weitere Arbeitsplätze können auf Verlangen auch dann geliefert werden, wenn die höchst zulässige Belegung je Platz gemäß A, Punkt 18 noch nicht erreicht ist. Sie gelten dann als Ergänzungsausstattung und sind sonderkostenpflichtig.

Zu b): Zur schnellen Abfertigung des ankommenden Amtsverkehrs müssen auch die Amtsanruf- und Abfrageorgane von jedem Arbeitsplatz aus bequem erreichbar, nötigenfalls also vielfach geschaltet sein.

18. *a) Auskunfts- und Hinweisleitungen,*
b) Vielfachschaltung der Auskunfts- und Hinweisleitungen.

¡Zu a): Die Auskunftsleitung. Das Anschlußorgan der Auskunftsleitung (meist nur eine Klinke) liegt im Bedienungsfeld der Vermittlung und dient zur Weitergabe von Amtsanrufen. An der Gegenseite endet die Auskunftsleitung entweder an einem gewöhnlichen Sprechapparat (Nebenstelle), der von einer Auskunftsperson bedient wird oder — in größeren Zentralen mit mehreren Auskunftsleitungen — an einem besonderen Arbeitsplatz, dessen Bedienung dann nicht allein Auskünfte erteilt, sondern den Anrufer mit der zuständigen Stelle gleich weiterverbindet. Zweck der Einrichtung: Entlastung des Vermittlungspersonals und damit Verkehrsbeschleunigung.

Die Hinweisleitungen. Hiermit sind Einrichtungen gemeint, die man auch als Abwesenheitsklinken bezeichnet. Anschlußleitungen von Nebenstellen, deren Inhaber längere Zeit abwesend sind (z. B. bei Beurlaubungen, Erkrankungen usw.), werden am Hauptverteiler mit einer Abwesenheitsleitung (Hinweisleitung) dauerverbunden, die in der Vermittlung an einem besonderen Anschlußorgan liegt. Alle an den abwesenden Nebenstelleninhaber gerichteten Anrufe gelangen dann unmittelbar zur Vermittlung, die den Anrufern Grund und voraussichtliche Dauer der Abwesenheit des angerufenen Teilnehmers mitteilt. Die Einrichtung kann insofern noch vervollkommnet werden, als der Sprechstelleninhaber, wenn er nach seiner Rückkehr seinen Sprechapparat abhebt, unmittelbar auf einem Rückmeldeanschlußorgan die Vermittlung anrufen und den Auftrag zur Wiederherstellung des Normalzustandes seines Anschlusses geben kann.

Zu b): In mehrplätzigen Zentralen können außer den Meldeleitungen auch Auskunfts- und Hinweisleitungen vielfach geschaltet werden.

19. *Weitere Gruppenwähler oder weitere Leitungswähler mit Relaissatz.*

Sie kommen dann in Frage, wenn die Anzahl der Verbindungswege wegen besonders hoher Verkehrsanforderungen erhöht werden muß. Diese erhöhten Ansprüche können sich beziehen

a) auf den Innenverkehr,
b) auf den abgehenden,
c) auf den ankommenden Amtsverkehr.

Im Falle a) muß die Anzahl der GW (bei Anrufsuchersystemen der AS-GW) und LW,

im Falle b) nur die Anzahl der GW (bei Anrufsuchersystemen der AS-GW), und

im Falle c) nur die Anzahl der LW erhöht werden.

Letzteres gilt unter der Voraussetzung, daß den Amtsleitungen eigene GW für den ankommenden Verkehr zugeordnet sind.

20. Sicherungsstreifen statt Trennstreifen für den Verteiler. Die Sicherungsstreifen können im Aufbau mit den Lötösenstreifen vereinigt sein.

Sicherungsstreifen sind Trennstreifen nach A, Punkt 17, die außerdem für jede Leitung eine Sicherung enthalten, um die Vermittlungseinrichtung gegen Fremdströme aus dem Leitungsnetz zu schützen. Da aber Freileitungen, die Fremdströmen in erster Linie ausgesetzt sind, bereits an der Einführungsstelle abgesichert sein müssen, kommen Sicherungsleisten im Hauptverteiler im allgemeinen nicht in Betracht.

21. Weitere Lötösenstreifen, Trennstreifen oder Sicherungsstreifen für den Verteiler, die für Vorratsleitungen bestimmt sind.

Nichts zu bemerken.

22. Anrufzähler für Nebenstellen, die das Amt selbsttätig erreichen können.

Siehe X, B, Punkt 14, S. 91.

23. Anschluß von zwei außenliegenden Nebenstellen an eine gemeinsame Nebenanschlußleitung (Zweieranschlüsse).

Siehe Fachausdrücke: Zweieranschluß.

24. Allgemein verwendbare Ergänzungsausstattung (siehe XV).

Siehe vierten Abschnitt XV.

Weitere Ergänzungsausstattung nur für Anlagen mit Schnur- oder Schalterzuteilung:

25. Zweite Verbindungsstöpsel mit Umschalter für je 1 Amtsleitung an Vermittlungsschränken mit Einschnurbetrieb.

Gemeint ist der Reserve-Amtsstöpsel (vgl. X, B, Punkt 22, S. 93).

26. Weitere Schnurpaare für Amtsverbindungen in einer über die Regelausstattung hinausgehenden Zahl.

Kommt nur für Zweischnursystem in Betracht; im übrigen vgl. Punkt 28.

27. Verbindungsmöglichkeit zwischen Nebenstellen durch die Hauptstelle mit besonderen Schnurpaaren, Stöpseln oder Schaltern.

Siehe X, B, Punkt 24, S. 93.

28. Schnurpaare, die sowohl für Amts- wie für Innenverbindungen benutzt werden können.

Unter Punkt 26—28 sind 3 verschiedene Arten von Schnurpaaren aufgeführt, nämlich

a) Schnurpaare für Amtsverbindungen, die als Reserve-Schnurpaare gedacht sind für den Fall des Schadhaftwerdens eines Regelschnurpaares,

b) Schnurpaare nur für den Innenverkehr. Diese Schnurpaare finden hauptsächlich dann Verwendung, wenn Amtsverbindungen über Einschnurstöpsel hergestellt werden (Einschnursystem).

c) Schnurpaare für Amts- und Innenverkehr, mit denen also sowohl der Bedarf nach Punkt 26 als auch nach Punkt 27 befriedigt werden kann (Zweischnursystem).

29. *Zweite Abfragemöglichkeit bei der Hauptstelle (ohne Vermehrung der Verbindungsmittel).*

Siehe III, B, Punkt 2, S. 42.

30. *Vielfachschaltung der Nebenanschlußleitungen.*

Siehe Fachausdrücke: Vielfachschaltung.

XII. Nebenstellenanlagen mit Wählern,

bei denen die Innenverbindungen selbsttätig über Wähler, die abgehenden und ankommenden Amtsverbindungen über Schnüre oder andere von Hand bediente Schaltmittel aufgebaut werden

(W-Anlagen ohne Amtswahl)

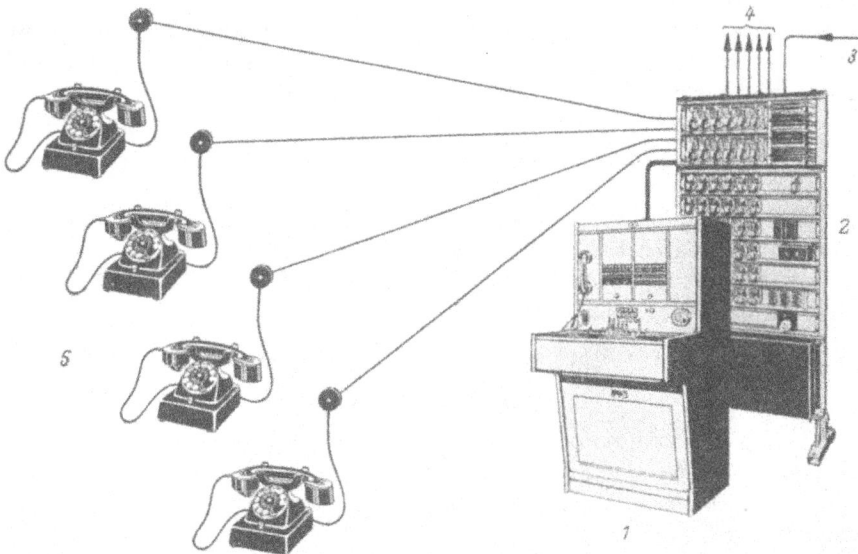

Bild 15. W-Anlage ohne Amtswahl.

1 Glühlampenschrank,
2 Wählervermittlung,
3 Speiseleitung (von der Stromlieferungsanlage),
4 zum Amt,
5 Neben- oder Hausstellen (Hausstellen ohne Taste).

Über den Sinn derartiger Anlagen siehe zweiten Abschnitt, Anlagenart B 4 und C 2, S. 22.

W-Anlagen ohne Amtswahl bestehen aus zwei Hauptteilen, einem Glühlampenschrank, an dem der ankommende und abgehende Amtsverkehr von Hand vermittelt wird, und einer W-Einrichtung, der sog. »automatischen Hauszentrale« für den Innenverkehr. Beide sind insofern unabhängig voneinander, als die Größe der Glühlampenzentrale durch die Anzahl der Amtsleitungen und Nebenstellen, die Größe der W-Zentrale entweder durch die Gesamtanzahl der Sprechstellen (Nebenstellen und Hausstellen) oder nur durch die Bedürfnisse des Innenverkehrs bestimmt wird.

Deshalb werden für Glühlampenzentralen (Schrankteil) und W-Zentralen (Wählerteil) getrennte Baustufen festgesetzt, die nach Belieben, je nach Anzahl der Amtsleitungen, Nebenstellen und Hausstellen und je nach den Innenverkehrsbedürfnissen in einer Anlage verwendbar sind.

Die Amtsleitungen haben nur insofern Einfluß auf die W-Zentrale, als an ihr je Amtsleitung ein Teilnehmeranschlußorgan für die Rückfrageanschlüsse beansprucht wird, allerdings nur an der Eingangsseite (den AS), nicht an der Ausgangsseite (den LW)[1].

Folgende Gesichtspunkte waren maßgebend, um auch diese Anlagenart so zweckmäßig wie möglich zu gestalten.

a) Die Vermittlungstätigkeit für abgehende Amtsverbindungen soll so einfach und kurz wie nur möglich sein, daher am zweckmäßigsten Einschnursystem.

b) Das Verlangen der Nebenstelle nach einer Amtsverbindung soll an einem eindeutigen Lampenzeichen erkennbar sein, damit die Verbindung ohne vorheriges Abfragen hergestellt werden kann.

c) Jede Amtsverbindung soll sich nach Gesprächsbeendigung selbsttätig, also unabhängig vom Herausziehen des Amtsverbindungsstöpsels trennen.

d) Für die Nebenstellen einfache Sprechapparate in Normalausführung mit Erdtaste und einer Anschlußleitung.

e) Anfordern der Amtsverbindung am besten durch Erdtastendruck, sonst durch Wahl einer Kennziffer.

Alles Weitere ergibt sich aus der Regel- und Ergänzungsausstattung.

A. Regelausstattung

1. Die Vermittlungseinrichtungen bestehen aus einem Schrankteil für die Amtsverbindungen und einem Wählerteil für die Innenverbindungen. Die Teile können in den nachstehend aufgeführten Baustufen beliebig zusammengesetzt werden.

---

[1] Das ist auch der Grund, weshalb man als AS zweckmäßig Wähler verwendet, deren Fassungsvermögen um einige Anschlüsse größer ist als das der LW, z. B. 120teilige AS gegenüber 100teiligen LW.

Baustufe	Mindestausbau			Endausbau[1])		
	Anschlußorgane für		Innen- verbindungs- sätze	Anschlußorgane für		Innen- verbindungs- sätze
	Amts- leitungen	Neben- stellen		Amts- leitungen	Neben- stellen	
Schrank						
IV A . . .	2	20	—	5	50	—
IV B . . .	5	30	—	10	100	—
IV C . . .	7	50	—	20	200	—
Wähler- einrichtung						
IV A . . .	—	20	3	—	50	6
IV B . . .	—	30	4	—	100	12
IV C . . .	—	50	5	—	200	24
Schrank- und Wähler- einrichtung						
IV D . . .	11	110	10	unbegrenzt		

Erweiterungsfähigkeit bis zum Endausbau nach Wahl

> *bei den Schränken um je*
>> 1 Anschlußorgan für Amtsleitungen,
>> 10 Anschlußorgane für Nebenstellen,
>
> *bei den Wählereinrichtungen um je*
>> 10 Anschlußorgane für Nebenstellen,
>> 1 Innenverbindungssatz.

Mindestausstattung an Verbindungssätzen für die Innengespräche:

Eingebaute Anschlußorgane für Nebenstellen[2])	Verbindungssätze
20	3
30	4
40	5
50 bis 100	10 vH
mehr als 100	8 vH
	mindestens 10 Sätze

---

[1]) *Bei der Bemessung der Grenze des Endausbaues rechnen auch die Meldelei- tungen, die Leitungen für die Kennziffernwahl und die in die Vermittlungseinrichtung eingebauten Rückfrageanschlüsse der Amtsleitungen als Nebenstellen, wenn durch sie die Zahl der anschaltbaren Nebenstellen beeinflußt wird.*

[2]) *Für die Bemessung der Zahl der Verbindungssätze zählen als Anschlußorgane für Nebenstellen auch die Anschlußorgane für die als Nebenstellen geschalteten Quer- verbindungen, nicht dagegen die Organe für die Meldeleitungen und für die Rückfrage- anschlüsse der Amtsleitungen.*

Sinn der Baustufen, siehe Fachausdrücke: Baustufe.

Die Baustufen IV A bis IV C für Schrank- und Wählerteil sind in beliebiger Zusammensetzung innerhalb einer Anlage verwendbar, also beispielsweise

Schrankteil Baustufe IV A und
Wählerteil » IV C

(typischer Anwendungsfall: die Fabrikfernsprechanlage mit geringem Amts- und starkem Innenverkehr).

Da es zulässig ist, Nebenstellen anzuschließen, die vom Wählerverkehr ausgeschlossen sind, kann auch der Schrankteil größer sein als der Wählerteil. Z. B. kann eine Anlage aus einem

Schrankteil der Baustufe IV C (Höchstausbau 20 A, 200 N)
und aus einem
Wählerteil » » IV A (20—50 Sprechstellenanschlüsse)

bestehen (typischer Anwendungsfall: Die Hotelanlage).

Anders ist es in Großanlagen, d. s. solche, deren Höchstausbau über 20 Amtsleitungen oder über 200 Sprechstellen hinausgeht. Bei ihnen muß sowohl für den Schrankteil wie für den Wählerteil die Baustufe IV D verwendet werden, die jedoch verschieden ausgebaut sein dürfen, was z. B. stets dann in Betracht kommt, wenn die Sprechstellen aus Nebenstellen und Hausstellen bestehen. Der Schrankteil kann beispielsweise für 11 Amtsleitungen, 110 Nebenstellen, der Wählerteil für 300 Sprechstellenanschlüsse, nämlich für 110 Nebenstellen und 190 Hausstellen ausgebaut sein. Letztere können jederzeit, insgesamt oder teilweise (jedoch nur in vollen Dekaden), in Nebenstellen umgewandelt werden, was selbstverständlich eine entsprechende Erweiterung des Schrankteils bedingt, die im Rahmen der Baustufe IV D immer möglich ist. Diese uneingeschränkte Umwandlungsmöglichkeit der Hausstellen besteht nur bei Anlagen der Baustufe IV D; bei allen übrigen Anlagen ist sie begrenzt durch das jeweilige Höchstfassungsvermögen des Schrankteils.

2. Innenverbindungen vollselbsttätig. Bei einem Teil der Nebenstellen kann von der Anschaltung an die Wählereinrichtung abgesehen werden; diese Nebenstellen bleiben bei der Berechnung der Verbindungssätze nach Punkt 1 unberücksichtigt.

Nichts zu bemerken.

3. Herstellung der Amtsverbindungen in beiden Richtungen und Rückstellung der Verbindungsorgane von Hand. Für jede Amtsleitung eine Verbindungsmöglichkeit. Amtsverbindungen in abgehender Richtung müssen ohne Abfragen möglich sein. Die Hauptstelle kann auch abfragen, wenn alle Amtsleitungen besetzt sind.

Amtsverbindungen in beiden Richtungen werden nach dem Ein-schnur- oder Zweischnursystem hergestellt. Für jede Amtsleitung muß ein Verbindungsorgan (Einschnurstöpsel oder Schnurpaar) vorhanden sein. Wichtig ist, daß die Bedienung gleich sieht, wenn eine rufende Nebenstelle zum Amt will, damit sie die Verbindung sofort — ohne vor-heriges Abfragen — herstellen kann. Hieraus ergibt sich eine große Schnelligkeit in der Abfertigung des abgehenden Amtsverkehrs, der sich — besonders bei Einschnurbetrieb — fast mit der gleichen Schnelligkeit vollzieht wie bei selbsttätiger Amtseinschaltung über Wähler und da-bei von der Bedienung nur ein Minimum an Vermittlungsarbeit erfor-dert. Dessenungeachtet muß die Bedienung stets imstande sein, nicht nur ankommende Amtsrufe, sondern auch Anrufe aus dem Haus zu beantworten, schon um bei Besetztsein sämtlicher Amtsleitungen dies weiteren amtverlangenden Nebenstellen mitteilen zu können. Dabei kann dann die Bedienung — beispielsweise von einer bevorzugten Neben-stelle — gleich den Auftrag entgegennehmen, die nächst freiwerdende Amtsleitung zur Verfügung zu stellen (Bedienung mit Vorrang: wich-tiger Vorzug der Handvermittlung). Eine zweckmäßige Ausführungs-form für die Lampensignalisierung im Bedienungsfeld des Vermittlungs-schrankes besteht darin, daß jeder Nebenstellenklinke eine Lampe zu-geordnet ist, die sowohl als Besetztlampe als auch als amtverlangende Anruflampe dient. Als Besetztlampe brennt sie ruhig, während sie als Anruflampe flackert und zwar selbsttätig, sowie die rufende Nebenstelle, die zum Amt will, ihre Erdtaste gedrückt hat. Die flackernde Lampe gibt ein besonders eindringliches Zeichen und trägt deshalb nicht un-wesentlich zur beschleunigten Verkehrsabwicklung bei.

4. Jederzeitige Zugänglichkeit der Hauptstelle für abgehende Amts-gespräche der Nebenstellen. (Nur bei Anlagen bis 100 Nebenstellen.) Wenn diese Forderung nicht erfüllt ist, wird ein Verbindungssatz über die Regelausstattung hinaus ohne Gebührenberechnung geliefert.

Hier werden wieder grundsätzlich verschiedene Systeme in einer Regelausstattung zusammengefaßt. Die Nebenstelle, die zum Amt will, kann dies der Vermittlung entweder unmittelbar durch Drücken einer Erdtaste oder mittelbar durch Nummernwahl, also über die W-Zentrale mitteilen. Hierzu muß aber ein Verbindungssatz frei sein und deshalb, d. h. zur Erhöhung der Sicherheit wird ein über die Regelaus-stattung hinausgehender weiterer Verbindungssatz vorgeschrieben, der nicht berechnet werden darf. Er kann als sog. Hilfsverbindungssatz geschaltet sein, d. h. seine Aufgabe besteht dann ausschließlich darin, die Nebenstelle mit der Vermittlung zu verbinden, wenn alle normalen Verbindungssätze besetzt sind.

Demgegenüber ist der Anruf zur Vermittlung durch Erdtastendruck vollkommen unabhängig von Verbindungssätzen. Außerdem dient die

Erdtaste gleichzeitig als Rückfragetaste, d. h. sie schaltet, wenn sie während eines Amtsgesprächs gedrückt wird, die Nebenstelle von Amt auf Hauszentrale um, und bei erneutem Drücken zurück auf Amt und erfüllt hiermit den Punkt 10 der Regelausstattung.

5. *Durchwahlmöglichkeit von den Nebenstellen zum Amt nach Verbindung bei der Hauptstelle.*

Die Nebenstelle, die von der Vermittlung zum Amt durchverbunden wurde — was sie am Ertönen des Amtszeichens im Hörer erkennt —, soll sich dann die weitere Verbindung selbst wählen. Das hindert natürlich nicht, daß sich bevorzugte Nebenstellen ihre Amtsverbindungen bis zum gewünschten Teilnehmer von der Vermittlung herstellen lassen können.

6. *Verbindungsmöglichkeit mit dem Amt, wenn die Anlage gestört ist (bei privaten Anlagen wird die Bedingung durch den Postprüfapparat erfüllt).*

Nichts zu bemerken.

7. *Bei ankommenden Amtsverbindungen Ruf zu den Nebenstellen über die Verbindungswege für Amtsgespräche nur von Hand durch die Hauptstelle oder nur selbsttätig. Der selbsttätige Ruf muß mit dem für Innenverbindungen übereinstimmen.*

Siehe X, A, Punkt 7, S. 81.

Da derartige Anlagen trotz der nichtselbsttätigen Amtswahl als hochwertige und vollkommene Nebenstellenanlagen gelten, dürfte ein Handruf von der Vermittlung zu den Nebenstellen bei der Weitergabe ankommender Amtsverbindungen kaum in Betracht kommen, sondern nur selbsttätiger Ruf.

8. *Möglichkeit der Ankündigung eines Amtsanrufs durch die Hauptstelle ohne Mithörmöglichkeit des anrufenden Teilnehmers; bei besetzter Nebenstelle Aufschaltung mit hörbarem Zeichen.*

Siehe X, A, Punkt 8, S. 82.

Ergänzend ist zu bemerken: Ist die gewünschte Nebenstelle amtsbesetzt — was die Vermittlung ja ohne weiteres am Stecken eines Amtsstöpsels in der betreffenden Nebenstellenklinke sieht —, dann kann die Bedienung diese Verbindung nach vorheriger Benachrichtigung des Außenteilnehmers vorübergehend trennen, um die Nebenstelle von dem neuen Anruf zu verständigen. Der Nebenstelleninhaber hat dann zu entscheiden, ob er den Zweitanrufer warten lassen will, um erst das Erstgespräch zu beenden oder umgekehrt. Letzteres wird z. B. stets der Fall sein, wenn der Zweitanruf ein Ferngespräch ist. Man erkennt die Vollkommenheit der Vermittlungseinrichtung: die Bedienung kann mit 3 Gesprächspartnern verhandeln und den Verkehrsablauf nach Wunsch regeln.

9. Halten von Amtsverbindungen durch die Hauptstelle zum Abfragen in einer anderen Amtsleitung. Wartestellung für ankommende Amtsverbindungen mit selbsttätiger Durchschaltung, wenn Nebenstelle frei wird (selbsttätige Durchschaltung oder Wartestellung kann fehlen).

Die Vermittlung muß in der Lage sein, eine ankommende Amtsverbindung in Wartestellung zu bringen, z. B. um gleichzeitig eingehende weitere Amtsrufe erst abzufertigen oder weil die gewünschte Nebenstelle besetzt ist. Ist sie hausbesetzt, was die Bedienung ohne weiteres an der Besetztlampe erkennt, dann braucht bei vollkommenen Systemen der angekommene Amtsanruf nicht erst auf eine Warteklinke gestöpselt zu werden, sondern der Amtsstöpsel der betreffenden Amtsleitung wird sofort in die Klinke der Nebenstelle gesteckt. Sobald diese dann ihr Hausgespräch beendet hat, schaltet sich die Amtsverbindung selbsttätig zur Nebenstelle durch.

10. Rückfragemöglichkeit bei Amtsgesprächen für die Nebenstellen nach der Abfragestelle und den anderen Nebenstellen.

Siehe Erläuterung zu Punkt 4, letzter Satz.

11. Während der Tagesschaltung Nichtauslösen von Amtsverbindungen, wenn bei der Nebenstelle in der Rückfragestellung der Hörer aufgelegt wird, sondern erneuter Anruf bei der Hauptstelle (kann fehlen, wenn Punkt 12 erfüllt ist).

Siehe X, A, Punkt 13, S. 83.

12. Eintretezeichen für die Hauptstelle bei Amtsverbindungen (kann fehlen, wenn Punkt 11 erfüllt ist).

Siehe X, A, Punkt 16, S. 84.

13. Möglichkeit des Anrufs der Hauptstelle über eine Meldeleitung je Arbeitsplatz.

Siehe X, A, Punkt 11, S. 82.

14. Selbsttätige Freigabe einer Nebenstelle nach beendetem Amtsgespräch; neue Anrufe vom Amt oder von der Nebenstelle zur Führung eines Amtsgesprächs gelangen nur bis zur Hauptstelle, auch wenn bei ihr noch nicht getrennt ist (kann fehlen).

Siehe X, A, Punkt 14, S. 83.

15. Für jede Amtsleitung Einzelnachtschaltung zu einer Nebenstelle; die Nebenstellen bleiben für andere Nebenstellen erreichbar.

Nach Dienstschluß in der Vermittlung kann jede Amtsleitung mit einer Nebenstelle dauerverbunden werden, ohne daß der Hausverkehr dieser Nebenstelle beeinträchtigt wird. Alle auf der nachtgeschalteten Amtsleitung eingehenden Anrufe gelangen unmittelbar zur Nebenstelle. Spricht diese gerade im Haus, dann erhält sie ein Aufmerksamkeitszeichen im Hörer, damit sie das Hausgespräch zugunsten des Amtsanrufes abbrechen kann.

16. *Zahl der Arbeitsplätze für die Baustufe IV D: Je 1 Platz für 10 bis 15 Amtsleitungen.*

Mit mehr als 15 Amtsleitungen darf der einplätzige Vermittlungsschrank nicht belegt werden. Sind mehr Amtsleitungen vorhanden, dann ist ein zweiter Arbeitsplatz im Rahmen der Regelausstattung zu liefern.

Ist der Amtsverkehr so stark, daß einer Vermittlungsperson die Bedienung von mehr als 10 Amtsleitungen nicht zugemutet werden kann, dann kann entweder eine zweite Abfragemöglichkeit (nach B, Punkt 8) geschaffen werden, die in den Zeiten des Hochbetriebs von einer Aushilfe besetzt wird, oder es wird ein weiterer Arbeitsplatz eingerichtet, der einen Teil der Amtsleitungen des ersten Platzes erhält. Die zweite Abfragemöglichkeit wird im allgemeinen bei einem einplätzigen Schrank genügen. Besteht die Vermittlung dagegen bereits z. B. aus 3 Arbeitsplätzen, deren insgesamt etwa 36 Amtsleitungen von 3 Telephonistinnen nicht bewältigt werden können, dann empfiehlt sich die Einrichtung eines vierten Platzes, der mit 9 Amtsleitungen unter entsprechender Entlastung der 3 anderen Plätze belegt wird. Bei einer Neuplanung würde man selbstverständlich zweckmäßig von vornherein in gleicher Weise verfahren.

Hinsichtlich der Kosten vgl. vierten Abschnitt XII, S. 184, a—d.

17. *Verteiler mit Lötösenstreifen und Trennstreifen für alle Amtsleitungen und Nebenanschlüsse. Die Trennstreifen können im Aufbau mit den Lötösenstreifen vereinigt sein (gilt nicht für Anlagen der Baustufen IV A).*

Siehe XI, A, 17, S. 113.

18. *Innerhalb der Regelausstattung wird geliefert:*

    a) in Wechselstromnetzen:
        die volle Stromversorgungseinrichtung, bestehend aus einer Batterie und Ladegerät für selbsttätige Pufferung oder aus einem Netzanschlußgerät,

    b) in Gleichstromnetzen mit geerdetem Pluspol:
        die volle Stromversorgungseinrichtung, bestehend aus einer Batterie und Ladegerät für selbsttätige Pufferung,

    c) in Gleichstromnetzen ohne geerdeten Pluspol und immer bei Lade- und Entladebetrieb:
        Aufwendungen bis zum Betrag wie unter b.

Bei a und b (Pufferbetrieb): Mindestleistung der Batterie
    75 Wh für jede Amtsleitung,
    60 Wh für je 5 Nebenstellen.

Bei c: Bei Lade- und Entladebetrieb muß jede der beiden Batterien die doppelte Leistung haben.

Lade- oder Betriebsstrom aus dem Starkstromnetz zu Lasten des Teilnehmers.

Bei Puffergeräten mit mehr als 3 A Ladestrom Anzeige des Ausbleibens des Netzstroms durch einen ausschaltbaren Wecker oder eine Lampe.

Siehe X, A, Punkt 20, S. 85.

19. *Anzeige des Ansprechens von Sicherungen durch einen ausschaltbaren Wecker oder eine Lampe.*

Nichts zu bemerken.

20. *Zusätze für die Anpassung an die Amtsschaltungen.*

Siehe X, A, Punkt 21, S. 87.

21. *Anschlußmöglichkeit für vorgeschaltete Reihenapparate.*

Siehe III, B, Punkt 11, S. 44.

B. Ergänzungsausstattung

1. *Aufschaltemöglichkeit für einzelne Nebenstellen oder für die Meldeleitung (auch mit hörbarem Zeichen)*

> *a) bei Verwendung der vorhandenen Verbindungssätze,*
> *b) bei Verwendung von zusätzlichen Einrichtungen für die Aufschaltung.*

Siehe X, B, Punkt 1, S. 88.

2. *Einmalige selbsttätige Rufweiterschaltung eines eingehenden Rufs in einer Nebenanschlußleitung.*

Siehe X, B, Punkt 3, Absatz b, S. 88.

3. *Einrichtung zur Anschaltung von Nebenanschlüssen oder Querverbindungen als Sammelanschlüsse.*

Siehe X, B, Punkt 4, S. 89.

4. *Einrichtung zur Führung von Kettengesprächen.*

Siehe Fachausdrücke: Kettengespräche.

5. *Zweite und weitere Meldeleitungen.*

Siehe X, B, Punkt 7, S. 89.

6. *Zweite Verbindungsstöpsel mit Umschalter für je 1 Amtsleitung an Vermittlungsschränken mit Einschnurbetrieb.*

Siehe X, B, Punkt 22, S. 93.

7. *Weitere Schnurpaare für Amtsverbindungen oder für Amts- und Innenverbindungen in einer über die Regelausstattung hinausgehenden Zahl.*

Kommt nur bei Schnurpaarsystem in Betracht.

8. *Zweite Abfragemöglichkeit bei der Hauptstelle (ohne Vermehrung der Verbindungsmittel).*

Siehe III, B, Punkt 2, S. 42.

9. *Technische Maßnahmen für Nebenanschlußleitungen mit mehr als 2 × 200 Ohm, soweit erforderlich:*

    a) Stromstoßübertragungen für Gleichstrom bis zu 2 × 450 Ohm,
    b) Stromstoßübertragungen für Gleichstrom über 2 × 450 Ohm,
    c) Stromstoßübertragungen für Wechselstrom- oder Induktivwahl,
    d) andere technische Maßnahmen.

Siehe X, B, Punkt 10, S. 90.

10. *Anschluß von 2 außenliegenden Nebenstellen an eine gemeinsame Nebenanschlußleitung (Zweieranschlüsse).*

Siehe Fachausdrücke: Zweieranschluß.

11. *Verbindungsmöglichkeit zwischen Nebenstellen durch die Hauptstelle mit besonderen Schnurpaaren, Stöpseln oder Schaltern. Wenn Nebenstellen ohne Anschluß an die Wählereinrichtung vorhanden sind (Punkt 2), muß mindestens 1 Verbindungsorgan dieser Art eingebaut sein.*

Siehe X, B, Punkt 24, S. 93.

12. *Zweite Abfragestelle mit gleichem oder geringerem Ausbau als bei der ersten, jedoch mit denselben Betriebsmöglichkeiten (keine Zuteilung über Wähler).*

Siehe X, B, Punkt 11, S. 90.

13. *Ersatz für den Ruf- und Signalstromerzeuger mit Handumschaltung oder mit selbsttätiger Umschaltung.*

Siehe X, B, Punkt 16, S. 92.

14. *Prüfschrank mit Prüfstöpsel.*

Siehe XI, A, Punkt 17, S. 113.

15. *Selbsttätige (elektrische) Trennung der Amtsverbindungen an Druckknopfschränken (nur in privaten Nebenstellenanlagen).*

Da hier nur Glühlampenschränke mit Schnurstöpsel behandelt werden, erübrigt sich eine Erläuterung zu diesem Punkt.

16. *Sicherungsstreifen statt Trennstreifen für den Verteiler. Die Sicherungsstreifen können im Aufbau mit den Lötösenstreifen vereinigt sein.*

Siehe XI, B, Punkt 20, S. 118.

17. *Weitere Lötösenstreifen, Trennstreifen oder Sicherungsstreifen für den Verteiler, die für Vorratsleitungen bestimmt sind.*

Nichts zu bemerken.

18. Nachtabfragestelle für ankommende Amtsrufe (ohne Vermittlung).
Siehe XI, B, Punkt 9, S. 115.

19. Weitere Gruppenwähler oder weitere Leitungswähler mit Relaissatz.
Siehe XI, B, Punkt 19, erster Satz, S. 117.

20. Allgemein verwendbare Ergänzungsausstattung (siehe XV).
Siehe vierten Abschnitt XV.

In Anlagen mit mehr als 10 Amtsleitungen oder mit mehr als 100 Nebenstellen:

21. a) Vielfachschaltung der Amtsleitungen,
b) Vielfachschaltung der Nebenanschlußleitungen.
Siehe Fachausdrücke: Vielfachschaltung.

22. Besetztlampen für die Nebenstellen.
Siehe Fachausdrücke: Vielfachschaltung.

23. a) Auskunfts- und Hinweisleitungen,
b) Vielfachschaltung der Melde-, Auskunfts- und Hinweis-
leitungen.
Siehe XI, B, Punkt 18, S. 117, für Meldeleitungen X, B, Punkt 7, S. 89.

XIII. und XIV. W-Unteranlagen (nur in Verbindung mit Wähler-Hauptanlagen zulässig)

W-Unteranlagen sind keine selbständigen Nebenstellenanlagen, sondern sie müssen stets durch eine oder mehrere Verbindungsleitungen (Nebenanschlußleitungen) mit einer Hauptanlage verbunden sein. Der Amtsverkehr ihrer Nebenstellen in ankommender und abgehender Richtung wickelt sich über die Amtsleitungen der Hauptanlage ab. W-Unteranlagen gehören also zur Gruppe der Zweitnebenstellenanlagen[1]), nehmen aber insofern eine Sonderstellung ein, als der gesamte von der Hauptanlage kommende Verkehr einschließlich des Amtsverkehrs bei der Unteranlage keiner Vermittlungsperson bedarf, sondern unmittelbar bis zur jeweils gewünschten Nebenstelle durchläuft (»bedienungslose Unterzentrale«).

Den Nebenstellen der W-Unteranlage steht für ihren Amtsverkehr und für den Verkehr mit den Sprechstellen der Hauptanlage eine Leitung (bei größeren Anlagen auch mehrere Leitungen), die sog. amtsberechtigte Nebenanschlußleitung zur Verfügung. Daneben können nach Bedarf auch weitere Verbindungsleitungen zur Hauptanlage eingerichtet werden, die nur dem Untereinanderverkehr dienen, über die also keine Amtsgespräche geführt werden können.

---

[1]) S. Fachausdrücke: Zweitnebenstellenanlagen.

Die Bedeutung der W-Unteranlagen wie überhaupt der Zweitnebenstellenanlagen liegt auf wirtschaftlichem Gebiet. Gewöhnlich muß der
Fernsprechverkehr eines Nebenwerkes mit demjenigen des Hauptwerkes
aus verwaltungstechnischen Gründen verschmolzen werden, eine Forderung, deren Erfüllung desto kostspieliger wird, je größer die Entfer-
nung zwischen Haupt- und Nebenwerk ist.

Am vollkommensten ist die Forderung dann erfüllt, wenn sämtliche
Sprechstellen des Nebenwerkes mit je einer eigenen Anschlußleitung an die
Vermittlung des Hauptwerkes angeschlossen werden, denn dann bilden
Haupt- und Nebenwerk eine geschlossene einheitliche Fernsprechanlage.

Ist nun aber das Hauptwerk kilometerweit entfernt, dann würden
hierdurch außerordentlich hohe Kosten entstehen, die durch Verwendung
einer Zweitnebenstellenanlage, z. B. einer W-Unteranlage, erheblich vermindert werden können. Die Sprechstellen des Nebenwerkes werden
dann an die örtliche W-Unteranlage angeschlossen, wozu nur kurze
Leitungen erforderlich sind, und benutzen für ihren Verkehr mit dem
Hauptwerk eine oder mehrere gemeinsame Leitungen, während ihr
Untereinanderverkehr über das örtliche Leitungsnetz von verhältnismäßig kleiner Ausdehnung erfolgt.

Der Planer, der für 2 räumlich getrennte Betriebe eines Unternehmens Fernsprechnebenstellenanlagen einzurichten hat, muß sich
zunächst über die Verkehrsbedürfnisse unter folgenden Gesichtspunkten
Klarheit verschaffen.

Soll jeder der beiden Betriebe eigene Amtsleitungen erhalten oder soll der eine die Amtsleitungen des anderen mitbenutzen (z. B. weil beide Betriebe unter gleichen Amtsrufnummern
erreichbar sein sollen)?

In ersterem Falle erhält jeder Betrieb eine selbständige Nebenstellenanlage mit eigenen Amtsleitungen; die Anlagen werden zweckmäßig durch eine oder mehrere »Querverbindungen«[1] miteinander verbunden. Soll aber der eine Betrieb keine eigenen Amtsleitungen erhalten,
sondern diejenigen des andern mitbenutzen, dann kommt eine Zweitnebenstellenanlage in Frage, für die es 4 verschiedene Ausführungsarten gibt, deren eine die W-Unteranlage ist.

XIII. W-Unteranlagen mit 1 amtsberechtigten Nebenanschluß-
leitung zur Hauptanlage und 2—9 Nebenstellen
(kleine W-Unteranlagen)

Die kleine W-Unteranlage ähnelt in ihrer Technik und in ihrem
Aufbau der kleinen W-Nebenstellenanlage nach IX. Sie besitzt, wie jene,
trotz ihres geringen Umfangs alle Vollkommenheitsmerkmale der neu-

---

[1] S. Fachausdrücke: Querverbindung.

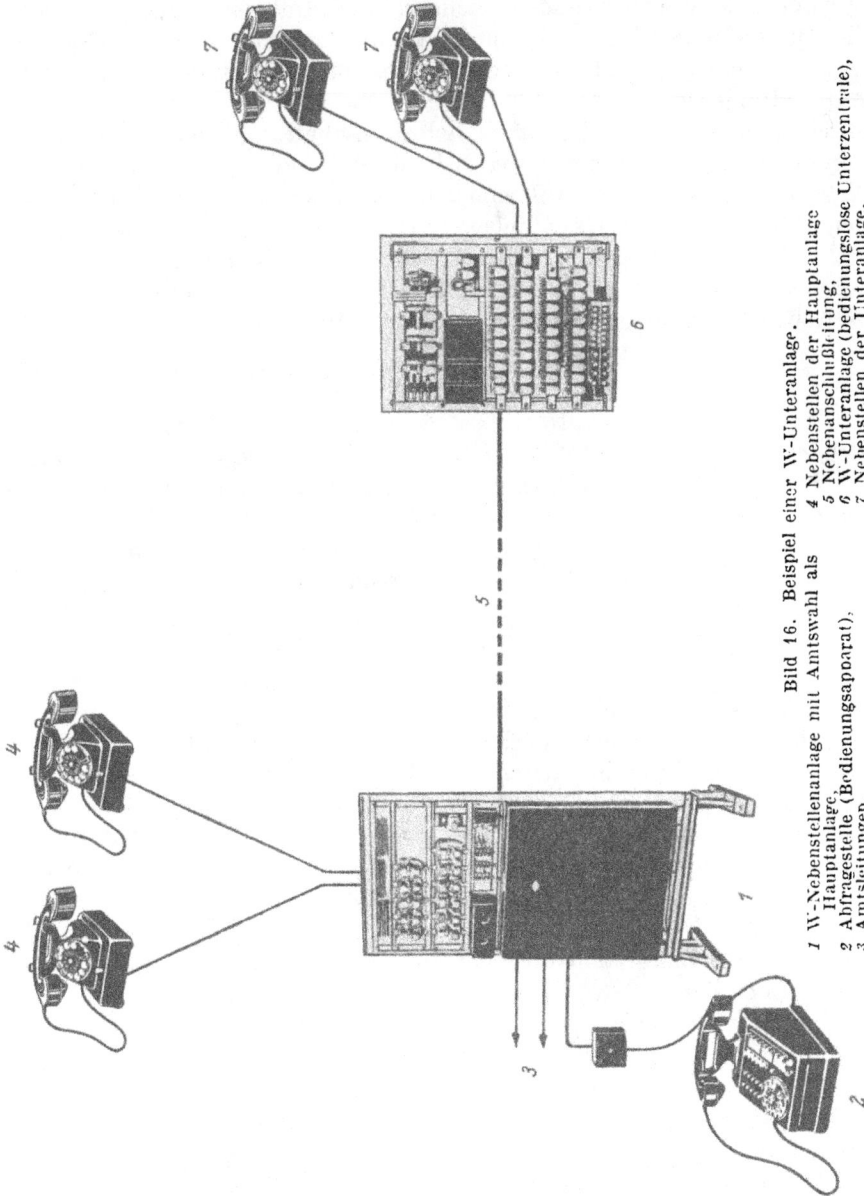

Bild 16. Beispiel einer W-Unteranlage.

1 W-Nebenstellenanlage mit Amtswahl als
  Hauptanlage,
2 Abfragestelle (Bedienungsapparat),
3 Amtsleitungen,
4 Nebenstellen der Hauptanlage
5 Nebenanschlußleitung,
6 W-Unteranlage (bedienungslose Unterzentrale),
7 Nebenstellen der Unteranlage.

9*

zeitlichen Wählertechnik. Die Nebenstellen sind mit einer zweidrähtigen Anschlußleitung an die Untervermittlung angeschlossen und können unbeschränkt untereinander verkehren. Für Amtsverbindungen werden die Amtsleitungen der W-Hauptanlage mitbenutzt, da die W-Unteranlage keine eigenen Amtsleitungen besitzt. Die Nebenstellen erreichen die Amtsleitungen der W-Hauptanlage über die amtsberechtigte Nebenanschlußleitung entweder durch Selbsteinschaltung oder durch Handvermittlung, je nachdem, ob es sich um voll- oder halbamtsberechtigte Nebenstellen handelt. Ankommende Amtsverbindungen werden von der Abfragestelle der Hauptanlage unmittelbar zur gewünschten Nebenstelle der W-Unteranlage weitergegeben. Es ist daher ein charakteristisches Merkmal der W-Unteranlage, daß sie im Gegensatz zu einer W-Nebenstellenanlage keine Abfragestelle besitzt.

A. Regelausstattung

1. Es wird die Baustufe I C 1 der kleinen W-Anlage nach IX der Regelausstattung verwendet, wobei an die Stelle der Amtsleitung die Nebenanschlußleitung zur Hauptanlage tritt; die Anlage kann aber um einen zweiten Innenverbindungssatz erweitert werden. Gleichzeitig können geführt werden: 1 Innengespräch (bei 2 Innenverbindungssätzen 2 Innengespräche), 1 Gespräch über die amtsberechtigte Leitung zur Hauptanlage und 1 Rückfragegespräch in der Unteranlage.

Da die Verwendungsmöglichkeiten für kleine W-Unteranlagen nur gering sind, gibt es im Gegensatz zur kleinen W-Nebenstellenanlage nur eine Baustufe mit einer Leitung zur Hauptanlage, 9 Nebenstellenanschlüssen und einem Innenverbindungssatz. Im allgemeinen wird dieser für den Untereinanderverkehr der 9 Nebenstellen ausreichen. Im Bedarfsfalle ist Einbau eines zweiten Innenverbindungssatzes, auch nachträglich, möglich. Auch eine zweite Leitung zur Hauptzentrale kann sofort oder nachträglich angeschlossen werden, die aber nicht für Amtsgespräche benutzbar ist (siehe B, Punkt 2).

Dagegen ist eine Erweiterung über 9 Nebenstellen hinaus nicht möglich. Bei später eintretendem größerem Bedarf muß die Vermittlung gegen die größere Type (nach XIV) ausgewechselt werden. Zur Vermeidung der hiermit stets verknüpften erheblichen Kosten und g. F. Verlängerung der vertraglichen Bindungen empfiehlt es sich, sorgfältig zu prüfen, ob es nicht vorteilhafter ist, von vornherein die größere Type zu verwenden.

2. Innenverbindungen und Verbindungen über die amtsberechtigte Leitung zur Hauptanlage vollselbsttätig.

Da die W-Unteranlage keine Abfragestelle besitzt, besteht keine Möglichkeit, irgendwelche Verbindungen von Hand herstellen zu lassen. Es ist daher Grundbedingung, daß sämtliche Verbindungen vollselbsttätig, d. h. ohne Inanspruchnahme einer örtlichen Handvermittlung zu erfolgen haben.

3. *Die Nebenstellen der Unteranlage können*

    vollamtsberechtigt,

    halbamtsberechtigt und

    nichtamtsberechtigt

sein. Auch die nichtamtsberechtigten Nebenstellen dürfen alle oder zum Teil über die amtsberechtigte Leitung mit den Nebenstellen der Hauptanlage verbunden werden. Nachtverbindungen mit dem Amt nur für vollamtsberechtigte Nebenstellen.

Vollamtsberechtigte Nebenstellen schalten sich, nachdem sie über die amtsberechtigte Nebenanschlußleitung (z. B. durch Drücken der Erdtaste) bis zur Hauptvermittlung gelangt sind, durch eine nochmalige Schaltmaßnahme (z. B. durch Wahl einer Kennziffer) selbständig auf eine freie Amtsleitung ein. Halbamtsberechtigte Nebenstellen werden dagegen in der Hauptvermittlung von Hand mit Amt verbunden. Nichtamtsberechtigte Nebenstellen (Hausstellen) sind vom Amtsverkehr ausgeschlossen, können aber (wie die übrigen Nebenstellen selbstverständlich auch) die Nebenanschlußleitung benutzen, um Sprechstellen der Hauptanlage anzurufen (also für Hausgespräche).

Wenn hierdurch eine Überlastung der Nebenanschlußleitung verursacht wird und man die Kosten einer zweiten Leitung nach B, Punkt 2 vermeiden will, dann können alle oder ein Teil der Hausstellen vom Verkehr mit der Hauptanlage ausgeschlossen werden. Diese Stellen können dann nur innerhalb der W-Unteranlage sprechen.

4. *Jederzeitige Zugänglichkeit zur freien amtsberechtigten Leitung zur Hauptanlage für abgehende Amtsverbindungen; sie darf auch für die übrigen abgehenden Gesprächsverbindungen zur Hauptanlage vorhanden sein.*

Die Selbsteinschaltung der Nebenstellen auf Amt über die Nebenanschlußleitung muß stets gesichert, d. h. unabhängig vom Frei- oder Besetztzustand des Innenverbindungssatzes sein. Bei Vorhandensein einer zweiten Leitung (nach B, Punkt 2) gilt für diese die Forderung der unbedingten Zugänglichkeit nicht; dagegen bleibt die amtsberechtigte Nebenanschlußleitung naturgemäß auch dann unbedingt zugänglich, wenn sie für ein Hausgespräch benutzt werden soll.

5. *Sichtbare Zeichengabe über den Verbindungszustand, wenn ankommende Amtsverbindungen von der Abfragestelle der Hauptanlage in Durchwahl zu den Nebenstellen der Unteranlage weiter vermittelt werden.*

Da die Abfragestelle der Hauptanlage ankommende Amtsverbindungen unmittelbar an die gewünschte Nebenstelle der Unteranlage weitergibt, muß sie an sichtbaren Zeichen, z. B. an Besetzt- und Überwachungslampen erkennen können, ob die jeweils gewünschte Nebenstelle frei oder besetzt ist. Auch soll an den Überwachungslampen erkennbar sein, daß die Nebenstelle ein ihr zugewiesenes Amtsgespräch tatsächlich übernommen hat.

6. Möglichkeit der Ankündigung eines Amtsanrufs durch die Abfragestelle der Hauptanlage ohne Mithörmöglichkeit des anrufenden Teilnehmers. Bei besetzter Nebenstelle Aufschaltung mit hörbarem Zeichen.

Siehe IX, A, Punkt 9, S. 72.

7. Wartestellung für ankommende Amtsverbindungen mit selbsttätiger Durchschaltung, wenn Nebenstelle frei wird.

Ein ankommender Amtsanruf, der nicht gleich an die gewünschte Nebenstelle weiterverbunden werden kann, weil diese bereits anderweitig spricht, muß von der Abfragestelle der Hauptanlage in eine Wartestellung gebracht werden können. Sobald die Nebenstelle frei geworden ist, schaltet sich die wartende Amtsverbindung selbsttätig zur Nebenstelle durch. Die Nebenstelle erkennt die erfolgte Durchschaltung am Ertönen ihres Weckers, das sofort einsetzt, nachdem sie ihren Hörer aufgelegt hat.

8. Rückfragemöglichkeit bei Amtsgesprächen für die Nebenstellen nach den anderen Nebenstellen der Unteranlage und auf Wunsch des Teilnehmers über eine nichtamtsberechtigte Leitung · zur Hauptanlage nach der Abfragestelle und den Nebenstellen der Hauptanlage. Die gleiche Rückfragemöglichkeit darf den Nebenstellen (auch den nichtamtsberechtigten) bei anderen Gesprächen gegeben werden, die über die amtsberechtigte Leitung geführt werden.

Rückfrage während einer Amtsverbindung (oder während eines anderen Gesprächs, das über die amtsberechtigte Nebenanschlußleitung zur Hauptanlage geführt wird) ist grundsätzlich nur innerhalb der W-Unteranlage möglich. Nur bei Vorhandensein einer zweiten Leitung zur Hauptanlage (nach B, Punkt 2) darf diese zur Rückfrage auch bei Teilnehmern der Hauptanlage benutzt werden, wobei bis zum gewünschten Rückfrageteilnehmer unmittelbar durchgewählt wird.

9. Selbsttätiges Umlegen einer Amtsverbindung von Nebenstelle zu Nebenstelle nur zwischen Nebenstellen der Unteranlage, nicht aber von Nebenstellen der Hauptanlage zu Nebenstellen der Unteranlage und umgekehrt. Die Möglichkeit des selbsttätigen Umlegens zu amtsberechtigten Nebenstellen darf auch für andere Gespräche bestehen, die auf der amtsberechtigten Leitung zur Hauptanlage geführt werden.

Die unmittelbare Gesprächsumlegemöglichkeit von Nebenstelle zu Nebenstelle besteht nur innerhalb der W-Unteranlage und nur für solche Gespräche, die über die amtsberechtigte Nebenanschlußleitung laufen. Das sind demnach Amtsgespräche, es können aber auch Hausgespräche sein.

10. *Eintretezeichen für die Abfragestelle der Hauptanlage bei Amts-*
verbindungen oder Nichtauslösen von Amtsverbindungen in der Tages-
schaltung und erneuter Anruf bei der Hauptstelle, wenn bei der Nebenstelle
der Unteranlage während der Rückfragestellung der Hörer aufgelegt wird.

Die Nebenstellen der Unteranlage sollen bei Amtsgesprächen die
Möglichkeit haben, die Abfragestelle der Hauptanlage zur Übernahme
der Amtsverbindung zu veranlassen, z. B. um das Gespräch einer anderen Nebenstelle zuzuschalten. Die Aufforderung zur Übernahme kann
auf zweierlei Weise geschehen, nämlich entweder unmittelbar durch ein
Eintretezeichen, durch das die Abfragestelle veranlaßt wird unter Abschaltung des fremden Teilnehmers in die Verbindung einzutreten, oder
durch Auflegen des Hörers nach vorherigem Drücken der Erdtaste,
d. h. nach Übergang in die Rückfragestellung. Hierdurch muß sich die
Anruflampe der betreffenden Amtsleitung in der Hauptvermittlung einschalten, so daß die Bedienung in die Leitung eintritt, wodurch sie ohne
weiteres mit dem fremden Teilnehmer verbunden ist, um dessen weitere
Wünsche entgegenzunehmen. Der Unterschied zwischen den beiden Arten
des Eintretezeichens liegt also darin, daß bei der einen die eintretende
Vermittlung mit dem Innenteilnehmer verbunden und der Außenteilnehmer abgeschaltet ist, während es bei der anderen Art umgekehrt ist,
d. h. die Vermittlung spricht mit dem Außenteilnehmer, während der
Innenteilnehmer ausgeschaltet ist. Bei der einen Art bestimmt also der
Innenteilnehmer, bei der anderen der Außenteilnehmer, was mit der
Verbindung weiter geschehen soll.

11. *Für die amtsberechtigte Leitung Einzelnachtschaltung zu einer*
Nebenstelle (ohne Aufschaltemöglichkeit nach Punkt 6). Die Nebenstelle
bleibt für andere Nebenstellen der Unteranlage erreichbar.

Die Einzelnachtschaltung einer Nebenstelle in einer W-Unteranlage
ist abhängig von einer Einzelnachtschaltung in der Hauptvermittlung;
dort muß nämlich zunächst die zur W-Unteranlage führende amtsberechtigte Nebenanschlußleitung »nachtgeschaltet«, d. h. mit einer
Amtsleitung dauerverbunden werden. Die Einzelnachtschaltung der
Unteranlagen-Nebenstelle besteht dann in einer Einrichtung (z. B. einem
selbsttätigen Stromstoßgeber in der Hauptvermittlung), durch die alle
auf der nachtgeschalteten Amtsleitung eingehenden Anrufe unmittelbar
zur Nebenstelle in der Unteranlage gelangen. Dabei soll die nachtgeschaltete Nebenstelle, deren übriger Verkehr in keiner Weise gehin-
dert wird, auch von allen anderen Sprechstellen aus erreichbar bleiben.
Auch kann sie ankommende Amtsverbindungen an andere Nebenstellen
der Unteranlage weitergeben; nur eine Aufschaltmöglichkeit (wenn die
gewünschte Nebenstelle besetzt ist) besteht nicht.

12. *Stromversorgung wie bei Hauptanlagen gleicher Größe. Lade-*
oder Betriebsstrom aus dem Starkstromnetz zu Lasten des Teilnehmers.

Die Mindestleistung der Stromversorgungsanlage muß die gleiche sein wie bei der kleinen W-Anlage, nämlich 120 Wh. Weitere Erläuterungen zur Frage der Stromversorgung siehe X, A, Punkt 20, S. 85.

13. *Anschluß auch an Hauptanlagen möglich mit anderer Batteriespannung als die der Unteranlage.*

Die W-Unteranlage arbeitet üblicherweise mit einer Betriebsspannung von 24 V. Hiermit muß sie an Hauptanlagen gleicher oder anderer Betriebsspannung (z. B. von 36 oder 60 V) ohne weiteres anschließbar sein.

B. Ergänzungsausstattung

1. *Einmalige selbsttätige Weiterschaltung eines bei einer Nebenstelle der Unteranlage eingehenden Rufs zu einer anderen Nebenstelle der Unteranlage.*

Siehe X, B, Punkt 3, S. 88.

Es kommt nur die unter b) genannte Rufumschaltung in Frage.

2. *Ergänzungseinrichtung für eine besondere nichtamtsberechtigte Leitung zur Hauptanlage mit Durchwahl in beiden Richtungen. Durch die Leitung wird ein Anschlußorgan belegt. (Die Ergänzungseinrichtung stimmt mit der für Querverbindungen benutzten überein.)*

Reicht die amtsberechtigte Nebenanschlußleitung für den Amts- und Untereinanderverkehr zwischen Haupt- und Unteranlage nicht aus, dann kann eine zweite, aber nur nichtamtsberechtigte Leitung zur Hauptanlage angeschlossen werden, die aber einen Teilnehmeranschluß in der W-Unteranlage beansprucht. Zweckmäßig wird dann die eine Leitung ausschließlich für Amtsverkehr, die andere ausschließlich für den Verkehr zwischen Haupt- und Unteranlage bereitgestellt. Die letztere erfordert den gleichen technischen Aufwand wie eine Hausquerverbindung.

Siehe Fachausdrücke: Querverbindung.

3. *Übertragungen oder andere technische Maßnahmen für die amtsberechtigte Leitung zur Hauptanlage mit einem Widerstand von mehr als 2×200 Ohm, soweit erforderlich.*

Siehe Fachausdrücke: Stromstoßübertragung.

4. *Anzeigevorrichtung für das Ansprechen von Sicherungen durch einen ausschaltbaren Wecker oder eine Lampe.*

Nichts zu bemerken.

5. *Mithöreinrichtung bei Unterbringung der technischen Mittel in der Wählereinrichtung für eine Nebenstelle.*

Siehe IX, B, Punkt 4, S. 74. Die Mithöreinrichtung ermöglicht das Mithören nicht nur von Amtsgesprächen, sondern aller Gespräche, die auf der amtsberechtigten Nebenanschlußleitung geführt werden, also auch der Hausgespräche zwischen Haupt- und Unteranlage.

6. *In Rückfragestellung Aufschaltung auf bestehende Verbindungen mit hörbarem Zeichen.*

Bevorzugten Nebenstellen kann die Möglichkeit gegeben werden, sich bei einer Rückfrageverbindung innerhalb der W-Unteranlage auf die gewünschte Nebenstelle aufzuschalten, wenn diese besetzt ist. Die Aufschaltung vollzieht sich, sobald die besetzte Nebenstelle gewählt ist, entweder selbsttätig, d. h. der Rufende gelangt unmittelbar in das bestehende Gespräch, oder erst nach Drücken einer Taste. Während der Aufschaltung ertönt das Aufmerksamkeitszeichen für die Sprechenden (siehe Fachausdrücke: Ticker). Die Aufschaltung wird aber nur bei Rückfrageverbindungen wirksam.

7. *Besetztanzeige für die amtsberechtigte Leitung zur Hauptanlage durch sichtbares Zeichen.*

Siehe IX, B, Punkt 4, S. 74.

8. *Allgemein verwendbare Ergänzungsausstattung (siehe XV).*

Siehe vierten Abschnitt XV.

XIV. W-Unteranlagen mit 2—10 amtsberechtigten Nebenanschlußleitungen zur Hauptanlage und 15—100 Nebenstellen
(mittlere W-Unteranlagen)

Mittlere W-Unteranlagen ähneln in ihrer Technik und in ihren Verkehrsmöglichkeiten den mittleren W-Nebenstellenanlagen nach X; ihr wesentlichstes Unterscheidungsmerkmal liegt im Fehlen des Bedienungsapparates.

Mit einem Höchstausbau von 10 amtsberechtigten Nebenanschlußleitungen und 100 Nebenstellen (Sprechstellen) entsprechend der Baustufe II G der mittleren W-Nebenstellenanlagen erreichen sie die Grenze für derartige Anlagen; denn größere W-Unteranlagen sind nicht zulässig.

Die Leitungen zur Hauptanlage können von zweierlei Art sein, nämlich

a) amtsberechtigte,
b) nichtamtsberechtigte Nebenanschlußleitungen.

Die ersteren entsprechen den Amtsleitungen bei mittleren W-Nebenstellenanlagen, auch ihre Höchstzahl ist zehn.

Die letzteren haben den Charakter von Hausquerverbindungen. Da sie praktisch nur in geringer Anzahl in Betracht kommen (etwa 1 oder 2), ist für sie eine Höchstzahl nicht besonders festgesetzt. Ihre von den amtsberechtigten Nebenanschlußleitungen abweichende schaltungstechnische Behandlung geht schon daraus hervor, daß für jede nichtamtsberechtigte Nebenanschlußleitung ein Teilnehmeranschlußorgan als solches verloren geht, weil es für die Nebenanschlußleitung beansprucht wird.

Die Bedeutung der nichtamtsberechtigten Nebenanschlußleitungen liegt darin, daß sie billiger sind als die amtsberechtigten. Außerdem kann durch sie die Anzahl der Verbindungswege zwischen Haupt- und Unteranlage über 10 hinaus beliebig erhöht werden, was auch in bezug auf die unbeschränkte Rückfragemöglichkeit von der Unteranlage zur Hauptanlage von Bedeutung ist.

A. Regelausstattung

1. Es werden die Baustufen II B, II D; II E und II G der mittleren W-Anlagen mit Amtswahl nach X der Regelausstattung verwendet, wobei an die Stelle der Amtsleitungen die Nebenanschlußleitungen zur Hauptanlage treten.

Mittlere W-Unteranlagen werden in folgenden vier Baustufen geliefert:

Baustufe	Mindestausbau			Endausbau		
	Anschlußorgane für		Innen-verbindungs-sätze	Anschlußorgane für		Innen-verbindungs-sätze
	amtsber. Leitung	Neben-stelle		amtsber. Leitung	Neben-stelle	
II B*u*	2	15	2	3	15	3
II D*u*	3	25	3	5	25	4
II E*u*	3	30	4	5	50	6
II G*u*	5	50	5	10	100	12

2. Innenverbindungen und Verbindungen über die amtsberechtigte Leitung zur Hauptanlage vollselbsttätig.

Siehe XIII, A, Punkt 2, S. 132.

3. Die Nebenstellen der Unteranlage können

vollamtsberechtigt,

halbamtsberechtigt und

nichtamtsberechtigt

sein. Auch die nichtamtsberechtigten Nebenstellen dürfen alle oder zum Teil über die amtsberechtigten Leitungen mit den Nebenstellen der Hauptanlage verbunden werden. Nachtverbindungen mit dem Amt nur für vollamtsberechtigte Nebenstellen.

Siehe XIII, A, Punkt 3, S. 133.

4. Jederzeitige Zugänglichkeit zu freien amtsberechtigten Leitungen zur Hauptanlage für abgehende Amtsverbindungen; sie darf auch für die übrigen abgehenden Gesprächsverbindungen zur Hauptanlage vorhanden sein.

Wenn die Forderung der jederzeitigen Zugänglichkeit zu freien amtsberechtigten Leitungen nicht erfüllt ist, wird ein Verbindungssatz über die Regelausstattung hinaus ohne Gebührenberechnung geliefert.

Siehe X, A, Punkt 4 S. 79 und XIII, A, Punkt 4, S. 133.

5. *Sichtbare Zeichengabe über den Verbindungszustand, wenn ankom-*
mende Amtsverbindungen von der Abfragestelle der Hauptanlage in Durch-
wahl zu den Nebenstellen der Unteranlage weiter vermittelt werden. Die
ankommenden Amtsverbindungen dürfen in der Unteranlage nicht über die
Innenverbindungssätze führen. Für die auf den amtsberechtigten Leitungen
ankommenden anderen Verbindungen nach Nebenstellen ist die Benutzung
der Innenverbindungssätze zugelassen.

Siehe XIII, A, Punkt 5, S. 133.

Zur Sicherung des ankommenden Amtsverkehrs sollen die Innenverbindungssätze der W-Unteranlage für die Zuweisung von Amtsverbindungen nicht benutzt, d. h. es soll vermieden werden, daß Amtsverbindungen infolge Besetztseins sämtlicher Innenverbindungssätze
nicht zur gewünschten Nebenstelle gelangen können. Für ankommende
Amtsverbindungen müssen deshalb e i g e n e Verbindungsorgane vorgesehen werden.

Dagegen darf der von der Hauptanlage einfließende H a u s -
v e r k e h r auch über I n n e n verbindungssätze vermittelt werden.

6. *Möglichkeit der Ankündigung eines Amtsanrufs durch die Abfrage-*
stelle der Hauptanlage ohne Mithörmöglichkeit des anrufenden Teilnehmers.
Bei besetzter Nebenstelle Aufschaltung mit hörbarem Zeichen.

Siehe X, A, Punkt 8, S. 82.

7. *Wartestellung für ankommende Amtsverbindungen mit selbsttätiger*
Durchschaltung, wenn Nebenstelle frei wird.

Siehe XIII, A, Punkt 7, S. 134.

8. *Rückfragemöglichkeit bei Amtsgesprächen für die Nebenstellen nach*
den anderen Nebenstellen der Unteranlage und auf Wunsch des Teilneh-
mers über eine andere Leitung zur Hauptanlage nach der Abfragestelle
und den Nebenstellen der Hauptanlage. Die gleiche Rückfragemöglichkeit
darf den Nebenstellen (auch den nichtamtsberechtigten) bei anderen Ge-
sprächen gegeben werden, die über die amtsberechtigten Leitungen geführt
werden.

Rückfrage während eines Amtsgesprächs ist innerhalb der W-Unteranlage immer möglich. Auf Wunsch des Teilnehmers kann aber auch
Rückfragemöglichkeit zu Teilnehmern der Hauptanlage unter Benutzung einer der anderen Nebenanschlußleitungen eingerichtet werden.
Damit ist Rückfrage bei jedem über eine amtsberechtigte Nebenanschlußleitung geführten Gespräch, also auch bei Hausgesprächen zwischen Haupt- und Unteranlage möglich.

9. *Selbsttätiges Umlegen einer Amtsverbindung von Nebenstelle zu*
Nebenstelle nur zwischen Nebenstellen der Unteranlage, nicht aber von
Nebenstellen der Hauptanlage zu Nebenstellen der Unteranlage und um-
gekehrt. Die Möglichkeit des selbsttätigen Umlegens zu amtsberechtigten

Nebenstellen darf auch für andere Gespräche bestehen, die auf den amts-
berechtigten Leitungen zur Hauptanlage geführt werden.

Siehe XIII, A, Punkt 9, S. 134.

10. *Eintretezeichen für die Abfragestelle der Hauptanlage bei Amts-*
verbindungen oder Nichtauslösen von Amtsverbindungen in der Tages-
schaltung und erneuter Anruf bei der Hauptstelle, wenn bei der Neben-
stelle während der Rückfragestellung in der Unteranlage der Hörer auf-
gelegt wird. Es können auch beide Leistungen erfüllt sein.

Siehe XIII, A, Punkt 10, S. 135.

11. *Für jede amtsberechtigte Leitung Einzelnachtschaltung zu einer*
Nebenstelle (ohne Aufschaltemöglichkeit nach Punkt 6). Die Nebenstellen
bleiben für andere Nebenstellen der Unteranlage erreichbar.

Siehe XIII, A, Punkt 11, S. 135.

12. *Anzeige des Ansprechens von Sicherungen durch einen ausschalt-*
baren Wecker oder eine Lampe.

Nichts zu bemerken.

13. *Verteiler mit Lötösenstreifen und Trennstreifen für alle Anschlüsse.*
Die Trennstreifen können im Aufbau mit den Lötösenstreifen vereinigt sein
(gilt nur für die Baustufen II E und II G).

Siehe XI, A, Punkt 17, S. 113.

14. *Stromversorgung wie bei Hauptanlagen gleicher Größe. Lade- oder*
Betriebsstrom aus dem Starkstromnetz zu Lasten des Teilnehmers.

Die Mindestleistung der Stromversorgungsanlage muß die gleiche
sein wie bei mittleren W-Nebenstellenanlagen gleicher Größe. Die Mindestleistung errechnet sich aus 75 Wh für jede amtsberechtigte Nebenanschlußleitung und 60 Wh für je 5 Sprechstellen.

Siehe auch die Erläuterungen zu X, A, Punkt 20, S. 85.

15. *Anschluß auch an Hauptanlagen möglich mit anderer Batterie-*
spannung als die der Unteranlage.

Siehe XIII, A, Punkt 13, S. 136.

B. Ergänzungsausstattung

1. *Aufschaltemöglichkeit für einzelne Nebenstellen der Unteranlage auf*
besetzte Nebenstellen der Unteranlage (auch mit hörbarem Zeichen)

   a) bei Verwendung der vorhandenen Verbindungssätze,
   b) bei Verwendung zusätzlicher Einrichtungen.

Siehe X, B, Punkt 1, S. 88.

2. *Einmalige selbsttätige Weiterschaltung eines bei einer Nebenstelle*
der Unteranlage eingehenden Rufs zu einer anderen Nebenstelle der Unter-
anlage.

Siehe X, B, Punkt 3, S. 88.

Es kommt nur die unter b) genannte Rufumschaltung in Frage.

3. Ergänzungseinrichtung für besondere nichtamtsberechtigte Leitungen zur Hauptanlage mit Durchwahl in beiden Richtungen. Durch jede Leitung wird ein Anschlußorgan belegt. (Die Ergänzungseinrichtung stimmt mit der für Querverbindungen benutzten überein.)

Wie schon in den Vorbemerkungen gesagt, können außer den amtsberechtigten Nebenanschlußleitungen auch solche Leitungen zwischen Haupt- und Unteranlage eingerichtet werden, die nur dem Untereinanderverkehr dienen, also vom Amtsverkehr ausgeschlossen sind. Für jede derartige Leitung geht ein Teilnehmeranschluß verloren; im übrigen ist der dafür erforderliche technische Aufwand der gleiche wie für Hausquerverbindungen.

4. Übertragungen oder andere technische Maßnahmen für amtsberechtigte Leitungen zur Hauptanlage mit einem Widerstand von mehr als 2 × 200 Ohm, soweit erforderlich.

Siehe Fachausdrücke: Stromstoßübertragung.

5. Ersatz für den Ruf- und Signalstromerzeuger
    mit Handumschaltung oder
    mit selbsttätiger Umschaltung.

Siehe X, B, Punkt 16, S. 92.

6. Prüfschrank mit Prüfstöpsel.

Siehe XI, A, Punkt 17, S. 113.

7. Einrichtung zur Anschaltung von Nebenanschlüssen oder Querverbindungen als Sammelanschlüsse.

Wenn mehrere von derselben Gegenseite kommende Querverbindungen oder mehrere von der Hauptanlage kommenden nichtamtsberechtigten Nebenanschlußleitungen bei der W-Unteranlage münden, dann können sie als Sammelanschlüsse geschaltet werden, d. h. für abgehende Gespräche ist nur eine Nummer zu ziehen, worauf der die Verbindung zur Gegenseite vermittelnde Wähler selbsttätig eine freie Leitung aussucht und sie dem Rufenden zur Verfügung stellt.

Siehe Fachausdrücke: Sammelanschluß.

8. Allgemein verwendbare Ergänzungsausstattung (siehe XV).

Siehe vierten Abschnitt XV.

Vierter Abschnitt

Überlassungsbedingungen, Preise und Errechnungsbeispiele

Was ist für den Teilnehmer vor Beschaffung einer Nebenstellenanlage wissenswert?

Gewöhnlich wird der Teilnehmer, der die Anschaffung einer Nebenstellenanlage beabsichtigt, mit Werbeschriften und Ratschlägen von den Werbebeamten der einschlägigen Lieferinteressenten überschwemmt, und es ist oft nicht leicht für ihn, unter den verschiedenen Möglichkeiten eine zweckmäßige Entscheidung zu treffen, denn in ihren Leistungen sind alle Arten von Nebenstellenanlagen im wesentlichen gleich, ebenso in den Preisen und sonstigen Überlassungsbedingungen. Die Entscheidung des Teilnehmers, wem er den Auftrag geben soll, kann deshalb von leistungsmäßigen oder preislichen Gesichtspunkten im allgemeinen kaum beeinflußt werden. Oft werden persönliche Sympathien oder Antipathien, ferner Geschmacksfragen in bezug auf äußere Apparatformen, Lieferzeiten, sowie, besonders bei größeren Anlagen, die Besichtigungsmöglichkeiten gleichartiger Musteranlagen und die bei einer Besichtigung gewonnenen Eindrücke den Ausschlag geben.

Kaufen oder mieten?

Eine der wichtigsten zur Entscheidung stehenden Fragen ist die, ob die Anlage gekauft oder gemietet werden soll. Die Kaufanlage erfordert größere flüssige Geldmittel, während für die Mietanlage nur die Miete in verhältnismäßig kleinen monatlichen oder vierteljährlichen Teilbeträgen zu zahlen ist. In beiden Fällen müssen aber die Baukosten, das sind die Kosten für den Einbau der Anlage einschließlich der dazu erforderlichen Leitungen mit allem Zubehör, gleich bezahlt werden (als sog. Einrichtungsgebühr).

Bei der Kaufanlage tritt zu den Einrichtungskosten der um ein Mehrfaches höhere Betrag des Kaufpreises für Apparate und Vermittlungseinrichtungen. Bei der Erwägung, ob eine Anlage gekauft oder gemietet werden soll, spielt auch die Frage der Mindestüberlassungsdauer, d. h. die Mindestvertragsdauer für Mietanlagen, eine Rolle. Es gibt drei Stufen der Mindestvertragsdauer, nämlich:

a) eine einjährige[1])

für Kleinstanlagen (Zweiapparateanlagen),

für einfache handbediente Vermittlungseinrichtungen (Klappenschränke) und

für handbediente Umschaltschränke (für Außennebenstellen in Verbindung mit Reihenanlagen);

b) eine fünfjährige[1])

für Glühlampenschränke,

für kleine W-Nebenstellenanlagen mit nicht mehr als 1 Amtsleitung und bis zu 10 Sprechstellen,

für Reihenanlagen für 1 Amtsleitung und bis zu 6 Sprechstellen,

für selbsttätige Vermittlungseinrichtungen für 1 Amtsleitung und 1 Außennebenstelle in Verbindung mit Reihenanlagen (automatischer Umschaltschrank 1, 1);

c) eine zehnjährige

für alle übrigen Nebenstellenanlagen.

Nach Erfahrungen lassen sich zu der Frage: kaufen oder mieten von Privatanlagen etwa folgende Richtlinien aufstellen:

1. Nebenstellenanlagen, insbesondere Großanlagen, werden meist dann gekauft, wenn sie auf Grundstücken und innerhalb von Gebäuden errichtet werden sollen, die Eigentum des Bestellers sind.

2. Nebenstellenanlagen, insbesondere mittlere und Kleinanlagen, die in vom Besteller gemieteten Räumen eingerichtet werden sollen, werden fast ausschließlich gemietet.

Die Wartung und Instandhaltung der Kaufanlage obliegt dem Käufer, der verpflichtet ist — zweckmäßig mit dem Lieferer der Anlage — einen Wartungsvertrag mit geregelten Wartungsgebühren abzuschließen, es sei denn, daß er über eigenes Fachpersonal verfügt, welches die von der Deutschen Reichspost festgelegten technischen Kenntnisse ausweislich einer bestandenen Fachprüfung oder eines anderen vollgültigen Befähigungsnachweises besitzt.

Die Wartung und Instandhaltung der Mietanlage obliegt dem Vermieter; die Kosten hierfür sind in die Miete eingeschlossen. Ausgenommen hiervon ist das Leitungsnetz, dessen Instandhaltung auch bei Mietanlagen Sache des Mieters ist, d. h. etwa hierfür entstehende Kosten werden dem Mieter von Fall zu Fall besonders in Rechnung gestellt. Dafür geht auf Antrag das gesamte Leitungsnetz nach Beendigung des Mietverhältnisses ohne weitere Entschädigung in das Eigentum des

---

[1]) Für Privatanlagen kann im Einvernehmen mit dem Teilnehmer eine längere Überlassungsdauer vereinbart werden, jedoch für die einjährige nicht über 5, für die fünfjährige nicht über 10 Jahre hinaus.

Mieters über. Die Verantwortung für die Wartung und Instandhaltung seiner Nebenstellenanlage wird dem Teilnehmer von der Deutschen Reichspost auferlegt, die ein berechtigtes Interesse daran hat, daß Privateinrichtungen technischer Art, die über das öffentliche Fernsprechnetz mit den öffentlichen Fernsprechämtern zusammen arbeiten müssen, in einwandfrei gebrauchsfähigem Zustand sind. Mit aus diesem Grunde übt die Post ein weitgehendes Aufsichtsrecht über alle Privatnebenstellenanlagen aus.

Die Marktregelung umfaßt:

a) Kaufpreise für sämtliche Apparate und Vermittlungseinrichtungen in Regelausstattung,
b) die Miete hierfür,
c) Kaufpreise der Ergänzungs- und Zusatzeinrichtungen,
d) die Miete hierfür,
e) die Kosten für Wartung und Instandhaltung von Kaufanlagen,
f) die Einbaukosten, zunächst nur in allgemeinen Richtlinien,
g) Mindestüberlassungsdauer,
h) die Bedingungen für vorzeitige Vertragsentlassung,
i) die Bedingungen für Erweiterung und Verkleinerung von Nebenstellenanlagen,
k) die Entschädigung bei vorzeitiger Vertragsauflösung.
b, d, g, h, i und k betreffen nur Mietanlagen.

Alle Regelungen sind so getroffen, daß dem Teilnehmer für Postnebenstellenanlagen und Privatnebenstellenanlagen bis auf wenige Ausnahmen gleiche Kosten und Bindungen erwachsen.

In der gleichen Reihenfolge wie im dritten Abschnitt I—XIV werden in der nachstehenden Übersicht Miet- und Kaufpreise für Apparate und Vermittlungseinrichtungen, ferner in einer besonderen Spalte die Wartungskosten für die einzelnen Anlagenarten angegeben.

Für die Zweieranlagen (I, II und IV) werden außerdem die Gesamtkosten bei Kauf und Miete genannt, während für die übrigen Anlagenarten an Hand von Errechnungsbeispielen die entstehenden Gesamtkosten nur für einige Beispielsanlagen angegeben werden (siehe XVII, Errechnungsbeispiele).

Bei der Vorveranschlagung der Gesamtkosten einer Privatnebenstellenanlage ist folgendes zu beachten:

1. **Für jede Nebenstelle (also nicht für die Abfragestelle und auch nicht für Hausstellen), einerlei ob einer Kauf- oder Mietanlage, ob von der Post oder von einem Privatunternehmen errichtet und unabhängig von Art und Ausstattung, ist neben dem Kauf- oder Mietpreis eine laufende Gebühr von monatlich RM. 0.60 an die Deutsche Reichspost zu entrichten (Nebenstellengebühr).**

2. Gehören zu der Anlage Nebenstellen, die nicht auf demselben Grundstück wie die Hauptstelle liegen (Außennebenstellen), dann werden die hierfür erforderlichen Anschlußleitungen auch bei Privatanlagen (soweit im öffentlichen Kabelnetz verfügbar) von der Post gestellt. Sie erhebt für solche Nebenanschlußleitungen außer der Einrichtungsgebühr eine laufende Instandhaltungsgebühr von monatlich RM. 0.50 je 100 m Leitungslänge nach Luftlinie gemessen. Falls für die Heranbringung der Leitungen besondere Aufwendungen erforderlich sind, z. B. das Aufstellen von Leitungsmasten, dann gehen die Kosten hierfür zu Lasten des Teilnehmers.

Die auf Grund der Preislisten errechneten Gesamtkosten gelten immer nur für die Nebenstellenanlagen einschließlich Hauptstelle; die vorgenannte Nebenstellengebühr sowie die Gebühren für den oder die Fernsprechhauptanschlüsse, Sondergebühren für Nebenanschlußleitungen, Querverbindungen, Orts- und Ferngesprächsgebühren usw. werden stets von der Post gesondert in Rechnung gestellt und bleiben deshalb in den nachstehenden Übersichten unberücksichtigt.

Preislisten

Vorbemerkungen

1. In die Kauf-, Miet- und Wartungspreise eingeschlossen sind die Kosten der Stromlieferungsanlage und — bei mittleren und Großanlagen — des Haupt- und Rangierverteilers.

   Wenn statt Preisen Sternchen eingesetzt sind, dann bedeutet das, daß für die betreffenden Einrichtungen handelsübliche Preise und für die vierteljährliche Wartung 3 v. H. dieser Preise berechnet werden. Da derartige Einrichtungen grundsätzlich nicht vermietet werden, findet sich bei allen Sternchenpositionen in der Mietspalte ein Strich.

2. Nicht eingeschlossen sind die Einbaukosten (Kabel, Drähte, Rohre, sonstiges Zubehör und Arbeitslöhne). Sie werden — bei Mietanlagen als sog. Einrichtungsgebühr — stets gesondert in Rechnung gestellt und sind bei Kauf- und Mietanlagen die gleichen; ihre Höhe richtet sich nach den erforderlichen Aufwendungen.

3. Jede Nebenstellenanlage kann über die Regelausstattung hinaus durch »Ergänzungsausstattungen« und »Zusatzeinrichtungen« ergänzt (d. h. vervollkommnet) werden. In Mietanlagen gelten hierfür verschiedene Überlassungsbedingungen. Diese Einrichtungen werden deshalb, soweit sie nicht bei jeder Anlagenart unter B genannt sind, in den nachstehenden Preislisten unter verschiedenen Abschnittsnummern aufgeführt, nämlich unter

   XV die allgemein verwendbaren »Ergänzungsausstattungen«, und unter

   XVa die »Zusatzeinrichtungen«.

Für die unter XV aufgeführten Einrichtungen sowie für die bei den einzelnen Anlagenarten jeweils unter B genannten gilt in Mietanlagen folgendes:

a) Sämtliche Ergänzungsausstattungen, für die Preise festgesetzt sind, unterliegen, sofern sie von vornherein mitgeliefert werden, den gleichen Überlassungsbedingungen wie die übrige Anlage. Werden sie erst nachträglich bestellt, dann können sie nicht mehr gemietet, sondern nur gekauft werden, unterliegen also außer dem Kaufpreis einer laufenden Wartungsgebühr. Auf die Vertragsdauer der vorhandenen Anlage sind sie ohne Einfluß.

b) Einrichtungen, für die keine Preise festgesetzt sind, werden stets, einerlei ob sie in einer Kauf- oder Mietanlage verwendet werden sollen, zu handelsüblichen Preisen in Rechnung gestellt und sind besonders zu bezahlen. Für ihre Wartung sind außerdem laufend 1 v.H. monatlich oder 3 v.H. vierteljährlich zu entrichten. Bei Mietanlagen verbleiben sie nach Aufgabe der Anlage dem Teilnehmer, jedoch nur soweit es sich um selbständige Apparaturen handelt.

Dagegen unterliegen die unter XVa genannten Zusatzeinrichtungen in Mietanlagen keiner Mindestüberlassungsdauer, d. h. sie können jederzeit (bei Privatanlagen mit vierteljährlicher Kündigung) wieder aufgegeben werden. Ausgenommen sind diejenigen Zusatzeinrichtungen, für die keine Preise festgesetzt sind. Für sie gilt das gleiche wie vorstehend unter b angegeben.

4. Verpackungs- und Frachtkosten. Bei Kaufanlagen werden Kosten für Verpackung und Fracht nicht besonders berechnet, weil sie in den Kaufpreisen enthalten sind.

Bei Mietanlagen werden sie, soweit entstanden, dem Mieter in Höhe der Selbstkosten bei der Einrichtungsgebühr sichtbar in Rechnung gestellt.

Für Leitungsmaterial und Leitungszubehör werden dagegen Fracht- und Verpackungskosten zu Selbstkosten stets sichtbar in Rechnung gestellt.

I. Handbedienter Zwischenumschalter

Technische Erläuterungen (Regel- und Ergänzungsausstattung) siehe dritten Abschnitt, I.

	$\frac{1}{4}$ J. Miete [1]	Kaufpreis [1]	$\frac{1}{4}$ J. Wartung [1]
A. Regelausführung			
1. Hauptstelle mit Zubehör	8.10	133.—	2.70
2. Nebenstelle	2.70	36.—	—.90

[1] Privatanlagen können wegen besonderer Aufwendungen teurer sein.

B. **Ergänzungsausstattung**

   1. Rückfragemöglichkeit für die Nebenstelle (durch Eintretezeichen oder nor-
male Rückfrageschaltung) . . . . .   1.20   15.—   —.39

   2. Allgemein verwendbare Ergänzungs-
und Zusatzausstattung . . . . . . siehe XV und XVa

Gesamtkosten bei Regelausführung:

  Als Mietanlage pro Jahr . . . . RM. 43.20

  als Kaufanlage

    einmalig . . . .   » 169.—

    an Wartung pro Jahr . . . .   » 14.40

zuzüglich Einbaukosten (Einrichtungsgebühr), in beiden Fällen die
gleichen.

II. Selbsttätiger Zwischenumschalter

Technische Erläuterungen (Regel- und Ergänzungsausstattung)
siehe dritten Abschnitt, II.

	1/4 J. Miete [1]	Kauf- preis [1]	1/4 J. Wartung [1]
A. **Regelausführung**			
1. Hauptstelle mit Zubehör	12.60	185.—	4.20
2. Nebenstelle	2.70	36.—	—.90
B. **Ergänzungsausstattung**			
1. Rückfragemöglichkeit für die Neben- stelle (durch Eintretezeichen oder nor- male Rückfrageschaltung)	1.20	15.—	—.39
2. Selbsttätiger Amtsrufumschalter . .	1.50	23.—	—.51
3. Mithöreinrichtung bei der Neben- stelle	1.80	30.—	—.60
4. Allgemein verwendbare Ergänzungs- und Zusatzausstattung . . . . . : . siehe XV und XVa			

Gesamtkosten bei Regelausführung:

  Als Mietanlage pro Jahr . . . . RM. 61.20

  als Kaufanlage

    einmalig . . . . RM. 221.—

    an Wartung pro Jahr . . . .   » 20.40

zuzüglich Einbaukosten (Einrichtungsgebühr), in beiden Fällen die
gleichen.

---

[1] Privatanlagen können wegen besonderer Aufwendungen teuerer sein.

III. Nebenstellenanlagen mit Handvermittlung

(Glühlampenschränke)

Technische Erläuterungen (Regel- und Ergänzungsausstattung) siehe dritten Abschnitt, III.

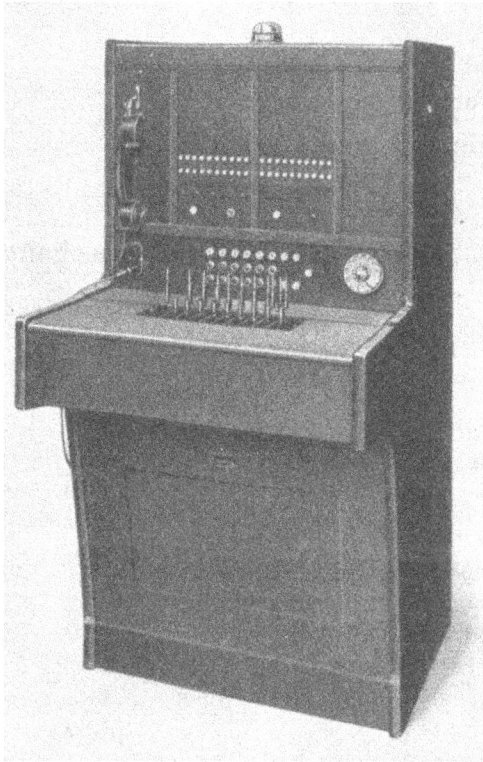

Bild 17. Glühlampenschrank für handbediente Nebenstellenanlagen.

Die nachstehend aufgeführten Preise gelten nur für Glühlampenschränke und zwar für die mit einem Mindestausbau von 5 Amtsleitungs- und 50 Sprechstellenanschlüssen beginnende Baustufe. Für kleinere Glühlampenschränke (z. B. Wandschränke) gibt es keine geregelten Preise[1].

---

[1] Für solche Schränke haben die der Wiferna angeschlossenen Firmen eine Sonderregelung getroffen.

	¹/₄ J. Miete	Kauf- preis	¹/₄ J. Wartung
A. Regelausführung			

1. Glühlampenschrank in Stand-
   gehäuse (Bild 17) mit Mindestausbau, enthaltend:

    5 Anschlußorgane für Amtsleitun-
   gen einschl. Ein- oder Zwei-
   schnurstöpseln,

  50 Anschlußorgane für Sprechstellen,

    4 Schnurpaare für Innenverbindun-
   gen,

    1 Abfragegarnitur
   erweiterungsfähig bis zu 10 Amts-
   leitungs- und 100 Sprechstellen-
   anschlüssen . . . . 265.50   4124.—   88.50

    Mehrpreis für

    1 weiteres Anschlußorgan für Amts-
   leitungen einschl. Ein- oder Zweischnurstöpsel . . . . 16.20   246.—   5.40

  10 weitere Anschlußorgane für
   Sprechstellen . . . . 5.40   82.—   1.80

    1 weiteres Schnurpaar für Innen-
   verbindungen . . . . 5.40   82.—   1.80

2. Glühlampenschrank wie vor
   vollausgebaut (Höchstausbau),
   enthaltend:

  10 Anschlußorgane für Amtsleitungen
   einschl. Ein- oder Zweischnur-
   stöpseln,

 100 Anschlußorgane für Sprechstellen,

    7 Schnurpaare für Innenverbindun-
   gen,

    1 Abfragegarnitur . . . . 389.70   6010.—   129.90

Für Großanlagen werden zwei oder
mehr Schränke nebeneinander geschaltet.

Bei mehr als zwei Schränken ist dann
zur Erfüllung des Punktes 3 der Regelausstattung Vielfachschaltung[1] er-

---

[1] S. Fachausdrücke: Vielfachschaltung.

	¼ J. Miete	Kauf- preis	¼ J. Wartung

forderlich, durch die folgende Mehrkosten entstehen:

a) für Vielfachschaltung mit Parallelklinken
für je 10 eingebaute Parallel-
klinken . . . . 2.10 31.50 —.69

b) für Vielfachschaltung mit
Doppelunterbrechungsklin-
ken
für je 10 eingebaute Doppelunterbrechungsklinken. . . . . 3.— 43.50 —.99

c) für Besetztlampen in den
Klinkenfeldern
für je 10 eingebaute Besetztlampen 1.80 27.— —.60

d) für besondere Tasten in den
Vielfachfeldern
für je 10 eingebaute Tasten. . . 3.— 43.50 —.99

Die Preise unter a—d verstehen
sich einschl. Vielfachkabel, aber
ausschl. Arbeitslohn an der Bau-
stelle.

3. Teilnehmerapparate

a) Apparat mit oder ohne Erdtaste
(für Neben- oder Hausstellen). . 2.70 36.— —.90

b) Apparat mit doppelten Anruforga-
nen. (Vgl. dritten Abschnitt, Vorbemerkungen zu III, vorletzter
Absatz) . . . . 4.50 63.— 1.50

B. Ergänzungsausstattung
(nur für Glühlampenschränke)

1. Weitere Schnurpaare für Amts- und
Innengespräche (nur bei Zweischnursystem) . . . . 5.40 82.— 1.80

2. Zweite Abfrageeinrichtung bei der
Hauptstelle (ausschl. Sprechapparat
— Handapparat oder Kopfgarnitur —
der besonders berechnet wird nach
XVa, Pos. 6—8) . . . . 7.20 113.— 2.40

3. Zweite Vermittlungseinrichtung . . wie A, 1 und 2

	¼ J. Miete	Kauf- preis	¼ J. Wartung
4. Mithören am Schrank je Amtsleitung	1.50	24.50	—.51
Der Ticker (für das hörbare Zeichen) wird besonders berechnet (XV, Pos. 1)			
5. Besonderer Polwechsler	3.—	46.—	—.99
Besonderer Induktor	2.10	34.—	—.69
6. Nachtschaltung zwischen Nebenstellen für je 2 Nebenstellen	8.10	128.—	2.70
7. Eintretezeichen bei der Hauptstelle je Amtsleitung	1.80	30.—	—.60
8. Ergänzungsschaltung zur Verhinderung eines zweiten Amtsgesprächs (selbsttätige Trennung von Amtsverbindungen) je Amtsleitung	1.20	17.50	—.39
9. Sicherungsstreifen statt Trennstreifen (im Haupt- und Rangier-Verteiler) Mehrpreis je Sicherungsstreifen. . .	3.—	46.50	—.99
10. Vorratsausbau des Haupt- und Rangier-Verteilers durch			
a) weitere Lötösenstreifen, je Streifen	—.30	4.60	—.09
b) weitere Trennstreifen, je Streifen	1.50	23.—	—.51
c) weitere Sicherungsstreifen, je Streifen	4.50	69.50	1.50
11. Einrichtung zur Anschaltung von vorgeschalteten Reihenapparaten je Amtsleitung	—.90	12.—	—.30
12. Vielfachschaltung der Amts- und Nebenanschlußleitungen . . . . . . siehe A, 2, a—d			
13. Allgemein verwendbare Ergänzungs- und Zusatzausstattung . . . . . siehe XV und XVa			

Für private Glühlampenschränke kommen noch die unter Punkt 14 bis 19 der Ergänzungsausstattung aufgeführten Einrichtungen in Betracht (vgl. dritten Abschnitt III, B, 14—19), die durch die FO nicht geregelt sind. Hierfür haben die der Wiferna angeschlossenen Firmen eine Sonderregelung getroffen.

IV. Kleine Reihenanlage 1,1

Technische Erläuterungen (Regel- und Ergänzungsausstattung) siehe dritten Abschnitt, IV.

A. **Regelausführung**	¼ J. Miete	Kauf- preis	¼ J. Wartung
1. Reihenhauptstelle mit Zubehör. . .	7.20	118.—	2.40
2. Reihennebenstelle	4.50	77.—	1.50

	¼ J. Miete	Kauf- preis	¼ J. Wartung
B. Ergänzungsausstattung			
1. Mithöreinrichtung			
a) gewöhnliche Art	—.60	10.—	—.21
b) besondere oder verschließbare . .	—	*1)	*1)
2. Selbsttätige Amtsrufumschaltung . .	4.50	64.—	1.50
3. Einrichtung, um die Reihenneben- stelle unter Beibehaltung der Wähl- scheibe zur halbamtsberechtigten zu machen	2.40	36.—	—.81
4. Allgemein verwendbare Ergänzungs- und Zusatzausstattung . . . . . . siehe XV und XVa			

Gesamtkosten in Regelausführung

als Mietanlage pro Jahr . . . . RM. 46.80
als Kaufanlage
    einmalig . . . . » 195.—
    an Wartung pro Jahr . . . . » 15.60
zuzüglich Einbaukosten (Einrichtungsgebühr) in beiden Fällen die
gleichen.

V. Reihenanlagen zu 1—4 Amtsleitungen mit Linientasten

Technische Erläuterungen (Regel- und Ergänzungsausstattung)
siehe dritten Abschnitt, V.

	¼ J. Miete	Kauf- preis	¼ J. Wartung
A. Regelausführung			
Reihenanlage einfacher Art (Sim- plex) nur zu 1 Amtsleitung und bis zu 6 Sprechstellen.			
1. Hauptstelle (Abfragestelle) mit Zu- behör	9.—	141.—	3.—
2. Nebenstelle (Bild 18)	6.30	99.—	2.10
3. Hausapparat mit 5 Klingelknöpfen .	5.40	85.—	1.80
Reihenanlage gewöhnlicher Art zu 1 Amtsleitung und bis zu 6 Sprechstellen			
1. Hauptstelle (Abfragestelle) mit Zu- behör	11.70	184.—	3.90
2. Nebenstelle	9.—	141.—	3.—
3. Hausapparat mit 5 teiligem Linien- wähler	7.20	113.—	2.40

---

1) S. Vorbemerkung 1, S. 145.

Bild 18. Reihenapparat mit Linienwähler einfacher Art 1,5 mit Mithörtaste (Simplex).

Bild 19. Reihenapparat mit Linienwähler 3,10.

	¹/₄ J. Miete	Kauf- preis	¹/₄ J. Wartung

Reihenanlage wie vor, jedoch bis zu 11 Sprechstellen

1. Hauptstelle (Abfragestelle) mit Zubehör	12.60	198.—	4.20
2. Nebenstelle	9.90	155.—	3.30
3. Hausapparat mit 10 teiligem Linienwähler	8.10	127.—	2.70

Reihenanlage wie vor, jedoch zu 2 Amtsleitungen und bis zu 11 Sprechstellen

1. Hauptstelle (Abfragestelle) mit Zubehör	18.—	282.—	6.—
2. Nebenstelle	11.70	184.—	3.90
3. Hausapparat mit 10 teiligem Linienwähler	8.10	127.—	2.70

Reihenanlage wie vor, jedoch zu 3 oder 4 Amtsleitungen und für 11 oder 16 Sprechstellen

1. Hauptstelle (Abfragestelle) mit Zubehör	24.30	381.—	8.10
2. Nebenstelle (Bild 19)	14.40	226.—	4.80
3. Hausapparat mit 10 teiligem Linienwähler (Bild 20)	8.10	127.—	2.70
4. Hausapparat mit 15 teiligem Linienwähler	11.70	184.—	3.90

Bild 20. Hausapparat mit zehnteiligem Linienwähler (als Tisch- und Wandapparat verwendbar).

B. Ergänzungsausstattung	$^1/_4$ J. Miete	Kauf-preis	$^1/_4$ J. Wartung
1. Mithöreinrichtung			
a) gewöhnlicher Art, in einem Apparat, je Mithörtaste	—.60	10.—	—.21
in jedem weiteren Apparat, je Mithörtaste	—.30	5.—	—.09
b) besondere oder verschließbare Mithöreinrichtung	—	*	*
2. Selbsttätiger Amtsrufumschalter			
für 1 Amtsleitung	4.50	64.—	1.50
» 2 Amtsleitungen	7.20	112.—	2.40
» 3 »	10.80	160.—	3.60
» 4 »	13.50	208.—	4.50

Die erforderlichen Anrufzeichen bei der den Amtsanruf empfangenden Nebenstelle werden besonders berechnet (XVa, Pos. 9—11)

3. Einrichtung, um eine Reihennebenstelle unter Beibehaltung der Wählscheibe halbamtsberechtigt zu machen je Amtsleitung und Reihennebenstelle	2.40	36.—	—.81
4. Anzeige der Übernahme eines Amtsgesprächs (z. B. durch Zwillingsschauzeichen)			
Mehrpreis der Nebenstelle je Amtsleitung	—.60	8.20	—.21
5. Allgemein verwendbare Ergänzungs- und Zusatzausstattung	siehe XV und XVa.		

VI. Umschaltschränke für Reihenanlagen mit Linientasten

Technische Erläuterungen (Regel- und Ergänzungsausstattung) siehe dritten Abschnitt, VI.

A. Regelausführung

a) Handbedienter Umschaltschrank		$^1/_4$ J. Miete	Kauf-preis	$^1/_4$ J. Wartung
	A[1]) N[1])			
Baustufe A . .	1 1	10.80	174.—	3.60
» B . .	1 2	16.20	256.—	5.40
» C . .	2 2 (Bild 21) .	19.80	302.—	6.60
» D . .	3 3	27.90	430.—	9.30
» E . .	4 5	40.50	640.—	13.50

[1]) A = Amtsleitungsanschlüsse, N = Nebenstellenanschlüsse.

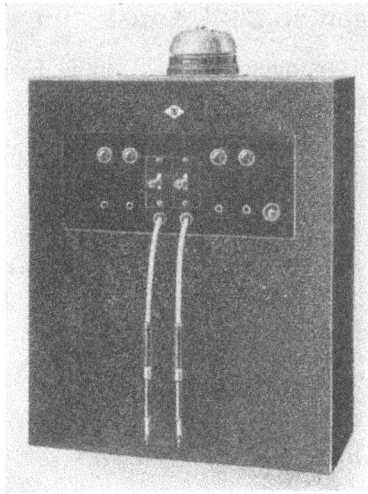

Bild 21. Handbedienter Umschaltschrank 2 A, 2 N (Baustufe C).

b) Selbsttätiger Umschaltschrank A N	¼ J. Miete	Kauf- preis	¼ J. Wartung
Baustufe F . . 1 1	13.50	226.—	4.50
c) Teilnehmerapparat mit oder ohne Erdtaste (für die Außennebenstellen)	2.70	36.—	—.90

B. Ergänzungsausstattung

	¼ J. Miete	Kauf- preis	¼ J. Wartung
1. Zweite Vermittlungseinrichtung . .	wie A, a und b		
2. Rückfrageeinrichtung oder Eintrete- zeichen (nur bei handbedienten Um- schaltschränken) je Amtsleitung . . Bei selbsttätigen Umschaltschränken gehört die Rückfrageeinrichtung zur Regelausstattung	1.50	23.—	—.51
3. Einmalige selbsttätige Rufweiter- schaltung (nur bei selbsttätigen Um- schaltschränken)	1.50	23.—	—.51
4. Mithörmöglichkeit für die Außen- nebenstelle (nur bei selbsttätigen Um- schaltschränken)	1.80	30.—	—.60
5. Allgemein verwendbare Ergänzungs- und Zusatzausstattung	siehe XV und XV a.		

VII. Reihenanlagen zu 2—4 Amtsleitungen mit Wählern

Technische Erläuterungen (Regel- und Ergänzungsausstattung) siehe dritten Abschnitt, VII.

	¹/₄ J. Miete	Kaufpreis	¹/₄ J. Wartung
A. Regelausführung			
1. Hauptstelle (Abfrageapparat) zu 2 Amtsleitungen, mit Zubehör	19.80	308.—	6.60
2. Nebenstelle zu 2 Amtsleitungen . .	6.75	103.—	2.25
3. Hauptstelle (Abfrageapparat) zu 3 Amtsleitungen, mit Zubehör	26.55	410.—	8.85
4. Nebenstelle zu 3 Amtsleitungen (Bild 22)	8.10	123.—	2.70
5. Hauptstelle (Abfrageapparat) zu 4 Amtsleitungen, mit Zubehör	33.30	513.—	11.10
6. Nebenstelle zu 4 Amtsleitungen . .	10.35	144.—	3.45
7. Hausapparat (gewöhnlicher Teilnehmerapparat mit Wählscheibe) . . .	2.70	36.—	—.90

Wählerzentrale (»Hausautomat«)

					¹/₄ J. Miete	Kaufpreis	¹/₄ J. Wartung
8. mit 10 T¹) und 2 J.V.¹)	gilt als eine	59.40	923.—	19.80
9. » 15 » » 2 »	Baustufe mit	71.10	1107.—	23.70
10. » 25 » » 3 »	Anfangs- u.	81.—	1333.—	27.—
(Bild 23)	Endausbau			
11. » 30 » » 4 »		132.30	2050.—	44.10
12. » 40 » » 5 »	desgl.	152.10	2358.—	50.70
13. » 50 » » 5 »		171.90	2665.—	57.30
(Bild 24)				

14. ein weiterer Innenverbindungssatz, soweit der Einbau möglich . . . . 14.40 | 223.— | 4.80

B. Ergänzungsausstattung

1. Mithöreinrichtung

a) gewöhnlicher Art, in einem Apparat, je Mithörtaste . . . . —.60 | 10.— | —.21

in jedem weiteren Apparat je Mithörtaste . . . . —.30 | 5.— | —.09

b) besondere oder verschließbare Mithöreinrichtung . . . . — | * | *

---

¹) T = Teilnehmeranschluß, J. V. = Innenverbindungssatz.

Bild 22. Reihenapparat zu 3 Amtsleitungen (für Reihenanlagen mit Wählern).

	¹/₄ J. Miete	Kauf- preis	¹/₄ J. Wartung
2. Selbsttätiger Amtsrufumschalter			
für 2 Amtsleitungen	7.20	112.—	2.40
» 3 »	10.80	160.—	3.60
» 4 »	13.50	208.—	4.50

Die erforderlichen Wecker bei der
den Amtsanruf empfangenden Nebenstelle werden besonders berechnet
(XVa, Pos. 9—11)

3. Einrichtung, um Reihennebenstellen halbamtsberechtigt zu machen, für jede Amtsleitung und jede halb- amtsberechtigte Nebenstelle	2.40	36.—	—.81

Bild 23. Wählerzentrale für 25 Teilnehmer (Höchstausbau).

	¼ J. Miete	Kauf- preis	¼ J. Wartung
Desgleichen, um Außennebenstellen halbamtsberechtigt zu machen,			
für jede Amtsleitung und jede halbamtsberechtigte Außennebenstelle .	1.35	20.—	—.45
4. Anzeige der Übernahme eines Amtsgesprächs (z. B. durch Zwillingsschauzeichen) Mehrpreis der Nebenstelle je Amtsleitung	—.60	8.20	—.21

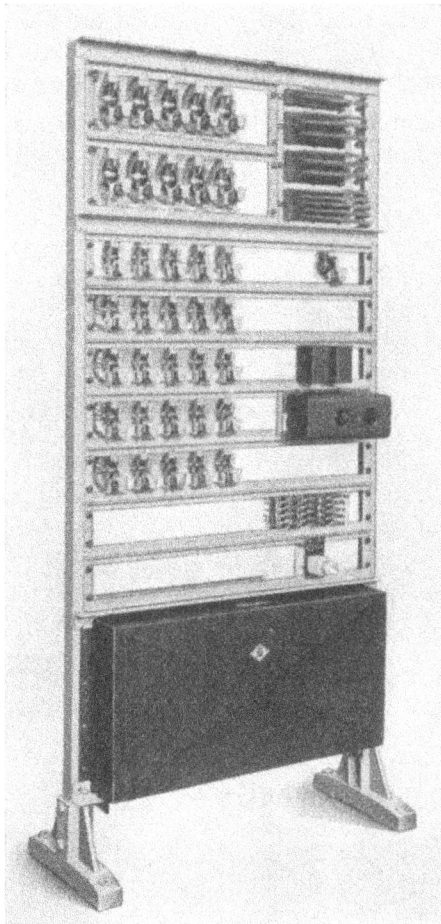

Bild 24. Wählerzentrale für 50 Teilnehmer, ausgebaut auf 40.

	¼ J. Miete	Kaufpreis	¼ J. Wartung
5. Aufschalteinrichtung für bevorzugte Nebenstellen auf Innenverbindungen			
a) an den vorhandenen Verbindungssätzen, je Verbindungssatz . . .	—.90	15.—	—.30
b) durch zusätzliche Einrichtungen .	—	*	*
6. Einrichtung eines Zweieranschlusses für 2 Außennebenstellen Mehrpreis zur Wählervermittlung. .	14.40	220.—	4.80
7. Anzeigevorrichtung für das Ansprechen von Sicherungen durch ausschaltbaren Wecker oder Lampe . .	1.20	18.—	—.39
8. Allgemein verwendbare Ergänzungs- und Zusatzausstattung	siehe XV und XVa		

VIII. Umschaltschränke für Reihenanlagen mit Wählern

Technische Erläuterungen (Regel- und Ergänzungsausstattung) siehe dritten Abschnitt, VIII.

Bild 25. Automatischer Umschaltschrank 2 A, 2 N (Baustufe G).

A. Regelausführung

a) Handbedienter Umschaltschrank

	A[1]	N[1]		¼ J. Miete	Kaufpreis	¼ J. Wartung
Baustufe C . .	2	2	. . . . .	19.80	302.—	6.60
» D . .	3	3	. . . . .	27.90	430.—	9.30
» E . .	4	5	. . . . .	40.50	640.—	13.50

[1]) A = Amtsleitungsanschlüsse, N = Nebenstellenanschlüsse.

	¹/₄ J. Miete	Kauf- preis	¹/₄ J. Wartung
b) Selbsttätiger Umschaltschrank			
Baustufe G . . 2 2 (Bild 25) .	25.20	410.—	8.40
» H . . 3 3	36.90	594.—	12.30
c) Teilnehmerapparat mit oder ohne Erdtaste (für die Außennebenstellen)	2.70	36.—	—.90

B. Ergänzungsausstattung

1. Zweite Vermittlungseinrichtung . . wie A, a und b

2. Rückfrageeinrichtung oder Eintrete-
zeichen (nur bei handbedienten Um-
schaltschränken), je Amtsleitung . .   1.50   23.—   —.51
Bei selbsttätigen Umschaltschränken
gehört die Rückfrageeinrichtung zur
Regelausstattung

3. Einmalige selbsttätige Rufweiter-
schaltung (nur bei selbsttätigen Um-
schaltschränken), je Außennebenstelle   1.50   23.—   —.51

4. Mithöreinrichtung für Außenneben-
stellen (nur bei selbsttätigen Um-
schaltschränken 1A1N)[1] . . . . .   1.80   30.—   —.60

5. Allgemein verwendbare Ergänzungs-
und Zusatzausstattung . . . . . . siehe XV und XVa.

IX. Kleine W-Anlagen

Technische Erläuterungen (Regel- und Ergänzungsausstattung) siehe dritten Abschnitt, IX.

A. Regelausführung

	A N J.V.	¹/₄ J. Miete	Kauf- preis	¹/₄ J. Wartung
Baustufe I A	1 3 1 u. Bed.-App. .	41.40	643.—	13.80
» I B	1 5 1 » » .	59.40	912.—	19.80
» I C1	1 9 1 » » .	65.70	1012.—	21.90
» I C2	1 9 2 (Bild 26)			
	und Bed.-App.	74.70	1159.—	24.90

Hierzu Teilnehmerapparate mit oder ohne Erdtaste (für Neben- oder Hausstellen), je Sprechstelle . . . .   2.70   36.—   —.90

---

[1] Selbsttätige Umschaltschränke 1 A 1 N sind in Neuanlagen nur noch während einer Übergangszeit zulässig.

11*

Bild 26. Kleine W-Zentrale 1 A, 9 N, 2 JV (Baustufe IC 2).

B. **Ergänzungsausstattung**	¹/₄ J. Miete	Kaufpreis	¹/₄ J. Wartung
1. Technische Maßnahmen[1]) für lange Nebenanschlußleitungen			
a) Stromstoßübertragung bis zu 2 × 450 Ohm (Gleichstrom)	5.40	88.—	1.80
b) Stromstoßübertragung über 2 × 450 Ohm (Gleichstrom)	13.50	206.—	4.50
c) Stromstoßübertragung für Wechselstrom- oder Induktivwahl . .	18.—	270.—	6.—
d) andere technische Maßnahmen .	—.	*	*
2. Selbsttätige Rufweiterschaltung			
a) in der Amtsleitung	1.35	20.—	—.45
b) in einer Nebenanschlußleitung. .	9.—	126.—	3.—
3. Anzeigevorrichtung für das Ansprechen von Sicherungen durch Wecker oder Lampe	1.20	18.—	—.39
4. Mithöreinrichtung in der Wählereinrichtung, je Mithörstelle	1.50	23.—	—.51

[1]) S. Fachausdrücke: Stromstoßübertragung.

	¹/₄ J. Miete	Kauf- preis	¹/₄ J. Wartung
5. Einrichtung eines Zweieranschlusses für 2 Außennebenstellen Mehrpreis zur Wählervermittlung .	14.40	220.—	4.80
6. Besetztzeichen für die Amtsleitung, je Zeichen (Lampe oder Schauzeichen)	—.60	9.—	0.21

7. Allgemein verwendbare Ergänzungs-
und Zusatzausstattung . . . . siehe XV und XVa
vgl. dazu dritten Abschnitt IX, B, Punkt 7, S. 75.

X. Mittlere W-Anlagen mit Amtswahl

Technische Erläuterungen (Regel- und Ergänzungsausstattung)
siehe dritten Abschnitt, X.

A. Regelausführung

Die Preise verstehen sich einschl. Bedienungsapparat (Abfragestelle) und Stromversorgungsanlage, von Baustufe II E an

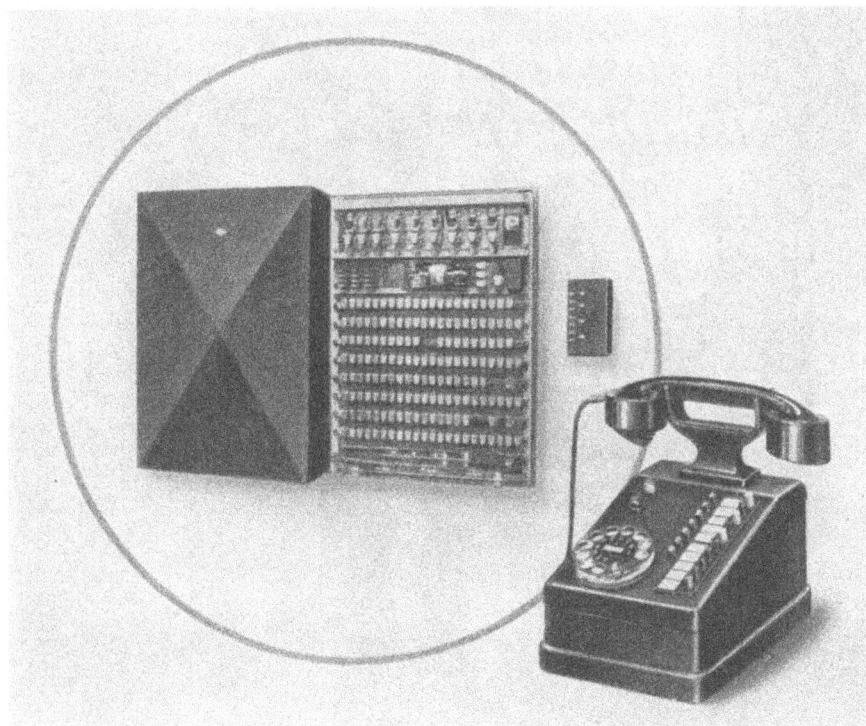

Bild 27. Mittlere W-Zentrale mit Amtswahl 3 A, 25 N, 3 JV (Baustufe IIC, Höchstausbau).

Bild 28. Mittlere W-Zentrale mit Amtswahl 5 A, 25 N, 4 JV, vordere Schutzwand abgenommen (Baustufe II D, Höchstausbau).

		$\frac{1}{4}$ J. Miete	Kauf-preis	$\frac{1}{4}$ J. Wartung

auch einschl. Haupt- und Rangierverteiler.

1. Baustufe II A $\quad$ A[1]) $\quad$ N[1]) $\quad$ J.V.[1])

	A	N	J.V.	Miete	Kaufpreis	Wartung
nicht erweiterungsfähig	2	10	2	139.50	2162.—	46.50

2. Baustufe II B

Mindestausbau	2	15	2	160.20	2489.—	53.40
erweiterungsfähig um .	1	—	1			
demnach Höchstausbau	3	15	3	181.80	2831.—	60.60

3. Baustufe II C (Bild 27)

Mindestausbau	2	25	3	185.40	2880.—	61.80
erweiterungsfähig um .	1	—	—			
demnach Höchstausbau	3	25	3	198.—	3075.—	66.—

4. Baustufe II D (Bild 28)

Mindestausbau	3	25	3	226.80	3518.—	75.60
erweiterungsfähig um .	2	—	1			
demnach Höchstausbau	5	25	4	261.—	4055.—	87.—

Einzelpreise für Erweiterungen der Baustufen II B—II D

	Miete	Kaufpreis	Wartung
5. je Anschlußorgan für Amtsleitungen	12.60	195.—	4.20
6. je Innenverbindungssatz	9.—	147.—	3.—

7. Baustufe II E $\quad$ A $\quad$ N $\quad$ IV

	A	N	IV			
Mindestausbau	3	30	4	319.50	4944.—	106.50
erweiterungsfähig um .	2	20	2			
demnach Höchstausbau	5	50	6	404.10	6246.—	134.70

8. Baustufe II F

Mindestausbau	3	30	4	340.20	5263.—	113.40
erweiterungsfähig um .	4	30	2			
demnach Höchstausbau[2])	7	60	6	471.60	7285.—	157.20

9. Baustufe II G (Bild 29)

Mindestausbau	5	50	5	534.60	8278.—	178.20
erweiterungsfähig um .	5	50	7			
demnach Höchstausbau	10	100	12	774.90	11979.—	258.30

Einzelpreise für Erweiterungen der Baustufen II E—II G

	Miete	Kaufpreis	Wartung
10. je Anschlußorgan für Amtsleitung .	18.90	292.—	6.30
11. je 10 Anschlußorgane für Sprechstellen	9.—	136.—	3.—

---

[1]) A = Anschlußorgan für Amtsleitungen,
$\quad$ N = $\quad$ » $\quad$ » Neben- bzw. Sprechstellen,
J.V. = Innenverbindungssatz.
[2]) Zu beachten dritter Abschnitt, X, A, Punkt 1, Fußnote 4 S. 77.

Bild 29. Mittlere W-Zentrale mit Amtswahl (Fallwählersystem), 10 A, 100 N, 12 JV (Baustufe II G, ausgebaut für 6 Amtsleitungen).

	$^1/_4$ J. Miete	Kauf- preis	$^1/_4$ J. Wartung
12. je Innenverbindungssatz	14.40	223.—	4.80

Es sind beliebige Zwischenstufen zwischen Mindest- und Höchstausbau zulässig; Sprechstellenanschlüsse aber nur in vollen Dekaden. Die Preise der Zwischenstufen errechnen sich unter Zugrundelegung der unter 5, 6, 10, 11 und 12 aufgeführten Einzelpreise, die entweder dem Mindestausbaupreis zuzurechnen oder vom Höchstausbaupreis abzuziehen sind.

	$^1/_4$ J. Miete	Kauf-preis	$^1/_4$ J. Wartung
13. Teilnehmerapparate mit oder ohne Erdtaste (für Neben- oder Haus-stellen) je Sprechstelle	2.70	36.—	—.90
Apparate anderer Ausführung . . .	siehe unter XVI		

B. Ergänzungsausstattung

1. Aufschalteinrichtung

	$^1/_4$ J. Miete	Kauf-preis	$^1/_4$ J. Wartung
a) bei Verwendung der vorhandenen Verbindungssätze, je Verbindungs-satz	—.90	15.—	—.30
b) bei Verwendung zusätzlicher Ein-richtungen (z. B. besondere Ver-bindungssätze)	—	*	*

Einrichtung für hörbares Zeichen wird nicht besonders berechnet.

	$^1/_4$ J. Miete	Kauf-preis	$^1/_4$ J. Wartung
2. Einrichtung von halbamtsberechtig-ten Nebenstellen über die Regelaus-führung hinaus (vgl. dritten Abschnitt X, A, Punkt 6) für je 5 Nebenstellen	—.90	15.—	—.30
3. Einmalige selbsttätige Rufweiter-schaltung			
a) in einer Amtsleitung (nur bei Wählerzuteilung)	2.70	40.—	—.90
b) in einer Nebenanschlußleitung .	9.—	126.—	3.—
4. Einrichtung von Sammelanschlüssen (für Nebenstellen, Querverbindungen u. dgl.), Mehrpreis je Innenverbin-dungssatz	2.70	39.50	—.90
5. Einrichtung für Kettengespräche, je Amtsleitung	—.90	17.—	—.30
6. Einrichtung zum selbsttätigen Um-legen von Amtsverbindungen, wenn nicht zur Regelausführung gehörig (vgl. dritten Abschnitt, X, A, Punkt 15) je Amtsleitung	3.60	46.50	1.20
7. Weitere Meldeleitungen			
a) ohne Weiterverbindungsmöglich-keit, je Meldeleitung	4.50	58.—	1.50
b) mit Weiterverbindungsmöglichkeit, je Meldeleitung	5.40	86.—	1.80

	¹/₄ J. Miete	Kauf- preis	¹/₄ J. Wartung
8. Nachtvermittlung (nur in Anlagen mit Wählerzuteilung)	—	*	*
9. Nachtabfragestelle (ohne Vermittlung)	—	*	*
10. Technische Maßnahmen¹) bei Leitungswiderständen von mehr als 2 × 200 Ohm, je Leitung			
a) Stromstoßübertrager für Gleichstrom bis 2 × 450 Ohm	5.40	88.—	1.80
b) desgleichen bei mehr als 2 × 450 Ohm	13.50	206.—	4.50
c) desgleichen für Wechselstrom- od. Induktivwahl	18.—	270.—	6.—
d) andere technische Maßnahmen .	—	*	*
11. Zweite Abfragestelle	—	*	*
12. Einrichtung zur selbsttätigen Auswahl von Amtsleitungen, die zu anderen Ortsämtern führen, je andere Richtung	3.60	54.50	1.20
13. Einrichtung für unmittelbaren Anruf von den Nebenstellen zur Hauptstelle (Weiterverbindungsmöglichkeit siehe Punkt 24 und 25), je Nebenstelle .	4.50	58.—	1.50
14. Anrufzähler (Einzel- oder Gruppenzähler), je Zähler	3.—	43.50	—.99
15. Einrichtung eines Zweieranschlusses für 2 Außennebenstellen Mehrpreis zur Wählervermittlung . .	14.40	220.—	4.80
16. Ersatz für den Ruf- und Signalstromerzeuger mit Handumschaltung oder selbsttätiger Umschaltung	—	*	*
17. Prüfschrank mit Prüfstöpsel	—	*	*
18. Besetztlampen für Nebenstellen für je 10 Lampen	1.80	27.—	—.60
19. Sicherungsstreifen statt Trennstreifen im Hauptverteiler, je Sicherungsstreifen (Mehrpreis)	3.—	46.50	—.99

¹) S. Fachausdrücke: Stromstoßübertragung.

	¹/₄ J. Miete	Kauf- preis	¹/₄ J. Wartung
20. Für Vorratsleitungen am Hauptverteiler,			
a) je weiterer Lötösenstreifen . . .	—.30	4.60	—.09
b) » » Trennstreifen	1.50	23.—	—.51
c) » » Sicherungsstreifen . .	4.50	69.50	1.50
21. Allgemein verwendbare Ergänzungs- und Zusatzausstattung	siehe XV und XVa		

Weitere Ergänzungseinrichtungen
nur für Anlagen mit Schnurzuteilung

	¹/₄ J. Miete	Kauf- preis	¹/₄ J. Wartung
22. Zweiter Amtsstöpsel mit Schnur und Umschalter (nur bei Einschnursystem) je Amtsleitung	1.80	26.—	—.60
23. Weitere Schnurpaare für Amtsverbindungen (nur bei Zweischnursystem), je Schnurpaar	5.40	80.—	1.80
24. Schnurpaare zum Verbinden von Sprechstellenanschlüssen untereinander (vgl. dritten Abschnitt, X, B, Punkt 24), je Schnurpaar	5.40	80.—	1.80
25. Schnurpaare, die für Amts- und Innenverbindungen benutzbar sind (an Stelle von Punkt 23 und 24), je Schnurpaar	5.40	80.—	1.80
26. Zweite Abfrageeinrichtung bei der Hauptstelle	7.20	113.—	2.40

Das zugehörige Sprechgerät (Handapparat oder Kopfhörer mit Brustmikrophon) wird besonders berechnet (siehe XVa Punkt 6, 7 und 8).

XI. Große W-Anlagen mit Amtswahl

Technische Erläuterungen (Regel- und Ergänzungsausstattung) siehe dritten Abschnitt, XI.

A. Regelausführung

Zum besseren Verständnis der folgenden Preiszahlentafeln muß man sich vergegenwärtigen, daß die Preise die gesamte Vermittlungseinrichtung umfassen, also

a) den handbedienten Teil für den ankommenden Amtsverkehr: Glühlampenschrank oder Bedienungspult,

Bild 30. Zweiplätziges Bedienungspult einer großen W-Anlage mit Amtswahl, Wählerzuteilung, Zahlengebern und Nebenstellen-Besetztlampen im Aufsatz.

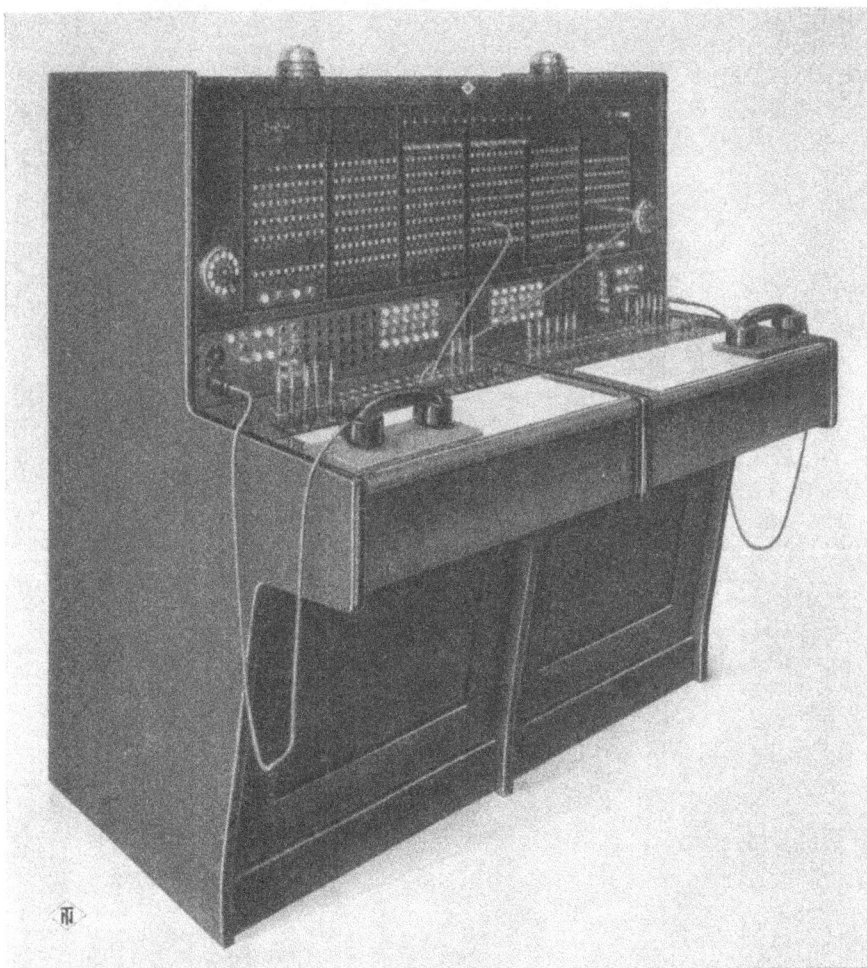

Bild 31. Zweiplätziger Vermittlungsschrank einer großen W-Anlage mit Amtswahl und Schnur-zuteilung.

b) den Wählerteil für den Amtsverkehr bestehend aus: Amts-wählern oder Amtsgruppenwählern sowie zusätzlichen Gruppen- und Leitungswählern,

c) den Wählerteil für den Innenverkehr, d. h. eine vollständige Wählerzentrale,

d) den Haupt- und Rangierverteiler,

e) die vollständige Stromversorgungsanlage gemäß Regelausstattung.

Die Bilder 30 bis 35 ausgeführter Anlagen veranschaulichen diese Anlagenteile, sind aber wegen der zahlreichen Variations-möglichkeiten lediglich als Ausführungsbeispiele anzusehen.

Bild 32. Wählerraum einer großen W-Anlage (Fallwählersystem).

1. Baustufe IIIA	A	N	J.V.	$\frac{1}{4}$ J. Miete	Kauf- preis	$\frac{1}{4}$ J. Wartung
Mindestausbau . . .	5	50	5	686.10	10713.—	171.60
erste Erweiterungs- stufe	5	50	5			
Endausbau der ersten Stufe	10	100	10	999.60	15583.—	250.05
zweite Erweiterungs- stufe	10	100	10			
Höchstausbau . .	20	200	20	1941.—	30192.—	485.55

Zwischen Mindest- und Höchstausbau sind beliebige Zwischenstufen zulässig; Sprechstellenanschlüsse aber nur in vollen Dekaden.

Bild 33. Haupt- und Rangierverteiler einer großen W-Anlage (mit Postprüfapparat mit langer Anschlußschnur und Prüfstöpsel).

Die Mindestanzahl der Innenverbindungssätze gemäß Regelausstattung muß stets berechnet und geliefert werden, ebenso muß Anzahl und Ausstattung der Amtsverbindungsorgane mindestens der Regelausstattung entsprechen.

Die Preise der Zwischenstufen errechnen sich unter Zugrundelegung der nachstehenden Einzelpreise, die entweder dem Mindestausbaupreis zuzurechnen oder vom Höchstausbaupreis abzuziehen sind.

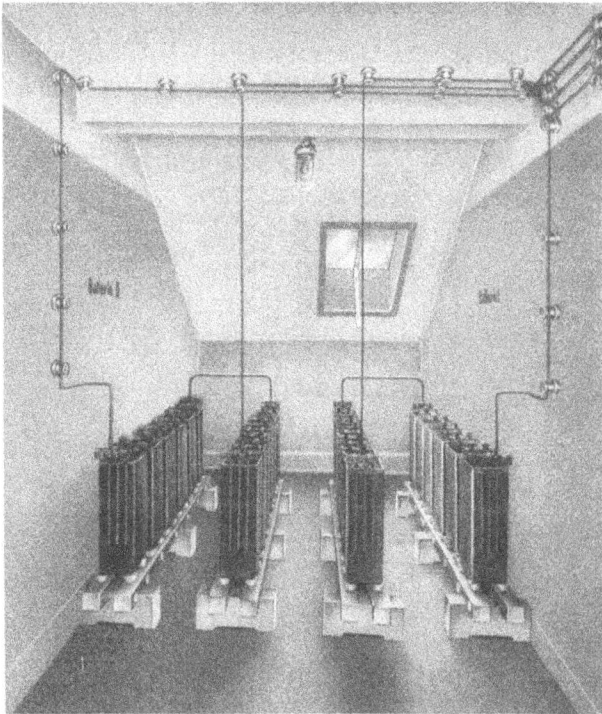

Bild 34. Batterieraum einer großen W-Anlage.

Außerdem ist zu beachten, daß jeder über 10 Amtsleitungen hinausgehende Ausbau

einen Amtsgestell-Zuschlag,

und jeder über 100 Sprechstellenanschlüsse hinausgehende Ausbau

einen Hausgestell-Zuschlag

wie nachstehend unter d und e angegeben, bedingt.

	¼ J. Miete	Kauf- preis	¼ J. Wartung
a) Je Amtsanschlußorgan	31.20	487.—	7.80
b) je 10 Sprechstellenanschlußorgane	12.60	195.—	3.15
c) je Innenverbindungssatz	18.90	292.—	4.74
d) Amtsgestell-Zuschlag[1]) (nur bei mehr als 10 Amtsleitungen). . .	126.—	1948.—	31.50
e) Hausgestell-Zuschlag[1]) (nur bei mehr als 100 Sprechst.-Anschl.) .	188.40	2921.—	47.10

Bild 35. Lademaschine und Ladeschalttafel einer großen W-Anlage.

2. Baustufe III B. Die nachstehend genannten Einzelpreise gelten nur für Anlagen bis zu 100 Amtsleitungen, 1000 Sprechstellen und 100 Innenverbindungssätzen. Die Preise für größere Anlagen (die nur äußerst selten vorkommen) werden von Fall zu Fall festgesetzt.[2])

	A	N	J.V.	¼ J. Miete	Kauf- preis	¼ J. Wartung
Mindestausbau . . .	11	110	10	1479.45	25151.—	295.89

---

[1]) Diese Gestellzuschläge gibt es nur bei der Baustufe III A.

[2]) Die der Wiferna angeschlossenen Firmen haben hierfür eine Sonderregelung vereinbart.

Höchstausbau mit   A   N   J.V.   Von einer Preiserrechnung
geregelten Preisen   wird abgesehen, weil bei
(sonst unbegrenzt) 100 1000 100   einem derartigen Ausbau
stets zahlreiche Sondereinrichtungen in Frage kommen.

Zwischen Mindest- und Höchstausbau sind beliebige Zwischenstufen zulässig; Sprechstellenanschlüsse aber nur in vollen Dekaden. Die Mindestanzahl der Innenverbindungssätze gemäß Regelausstattung muß stets berechnet und geliefert werden, auch Anzahl und Ausstattung der Amtsverbindungsorgane muß mindestens der Regelausstattung entsprechen.

Die Preise der Zwischenstufen errechnen sich unter Zugrundelegung der nachstehenden Einzelpreise, die den Mindestausbaupreisen zuzurechnen sind.

	$^1/_4$ J. Miete	Kaufpreis	$^1/_4$ J. Wartung
a) je Amtsanschlußorgan	57.—	972.—	11.40
b) je 10 Sprechstellenanschlußorgane	16.95	289.—	3.39
c) je Innenverbindungssatz	36.—	610.—	7.20
3. Teilnehmerapparate mit oder ohne Erdtaste (für Neben- oder Hausstellen), je Sprechstelle	2.70	36.—	—.90

B. Ergänzungsausstattung

Die nachstehend aufgeführte Tarifierung der Ergänzungsausstattung unterscheidet sich nur in wenigen Punkten von der Ergänzungsausstattung der mittleren W-Nebenstellenanlagen. Wichtig sind die Preisfestsetzungen für mehr als einen Arbeitsplatz und für Vielfachschaltungen[1]). Aus den Bestimmungen über die Regelausstattung (vgl. dritten Abschnitt, XI, A, Punkt 18) ergibt sich, daß weitere Arbeitsplätze und Vielfachschaltung der Nebenstellen, soweit zur Erfüllung der Regelausstattung erforderlich, vom Teilnehmer nicht besonders zu bezahlen sind. (Der Lieferer braucht aber für die Vielfachschaltung nicht mehr aufzuwenden, als zur Erfüllung der Regelausstattung notwendig ist; z. B. genügen gemeinsame und aufgeteilte Vielfachfelder mit Parallelklinken und Knackkontrolle.)

Vielfachschaltungen der Amts-, Melde-, Auskunfts- und Hinweisleitungen sind dagegen stets sonderkostenpflichtig, weil für den Betrieb dieser Leitungen in der Regelausstattung nichts gefordert wird, wozu Vielfachschaltung erforderlich wäre.

Auch weitere Arbeitsplätze ohne Vollbelegung gemäß Regelausstattung und etwa dadurch notwendig werdende Vielfachschal-

---

[1]) S. Fachausdrücke: Vielfachschaltung.

tungen sind, wenn vom Teilnehmer verlangt, sonderkostenpflichtig (vgl. hierzu dritten Abschnitt, XI, A, Erläuterung zu Punkt 18, letzten Absatz, S. 113).

	$^1/_4$ J. Miete	Kauf- preis	$^1/_4$ J. Wartung
1. Aufschalteinrichtung			
a) bei Verwendung der vorhandenen Verbindungssätze, je Verbindungssatz	—.90	15.—	—.30
b) bei Verwendung zusätzlicher Einrichtungen (z. B. besondere Verbindungssätze)	—	*	*
Einrichtung für hörbares Zeichen wird nicht besonders berechnet.			
2. Einrichtung von halbamtsberechtigten Nebenstellen über die Regelausführung hinaus (vgl. dritten Abschnitt XI, A, Punkt 5), für je 5 Nebenstellen	—.90	15.—	—.30
3. Einmalige selbsttätige Rufweiterschaltung			
a) in einer Amtsleitung (nur bei Wählerzuteilung)	2.70	40.—	—.90
b) in einer Nebenanschlußleitung. .	9.—	126.—	3.—
4. Einrichtung von Sammelanschlüssen (für Nebenstellen, Querverbindungen u. dgl.), je Innenverbindungssatz .	2.70	39.50	—.90
5. Einrichtung für Kettengespräche, je Amtsleitung	—.90	17.—	—.30
6. Einrichtung zum selbsttätigen Umlegen einer Amtsverbindung von Nebenstelle zu Nebenstelle (nur in Anlagen mit Wählerzuteilung), je Amtsleitung	3.60	46.50	1.20
7. Weitere Meldeleitungen			
a) ohne Weiterverbindungsmöglichkeit, je Meldeleitung	4.50	58.—	1.50
b) mit Weiterverbindungsmöglichkeit, je Meldeleitung	5.40	86.—	1.80

Vgl. dritten Abschnitt, XI, B, Punkt 7. Hier ist allerdings die Weiterverbindungsmöglichkeit nicht besonders erwähnt; dagegen wird auf die Vielfachschaltung von Meldeleitungen hin-

	$^1/_4$ J. Miete	Kauf- preis	$^1/_4$ J. Wartung
gewiesen. Preise hierfür siehe unter Punkt 18b.			
8. Nachtvermittlung (nur in Anlagen mit Wählerzuteilung)	—	*	*
9. Nachtabfragestelle (ohne Vermitt- lung)	—	*	*
10. Technische Maßnahmen[1]) bei Lei- tungswiderständen von mehr als 2 × 200 Ohm, je Leitung			
a) Stromstoßübertrager für Gleich- strom bis 2 × 450 Ohm	5.40	88. —	1.80
b) desgleichen bei mehr als 2 × 450 Ohm	13.50	206.—	4.50
c) desgleichen für Wechselstrom- od. Induktivwahl	18.—	270.—	6.—
d) andere technische Maßnahmen .	—	*	*

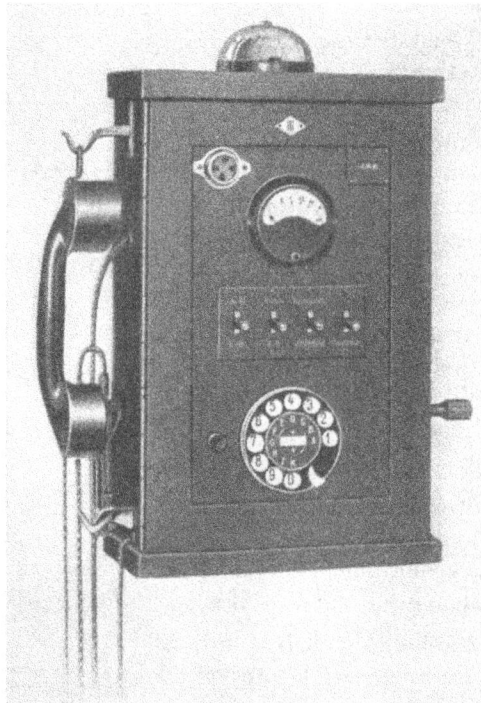

Bild 36. Prüfschrank mit Prüfstöpsel.

---

[1]) S. Fachausdrücke: Stromstoßübertragung.

	¼ J. Miete	Kauf- preis	¼ J. Wartung
11. Zweite Abfragestelle	—	*	*
12. Einrichtung zur selbsttätigen Auswahl von Amtsleitungen, die zu anderen Ortsämtern führen, je andere Richtung	3.60	54.50	1.20
13. Einrichtung für unmittelbaren Anruf von Nebenstellen zur Hauptstelle (Weiterverbindungsmöglichkeit siehe Punkt 27 und 28) je Nebenstelle. .	4.50	58.—	1.50
14. Ersatz für den Ruf- und Signalstromerzeuger mit Handumschaltung oder selbsttätiger Umschaltung	—	*	*
15. Prüfschrank mit Prüfstöpsel (Bild 36)	—	*	*
16. Besetztlampen für Nebenstellen, für je 10 Lampen	1.80	27.—	—.60
17. a) Weitere Arbeitsplätze über die Regelausstattung hinaus	—	*	*
b) Vielfachschaltung der Amtsleitungen, für jede Wiederholung einer Amtsleitung	6.30	96.—	2.10
18. a) Auskunfts- und Hinweisleitungen, je Leitung	5.40	80.—	1.80
b) Vielfachschaltung der Melde-, Auskunfts- und Hinweisleitungen, für jede Wiederholung eines Anrufzeichens	3.60	56.—	1.20
19. Je weiteren Gruppenwähler oder je weiteren Leitungswähler einschl. Relaissatz (nur bei Baustufe III B)			
a) bei Einbau in vorhandene Gestelle	18.—	305.—	3.60
b) bei Einbau in zusätzliche Gestelle	—	*	*
20. Sicherungsstreifen statt Trennstreifen im Hauptverteiler, je Sicherungsstreifen (Mehrpreis)	3.—	46.50	—.99
21. Für Vorratsleitungen am Hauptverteiler			
a) je weiteren Lötösenstreifen . . .	—.30	4.60	—.09
b) » » Trennstreifen	1.50	23.—	—.51
c) » » Sicherungsstreifen . .	4.50	69.50	1.50
22. Anrufzähler (Einzel- oder Gruppenzähler), je Zähler	3.—	43.50	—.99

	¹/₄ J. Miete	Kauf- preis	¹/₄ J. Wartung
23. Einrichtung eines Zweieranschlusses für 2 Außennebenstellen Mehrpreis zur Wählervermittlung. .	14.40	220.—	4.80
24. Allgemein verwendbare Ergänzungs- und Zusatzausstattung . . . . . siehe XV und XVa			

**Weitere Ergänzungsausstattung nur für
Anlagen mit Schnurzuteilung**

25. Zweiter Amtsstöpsel mit Schnur und Umschalter (nur bei Einschnursystem) je Amtsleitung	1.80	26.—	—.60
26. Weitere Schnurpaare für Amtsverbin- dungen (nur bei Zweischnursystem), je Schnurpaar	5.40	80.—	1.80
27. Schnurpaare zum Verbinden von Sprechstellenanschlüssen untereinan- der (vgl. dritten Abschnitt, X, B, Punkt 24), je Schnurpaar	5.40	80.—	1.80
28. Schnurpaare, die für Amts- und In- nenverbindungen benutzbar sind (an Stelle von Punkt 26 und 27), je Schnurpaar	5.40	80.—	1.80
29. Zweite Abfrageeinrichtung bei der Hauptstelle	7.20	113.—	2.40

Das zugehörige Sprechgerät (Handapparat oder Kopfhörer mit Brustmikrophon) wird besonders berechnet
(siehe XVa, Punkt 6 bis 8)

30. Vielfachschaltung der Nebenstellen
einschl. Vielfachkabel, jedoch ohne
Arbeitslöhne an Ort und Stelle,

a) für je 10 eingebaute Parallel- klinken	2.10	31.50	—.69
b) für je 10 eingebaute Doppelunter- brechungsklinken.	3.—	43.50	—.99
c) für je 10 eingebaute Vielfach- besetztlampen	1.80	27.—	—.60
d) für je 10 Vielfachtasten (für Son- derzwecke)	3.—	43.50	—.99

XII. W-Anlagen ohne Amtswahl

Technische Erläuterungen (Regel- und Ergänzungsausstattung) siehe dritten Abschnitt XII.

Bild 37. Glühlampenschrank, Schrankteil einer W-Anlage ohne Amtswahl (Baustufe IV B, nicht vollausgebaut).

A. Regelausführung

Schrankteil

	A[1]	N[1]	¼ J. Miete	Kauf- preis	¼ J. Wartung
1. Baustufe IV A					
Mindestausbau	2	20	113,40	1783.—	37.80
erweiterungsfähig um	3	30	—	—	—
Höchstausbau	5	50	178.20	2767.—	59.40
2. Baustufe IV B (Bild 37)					
Mindestausbau	5	30	217.80	3376.—	72.60
erweiterungsfähig um	5	70	—	—	—
Höchstausbau	10	100	336.60	5180.—	112.20
3. Baustufe IV C					
Mindestausbau	7	50	333.—	5270.—	83.25
erweiterungsfähig um	13	150	—	—	—
Höchstausbau[2]	20	200	624.60	9698.—	180.45

[1] A = Amtsanschlußorgan, N = Nebenstellenanschlußorgan.

[2] Bei mehr als 15 Amtsleitungen muß ein zweiter Arbeitsplatz geliefert werden, der nicht besonders berechnet wird.

			¹/₄ J. Miete	Kauf- preis	¹/₄ J. Wartung
4. Baustufe IV D	A	N			
Mindestausbau	11	110	449.10	6888.—	89.82

unbegrenzt erweiterungsfähig.

Zwischen Mindest- und Höchstausbau sind beliebige Zwischenstufen zulässig; Nebenstellenanschlüsse aber nur in vollen Dekaden. Die Preise der Zwischenstufen errechnen sich auf Grund nachstehender Einzelpreise, die entweder dem Mindestausbaupreis zuzurechnen oder vom Höchstausbaupreis abzuziehen sind. Sie gelten nur für Anlagen bis zu 100 Amtsleitungen, 1000 Nebenstellen und 100 Innenverbindungssätzen. Für größere Anlagen (die nur äußerst selten vorkommen) werden die Preise von Fall zu Fall festgesetzt.

Zu beachten ist, daß bei Baustufe IV D mit mehr als 15 Amtsleitungen ein zweiter, mit mehr als 30 Amtsleitungen ein dritter usw. Arbeitsplatz erforderlich wird, also hinzuzurechnen ist, bei mehr als zwei Arbeitsplätzen außerdem Vielfachschaltung der Nebenstellenleitungen.

Einzelpreise für Schrankteil	¹/₄ J. Miete	Kauf- preis	¹/₄ J. Wartung
a) je Amtsanschlußorgan	16.20	246.—	5.40
b) je 10 Nebenstellenanschlußorgane	5.40	82.—	1.80
c) je weiteren Arbeitsplatz (nur für die Baustufe IV D)	198.—	3075.—	39.60
d) Vielfachschaltung für die Neben- stellenanschlüsse	Preise siehe unter B, Punkt 21 b.		

Wählerteil	Teiln. Anschl.	Verb. Sätze	¹/₄ J. Miete	Kauf- preis	¹/₄ J. Wartung
5. Baustufe IV A					
Mindestausbau	20	3	139.50	2163.—	46.50
erweiterungsfähig um . .	30	3	—	—	—
Höchstausbau	50	6	208.35	3222.—	69.45
6. Baustufe IV B (Bild 38)					
Mindestausbau	30	4	243.—	3752.—	81.—
erweiterungsfähig um . .	70	8	—	—	—
Höchstausbau	100	12	417.60	6440.—	139.20
7. Baustufe IV C					
Mindestausbau	50	5	480.—	7490.—	120.—
erweiterungsfähig um . .	150	19	—	—	—
Höchstausbau	200	24	988.50	15390.—	247.35
8. Baustufe IV D					
Mindestausbau	110	10	791.85	13093.—	158.37

unbegrenzt erweiterungsfähig.

Auch im Wählerteil sind zwischen Mindest- und Höchstausbau jeder Baustufe beliebige Zwischenstufen zulässig, Teilnehmeranschlüsse jedoch nur in vollen Dekaden. Die Mindestanzahl der Verbindungssätze gemäß Regelausstattung muß stets berechnet und geliefert werden.

Die Preise der Zwischenstufen errechnen sich unter Zugrundelegung der nachstehenden Einzelpreise, die entweder dem Mindestausbaupreis zuzurechnen oder vom Höchstausbaupreis abzuziehen sind.

Bild 38. Wählerteil einer W-Anlage ohne Amtswahl, Drehwählersystem (Baustufe IV B, nicht vollausgebaut).

Die Einzelpreise für Teilnehmeranschlußorgane und Verbindungssätze sind wegen des verschieden großen technischen Aufwands für 100er- (Baustufe IV A und B), 200er- (Baustufe IV C) und 1000er-Anlagen (Baustufe IV D) gestaffelt. Die Baustufe IV D erfordert außerdem einen Gestellzuschlag je Hundertgruppe, wobei es gleichgültig ist, ob die Hundertgruppe voll oder nur teilweise ausgebaut ist. (Z. B. enthalten die vorstehend unter Position 8 angegebenen Preise für den Mindestausbau der Baustufe IV D diesen Gestellzuschlag zweimal, weil ein Ausbau von 110 Sprechstellenanschlüssen bereits 2 Hundertgruppen bedingt, nämlich eine vollausgebaute und eine angefangene. Dessenungeachtet pflegt man in diesen und ähnlichen Fällen die Sprech-

stellenanschlußorgane zweckmäßig möglichst gleichmäßig auf sämtliche
Gruppen zu verteilen.)

Einzelpreise für Wählerteil		¼ J. Miete	Kauf- preis	¼ J. Wartung
a) je 10 Teilnehmer- Anschlußorgane	für Baust. IV A u.	9.—	136.—	3.—
b) je Verbindungssatz . . .	IV B	13.95	217.—	4.65
c) je 10 Teilnehmer- Anschlußorgane	für Baust.	11.10	172.—	2.79
d) je Verbindungssatz . . .	IV C	18.—	280.—	4.50
e) je 10 Teilnehmer- Anschlußorgane	für	16.95	289.—	3.39
f) je Verbindungssatz . . .	Baust.	36.—	610.—	7.20
g) Gestellzuschlag je 100er- Gruppe (angefangene Gruppe werden voll be- rechnet)	IV D nur bis 1000 Teiln.	85.80	1333.—	17.16

B. **Ergänzungsausstattung**

1. Aufschalteinrichtung

  a) bei Verwendung der vorhandenen
  Verbindungssätze, je Verbindungs-
  satz . . . .   —.90   15.—   —.30

  b) bei Verwendung zusätzlicher Einrichtungen (z. B. besondere Verbindungssätze) . . . .   —   *   *
  Einrichtung für hörbares Zeichen
  wird nicht besonders berechnet.

2. Einmalige selbsttätige Rufweiterschaltung in einer Nebenanschluß-
  leitung . . . .   9.—   126.—   3.—

3. Einrichtung von Sammelanschlüssen
  (für Nebenstellen, Querverbindungen
  u. dgl.) je Innenverbindungssatz . .   2.70   39.50   —.90

4. Einrichtung für Kettengespräche je
  Amtsleitung . . . .   —.90   17.—   —.30

5. Weitere Meldeleitungen

  a) ohne Weiterverbindungsmöglich-
  keit je Meldeleitung . . . . . .   4.50   58.—   1.50

  b) mit Weiterverbindungsmöglichkeit
  je Meldeleitung . . . .   5.40   86.—   1.80
  Preise für die Vielfachschaltung
  d. Meldeleitungen siehe Punkt 23 b

	$^1/_4$ J. Miete	Kauf- preis	$^1/_4$ J. Wartung
6. Zweiter Amtsstöpsel mit Schnur und Umschalter (nur bei Einschnursystem) je Amtsleitung	1.80	26.—	—-.60
7. Schnurpaare für Amtsverbindungen oder für Amts- und Innenverbindungen, je Schnurpaar	5.40	80.-—	1.80
8. Zweite Abfrageeinrichtung bei der Hauptstelle	7.20	113.-—	2.40
Das zugehörige Sprechgerät (Handapparat oder Kopfhörer mit Brustmikrophon) wird besonders berechnet (siehe XVa Punkt 6 bis 8).			
9. Technische Maßnahmen[1]) bei Außenleitungen von mehr als 2 × 200 Ohm, je Leitung			
a) Stromstoßübertrager für Gleichstrom bis 2 × 450 Ohm	5.40	88.-—	1.80
b) desgleichen bei mehr als 2 × 450 Ohm	13.50	206.-—	4.50
c) desgleichen für Wechselstrom oder Induktivwahl	18.—	270.—	6.—
d) andere technische Maßnahmen .	—	*	*
10. Einrichtung eines Zweieranschlusses für 2 Außennebenstellen Mehrpreis zur Wählervermittlung .	14.40	220.-—	4.80
11. Schnurpaare zum Verbinden von Sprechstellenanschlüssen untereinander, je Schnurpaar	5.40	80.-—	1.80
12. Zweite Abfragestelle	—	*	*
Wenn es sich hierbei um einen vollständigen zweiten Vermittlungsschrank mit dem gleichen oder geringerem Ausbau handelt wie bei der Hauptstelle, dann wird er zu den Preisen der betreffenden Baustufe berechnet.			
13. Ersatz für den Ruf- und Signalstromerzeuger mit Handumschaltung oder selbsttätiger Umschaltung. . .	—	*	*
14. Prüfschrank mit Prüfstöpsel	—	*	*

[1]) S. Fachausdrücke: Stromstoßübertragung.

	$^1/_1$ J. Miete	Kauf-preis	$^1/_4$ J. Wartung
15. Betrifft selbsttätige elektrische Trennung, die nur bei Druckknopfschränken in Betracht kommt (vgl. dritten Abschnitt, Vorbemerkungen zu X, S. 76).			
16. Sicherungsstreifen statt Trennstreifen im Hauptverteiler, je Sicherungsstreifen Mehrpreis	3.—	46.50	—.99
17. Für Vorratsleitungen am Hauptverteiler			
a) je weiteren Lötösenstreifen . . .	—.30	4.60	—.09
b) » » Trennstreifen	1.50	23.—	—.51
c) » » Sicherungsstreifen . .	4.50	69.50	1.50
18. Nachtabfragestelle (ohne Vermittlung), soweit nicht preisgeregelte Einrichtungen (z. B. Reihenapparat) verwendet werden	—	*	*
19. Je weiteren Gruppenwähler oder je weiteren Leitungswähler einschl. Relaissatz (nur bei Baustufe IV D)			
a) bei Einbau in vorhandene Gestelle	18.—	305.—	3.60
b) bei Einbau in zusätzliche Gestelle	—	*	*
20. Allgemein verwendbare Ergänzungs- und Zusatzausstattung . . . . . . siehe XV und XVa.			
21. a) Vielfachschaltung der Amtsleitungen für jede Wiederholung einer Amtsleitung	6.30	96.—	2.10
b) Vielfachschaltung der Nebenanschlußleitungen für je 10 eingebaute Parallelklinken	2.10	31.50	—.69
für je 10 eingebaute Doppelunterbrechungsklinken.	3.—	43.50	—.99
für je 10 Lampen	1.80	27.—	—.60
» » 10 Tasten	3.—	43.50	—.99
22. Besetztlampen für Nebenstellen, für je 10 Lampen	1.80	27.—	—.60
23. a) Auskunfts- und Hinweisleitungen je Leitung	5.40	80.—	1.80
b) Vielfachschaltung der Melde-, Auskunfts- und Hinweisleitungen, für jede Wiederholung eines Anrufzeichens	3.60	56.—	1.20

XIII. Kleine W-Unteranlage

Technische Erläuterungen (Regel- und Ergänzungsausstattung) siehe dritten Abschnitt XIII.

A. Regelausführung

	¹/₄ J. Miete	Kauf- preis	¹/₄ J. Wartung
1. Ausbau:			
1 Anschlußorgan für die Neben- anschlußleitung zur Hauptanlage 9 Anschlußorgane für Nebenstellen 1 Innenverbindungssatz	88.20	1360.—	29.40
2. 1 weiterer Innenverbindungssatz . .	9.—	147.—	3.—
3. Hierzu Teilnehmerapparate mit oder ohne Erdtaste (für Neben- oder Haus- stellen) je Sprechstelle	2.70	36.—	—.90

Die Einrichtungen, die in der Haupt- anlage nötig sind, um sie für den Anschluß einer W-Unteranlage zu ergänzen, sind in vorstehenden Prei- sen nicht enthalten (vgl. dazu XV, Punkt 12).

B. Ergänzungsausstattung

	¹/₄ J. Miete	Kauf- preis	¹/₄ J. Wartung
1. Einmalige selbsttätige Weiterschal- tung eines bei einer Nebenstelle ein- gehenden Rufs zu einer anderen Nebenstelle	9.—	126.—	3.—
2. Ergänzungseinrichtung für eine wei- tere, jedoch nicht amtsberechtigte Leitung zur Hauptanlage (entspricht einer Hausquerverbindung)	—	*	*
3. Stromstoßübertrager für die amts- berechtigte Leitung zur Hauptanlage bei einem Widerstand von mehr als 2 × 200 Ohm (besondere technische Maßnahmen)	—	*	*
4. Anzeigevorrichtung für das Anspre- chen von Sicherungen durch Wecker oder Lampe	1.20	18.—	—.39
5. Mithöreinrichtung in der Wählerein- richtung je Mithörstelle	1.50	23.—	—.51
6. Aufschalteinrichtung zum Aufschal- ten während der Rückfragestellung	—	*	*

	¼ J. Miete	Kauf- preis	¼ J. Wartung
7. Besetztanzeige für die amtsberechtigte Nebenanschlußleitung je Zeichen (Lampe oder Schauzeichen)	—.60	9.—	—.21
8. Allgemein verwendbare Ergänzungs- und Zusatzausstattung	siehe XV und XVa.		

XIV. Mittlere W-Unteranlagen

Technische Erläuterungen (Regel- und Ergänzungsausstattung) siehe dritten Abschnitt XIV.

A. Regelausführung

Die Preise verstehen sich einschl. Stromversorgungsanlage, für Baustufe II Ev und II Gv auch einschl. Haupt- und Rangierverteiler, jedoch ohne die Einrichtungen, die in der Hauptanlage nötig sind, um diese für den Anschluß einer W-Unteranlage zu ergänzen (vgl. dazu XV, Punkt 12).

	aNl[1])	N[1])	J.V.[1])	¼ J. Miete	Kauf- preis	¼ J. Wartung
1. Baustufe II Bv						
Mindestausbau . . .	2	15	2 .	211.50	3279.—	70.50
erweiterungsfähig um	1	—	1			
demnach Höchstausbau	3	15	3 .	236.70	3680.—	78.90
2. Baustufe II Dv						
Mindestausbau . . .	3	25	3 .	297.90	4617.—	99.30
erweiterungsfähig um	2	—	1			
demnach Höchstausbau	5	25	4 .	339.30	5272.—	113.10

Einzelpreise zu den Baustufen II Bv und II Dv:

	¼ J. Miete	Kauf- preis	¼ J. Wartung
3. je Anschlußorgan für amtsberechtigte Nebenanschlußleitung	16.20	254.—	5.40
4. je Innenverbindungssatz	9.—	147.—	3.—

	aNl	N	J.V.	Miete	preis	Wartung
5. Baustufe II Ev						
Mindestausbau . . .	3	30	4 .	430.20	6642.—	143.40
erweiterungsfähig um	2	20	2			
demnach Höchstausbau	5	50	6 .	525.60	8120.—	175.20

[1]) aNl = Anschlußorgan für amtsberechtigte Nebenanschlußleitung,
    N = Anschlußorgan für Neben- bzw. Sprechstellen,
    J.V. = Innenverbindungssatz.

					¹/₄ J. Miete	Kauf- preis	¹/₄ J. Wartung

6. Baustufe II Gᴜ

Mindestausbau . . .	5	50	5	.	739.80	11432.—	246.60
erweiterungsfähig um	5	50	7				
demnach Höchstaus-							
bau	10	100	12	.	1007.10	15573.—	335.70

Einzelpreise für die Erweiterungen
der Baustufen II Eᴜ und II Gᴜ:

	¹/₄ J. Miete	Kauf- preis	¹/₄ J. Wartung
7. je Anschlußorgan für amtsberechtigte Nebenanschlußleitung	24.30	380.—	8.10
8. je Innenverbindungssatz	14.40	223.—	4.80
9. je 10 Anschlußorgane für Nebenstellen	9.—	136.—	3.—

Es sind beliebige Zwischenstufen
zwischen Mindest- und Höchstausbau
zulässig; Sprechstellenanschlüsse aber
nur in vollen Dekaden. Die Preise der
Zwischenstufen errechnen sich unter
Zugrundelegung der unter 3, 4, 7, 8
und 9 aufgeführten Einzelpreise, die
entweder dem Mindestausbaupreis
zuzurechnen oder vom Höchstausbaupreis abzuziehen sind.

B. **Ergänzungsausstattung**

1. Aufschalteinrichtung
   a) bei Verwendung der vorhandenen
      Verbindungssätze, je Verbindungs-

satz	—.90	15.—	—.30

   b) bei Verwendung zusätzlicher Ein-
      richtungen (z. B. besondere Ver-

bindungssätze)	—	*	*

   Einrichtung für hörbares Zeichen
   wird nicht besonders berechnet.

2. Einmalige selbsttätige Weiterschaltung eines bei einer Nebenstelle eingehenden Rufs zu einer anderen

Nebenstelle	9.—	126.—	3.—

3. Besondere nichtamtsberechtigte Leitungen zur Hauptanlage (entspre-

chend den Hausquerverbindungen) .	—	*	*

4. Stromstoßübertrager für die amtsberechtigten Leitungen zur Haupt-

	¹/₄ J. Miete	Kauf- preis	¹/₄ J. Wartung
anlage mit einem Widerstand von mehr als 2 × 200 Ohm (besondere technische Maßnahmen)	—	*	*
5. Ersatz für den Ruf- und Signalstrom- erzeuger mit Handumschaltung oder selbsttätiger Umschaltung	—	*	*
6. Prüfschrank mit Prüfstöpsel	—	*	*
7. Einrichtung von Sammelanschlüssen (für Nebenstellen, Querverbindungen u. dgl.) je Innenverbindungssatz . .	2.70	39.50	—.90
8. Allgemein verwendbare Ergänzungs- und Zusatzausstattung	siehe XV und XVa		

XV. Allgemein verwendbare Ergänzungsausstattungen

Hinsichtlich »Überlassungsbedingungen« siehe Vorbemerkungen zu den Preislisten Nr. 3, S. 145.

	¹/₄ J. Miete	Kauf- preis	¹/₄ J. Wartung
1. Ticker . . . . Siehe Fachausdrücke: Ticker.	1.50	28.—	—.51
2. Mitlaufwerke für die Verhinderung be- sonderer Verbindungen, je Mitlaufwerk Siehe Fachausdrücke: Mitlaufwerk.	8.10	120.—	2.70
3. Umschalteinrichtung, um die Rufweiter- schaltung (z. B. nach V, B, Punkt 2 im dritten Abschnitt) wahlweise nach anderen Nebenstellen zu leiten. Für jede weitere Umschaltung je Amts- leitung	—.90	13.50	—.30
4. Umschalteinrichtung, um die Einzel- nachtschaltung (z. B. nach X, A, Punkt 17 im dritten Abschnitt) wahlweise an- deren Nebenstellen zuzuteilen. Für jede weitere Umschaltung je Amts- leitung	—.90	13.50	—.30
5. Umschalteinrichtung, um wahlweise mehreren Nebenstellen die Eigenschaft einer Nachtvermittlung (nach X oder XI, B, Punkt 8 im dritten Abschnitt) zuzuteilen. Für jede Nachtvermittlungsstelle (außer der ersten, die besonders berechnet wird)	—.90	13.50	—.30

	¼ J. Miete	Kauf- preis	¼ J. Wartung

6. Umschalteinrichtung, um statt einer Nachtabfragestelle (z. B. nach XI, B, Punkt 9 im dritten Abschnitt) zwei wahlweise in Betrieb zu setzen.
Für jede von der zweiten Stelle abzufragende Amtsleitung . . . . —.90 13.50 —.30
Die zweite Nachtabfragestelle selbst wird besonders berechnet.

7. Einrichtung zum Anschluß einer Personensuchanlage . . . . — * *
Siehe Fachausdrücke: Personensuchanlage.

8. Besondere Einrichtungen für Rundgespräche, telephonische Konferenzen, sowie für Sonderverkehrsbedürfnisse in Börsen- und Maklerbüros . . . . . . — * *
Siehe Fachausdrücke: Rundgesprächseinrichtung.

9. Ersatzteile für die Vermittlungseinrichtung, z. B. starker Abnutzung unterworfene Wählerteile (Stoßklinken, Schaltarmsätze, Kontaktfedern u. dgl.), ferner Relais, komplette Relaissätze usw., sowie Ersatzteile für Fernsprechapparate (Mikrophonkapseln, Leitungsschnüre usw.) . . . . — * *

10. Schaltmittel für besondere Signale, z. B. Botenruftasten, Schalthebel zum Einschalten von Türsperrzeichen u. dgl. . — * *

11. Wiederholung der Sicherungssignale (vgl. z. B. X, A, Punkt 18 im dritten Abschnitt) . . . . — * *

12. Ergänzungseinrichtungen für den Anschluß von Querverbindungen oder von Nebenanschlußleitungen zu Zweitnebenstellenanlagen . . . . — * *
Siehe Fachausdrücke: Querverbindungen, Zweitnebenstellenanlagen.

13. Verstärker für Querverbindungen (werden auch in privaten Nebenstellenanlagen nur von der Deutschen Reichspost geliefert) . . . . — * *

	¼ J. Miete	Kauf- preis	¼ J. Wartung
14. Einrichtungen zur Verhinderung uner- laubter Gesprächsverbindungen, soweit nicht in der Regelausführung enthalten	—	*	*
15. Mehraufwendungen für Stromlieferungs- anlagen über die Regelausstattung hin- aus (vgl. XVIII)	—	*	*
16. Anzeigevorrichtung für das Ausbleiben des Netzstroms bei Ladegeräten mit selbsttätiger Pufferung, soweit nicht Regelausstattung . . . . Siehe Fachausdrücke: Pufferung, letz- ten Absatz.	2.70	40.—	—.90

XVa. Zusatzeinrichtungen

Hinsichtlich »Überlassungsbedingungen« siehe Vorbemerkungen zu den Preislisten Nr. 3, S. 145.

	¼ J. Miete	Kauf- preis	¼ J. Wartung
1. Anschlußdosen für tragbare Fernsprech- apparate (nur zulässig für gewöhnliche Sprechapparate mit oder ohne Erdtaste und mit einer Anschlußleitung), je An- schlußdose	—.30	3.80	—.09
2. Besondere Schalteinrichtung für An- schlußdosenanlagen (Klinkenkasten)[1] .	—	*	*
3. Wechselschalter zum Umschalten einer Doppelleitung (zum Umschalten einer Einfachleitung wird der gleiche Schalter verwendet).	—.30	4.—	—.09
4. Mehrfachschalter zum Umschalten von			
a) 2 Doppelleitungen	—.60	8.—	—.21
b) 3 »	—.90	12.—	—.30
c) 4 »	1.05	16.—	—.36
d) 5 »	1.20	20.—	—.39
5. Zweiter Hörer			
a) mit Stiel oder in Dosenform . . .	—.45	5.80	—.15
b) Diaphonhörer	—.90	11.50	—.30

---

[1] S. Fachausdrücke: Klinkenkasten.

	¼ J. Miete	Kauf- preis	¼ J. Wartung
6. Handapparate (Mikrotelephone)			
a) wenn statt eines gewöhnlichen, ein Handapparat mit Taste geliefert wird, Mehrpreis	—.30	3.80	—.09
b) Handapparat ohne Taste	—.90	11.50	—.30
c) Handapparat mit Taste	1.20	15.30	—.39
7. Kopfhörer			
a) Einfachkopfhörer.	—.60	8.30	—.21
b) Doppelkopfhörer	—.90	15.—	—.30
8. Brustmikrophon einschl. Stecker . . .	3.—	49.—	—.99
9. Wecker für Gleich- oder Wechselstrom			
a) Wecker kleiner Form (bis 8 cm Schalendurchmesser)	—.60	8.—	—.21
b) Wecker großer Form (mit mehr als 8 cm Schalendurchmesser), Laut- schläger sowie Wecker in regensiche- rem Gehäuse	1.20	18.—	—.39
c) Wecker mit sichtbarem Zeichen (Ruf- stromanzeiger)	1.20	18.—	—.39
d) Wecker besonderer Ausführung . .	—	*	*
10. Sternschauzeichen oder Lampe . . .	—.60	9.—	—.21
11. Fallscheibe.	—.90	11.50	—.30
Soll durch die Fallscheibe ein Gleich- stromwecker in Tätigkeit gesetzt wer- den, dann werden Wecker und Batterie besonders berechnet.			
12. Schwachstrom/Starkstromrelais . . .	1.80	26.—	—.60
13. Lose Wählscheibe mit Fuß	—.90	13.50	—.30
14. Kurbelinduktor.	2.10	34.—	—.69
15. Kassiervorrichtung für Nebenstellen .	4.20	145.—	1.41
(Kann in Privatanlagen teurer sein.)			
16. Lose Flacker- oder Erdtaste	—.30	3.80	—.09
17. Zuschlag für Leitungsschnüre über 2 m für je 2 m überschießende Länge und je 20 Adern	—.15	2.—	—.06
18. Dehnbare Leitungsschnur für Hand- apparate			
a) in Regellänge	—.15	2.20	—.06
b) 1 m lang	—.30	3.—	—.09
c) 1,5 m lang	—.30	3.70	—.09
d) 2 m lang	—.30	4.50	—.09

Bild 39. Normaler Nebenstellenapparat mit Erdtaste.

XVI. Fernsprechapparate

Reihenapparate und Hauslinienwählerapparate siehe unter IV, V und VII.

	¼ J. Miete	Kauf- preis	¼ J. Wartung
1. Fernsprechapparat mit Wählscheibe, mit oder ohne Erdtaste (Bild 39) (für Nebenstellen und Hausstellen)[1] . . .	2.70	36.—	—.90
2. Fernsprechapparat wie vor, in elfenbein-farbigem Gehäuse (z. B. für Kliniken, Luxushotels u. dgl.)[1]	3.60	52.80	1.20
3. Fernsprechapparat für 2 Anschlußlei-tungen, mit Wählscheibe, 2 Einschalt-tasten oder -hebeln mit Rückfrageein-richtung, 2 klangverschiedenen Wechsel-stromweckern ohne Erdtaste (Doppel-weckerapparat für Zweischleifenbetrieb)	4.50	63.—	1.50

4. Fernsprechapparat mit einer Anschluß-leitung für Wähler- und OB-Betrieb, ent-haltend Wählscheibe, Handinduktor, Wechselstromwecker, Handumschalter zum Umschalten von der einen auf die andere Betriebsart und Mikrophonele-ment (sog. Doppelapparat für Luft-schutzzwecke) (Bild 40)

Bild 40. Fernsprechapparat für OB- und W-Betrieb
(Doppelapparat für Luftschutzzwecke).

[1] Stecker an tragbaren Apparaten werden nicht besonders berechnet; An-schlußdosen siehe unter XVa.

Bild 41. Mithörapparat zum Mithören von Amts-
oder Innengesprächen, für 5 Mithörleitungen.

Bild 42. Vorschaltapparat mit Mithörtasten
für 3 Amtsleitungen.

	$^{1}/_{4}$ J. Miete	Kauf- preis	$^{1}/_{4}$ J. Wartung
a) ohne Batteriekasten	7.20	93.—	2.40
b) mit Batteriekasten	7.20	96.—	2.40
5. Fernsprechapparat nach Position 1, jedoch mit eingebautem Sternschauzeichen	3.30	48.70	1.11

Siehe Fachausdrücke: Zweiter Sprechapparat.

6. Fernsprech-Tischapparat als Nebenstelle mit Mithöreinrichtung zum Mithören von Amts- oder Innengesprächen

a) für 5 Mithörleitungen (Bild 41) . .	9.—	138.—	3.—
b) » 6—10 Mithörleitungen	11.70	200.—	3.90
c) » 11—15 Mithörleitungen	14.40	250.—	4.80

7. Vorschaltapparate (Bild 42) (vgl. dritten Abschnitt III, B, Punkt 11, und XII, A, Punkt 21)

a) bei Verwendung von Reihenapparaten[1])

für 1 Amtsleitung	9.—	141.—	3.—
» 2 Amtsleitungen	11.70	184.—	3.90
» 3, 4 oder 5 Amtsleitungen . .	14.40	226.—	4.80

b) bei Verwendung von Apparaten in Sonderanfertigung für mehr als fünf Amtsleitungen . . . .   —   *   *

[1]) Mehrpreise für Mithöreinrichtungen siehe VII, B, Punkt 1, S. 158.

Bild 43. Fahrbarer Fernsprechtisch in Sonderausführung.

	$^1/_4$ J. Miete	Kauf- preis	$^1/_4$ J. Wartung
8. Weitere Fernsprechapparate in Sonder- anfertigung, z. B. in fahrbarem Tisch- gehäuse, als Chef- und Sekretärapparat mit besonderer Ausrüstung usw. (Bei- spiele Bild 43 und 44)	—	*	*

Bild 44. Fernsprechapparat für Hotelzimmer, mit elektrischer Nebenuhr
und Klingelknöpfen
Mädchen, Kellner, Diener (Sonderausführung).

XVII. Errechnungsbeispiele

Die Kostenberechnungen für kleine und mittlere Nebenstellenanlagen gestalten sich mit Hilfe der Preislisten außerordentlich einfach. Das ist für den Planer von besonderem Interesse, weil er dadurch in die Lage versetzt wird, bei Prüfung der Frage, welche Anlagenart für seine Zwecke die geeignetste ist, auch die sehr wichtige Kostenfrage einwandfrei zu berücksichtigen.

Das ergibt sich aus folgendem Beispiel:

Beispiel 1

Es sei angenommen, ein Unternehmen mittlerer Größe benötige eine Fernsprechanlage zu 3 Amtsleitungen, mit 12 Nebenstellen (außer der Abfragestelle) und 15 Hausstellen. Zwei der Nebenstellen sollen mit Mithörtasten für den Amtsverkehr ausgerüstet sein. Sämtliche Nebenstellen sollen sich selbständig mit Amt verbinden können (sollen vollamtsberechtigt sein), der ankommende Amtsverkehr soll während des Tages im Hauptkontor, während der Nacht beim Portier entgegengenommen werden. Sämtliche Neben- und Hausstellen sollen unmittelbar untereinander verkehren (ohne Mitwirken einer Vermittlungsperson).

Die Anlage erstrecke sich hinsichtlich der Nebenstellen überwiegend auf ein kleines Verwaltungsgebäude, hinsichtlich der Hausstellen auf mehrere verstreut liegende Fabrikgebäude, jedoch alles auf einem gemeinsamen Grundstück.

Für diesen Bedarfsfall kommen 2 Anlagenarten in Frage, nämlich entweder

eine Reihenanlage mit Wählerzentrale nach VII oder
eine mittlere W-Nebenstellenanlage nach X.

Wir werden nachstehend die Kosten beider Anlagenarten berechnen und untersuchen, was für die eine und was für die andere spricht.

a) Als Reihenanlage mit Wählerzentrale nach VII

	$\frac{1}{4}$ J. Miete	Kaufpreis	$\frac{1}{4}$ J. Wartung
1. Die Abfragestelle zu 3 Amtsleitungen mit allem Zubehör.	26.55	410.—	8.85
2. 12 Nebenstellen zu 3 Amtsleitungen je RM. 8.10, 123.—, 2.70	97.20	1476.—	32.40
3. Mithöreinrichtung für Nebenstelle 1 . .	1.80	30.—	—.63
Mithöreinrichtung für Nebenstelle 2 . .	—.90	15.—	—.27
4. 15 Hausapparate je RM. 2.70, 36.—, —.90	40.50	540.—	13.50
5. 1 Wählerzentrale 30/4	132.30	2050.—	44.10
	299.25	4521.—	99.75

	¼ J. Miete	Kauf- preis	¼ J. Wartung
Übertrag:	299.25	4521.—	99.75

6. Nachtschaltung der Amtsleitung (für die Umschaltung des Amtsanrufs vom Hauptkontor zum Portier)

ein Mehrfachumschalter zum Umschalten von 3 Doppelleitungen (XVa Punkt 4).	—.90	12.—	—.30
3 Wecker mit sichtbarem Zeichen (Rufstromanzeiger XVa, Punkt 9) je RM. 1.20, 18.—, —.39	3.60	54.—	1.17
	303.75	4587.—	101.22

Hierzu treten als einmalige Ausgabe die Einbaukosten, deren Höhe sich nach den erforderlichen Aufwendungen richtet.

b) Als mittlere Wählernebenstellenanlage nach X

	¼ J. Miete	Kauf- preis	¼ J. Wartung
1. Komplette Wählerzentrale im Mindestausbau der Baustufe II E, also für 3 Amtsleitungen, 30 Nebenstellen mit 4 Innenverbindungssätzen (erweiterungsfähig auf 5-50-6) einschl. Bedienungsapparat und sämtlichem Zubehör	319.50	4944.—	106.50
2. 25 Sprechstellenapparate (10 N und 15 H) je RM. 2.70, 36.—, —.90 . . .	67.50	900.—	22.50
3. 2 Nebenstellenapparate mit Mithöreinrichtung für 3 Amtsleitungen (XVI, Punkt 6a) à RM. 9.—, 138.—, 3.— . .	18.—	276.—	6.—
4. 1 Nachtabfragestelle für 3 Amtsleitungen (nach X, B, Punkt 9), geschätzt auf . (muß auch im Mietfalle käuflich erworben werden)	—	75.—	2.25
	405.—	6195.—	137.25

Hierzu treten als einmalige Ausgabe die Einbaukosten, deren Höhe sich nach den erforderlichen Aufwendungen richtet.

Ein Kostenvergleich gibt folgendes Bild:

	Jahres- miete	Kauf- preis	Jahres- wartung
Reihenanlage	1215.—	4587.—	404.88
W-Nebenstellenanlage	1620.—	6195.—	549.—
Unterschied	405.—	1608.—	144.12

Wir sehen also, daß die W-Nebenstellenanlage erheblich teurer ist als die Reihenanlage. Allerdings ist es bei den Einbaukosten umgekehrt, wenn auch bei weitem nicht in gleichem Maße. Schätzungsweise werden sie für die Reihenanlage etwa 15—20 v.H. mehr betragen als für die W-Nebenstellenanlage. Der Grund liegt in den vieladrigen Kabeln, die die Abfragestelle und Nebenstellen in der Reihenanlage miteinander verbinden. Jedenfalls ist die Reihenanlage trotz höherer Einbaukosten wesentlich billiger als die W-Nebenstellenanlage.

Wiegt man nun beide Anlagen auch in bezug auf ihre Leistungen gegeneinander ab, dann ergibt sich folgendes:

	Reihenanlage	W-Anlage
Selbsteinschaltung sämtlicher Nebenstellen auf Amt durch Tastendruck	ja	ja
Sichtbare Amtsbesetztanzeiger bei allen Nebenstellen	ja	nein
Unmittelbare Umlegemöglichkeit von Amtsverbindungen	ja	nein[1])
Rückfragemöglichkeit	ja	ja
Unmittelbarer Untereinanderverkehr	ja	ja
Unbedingte Erweiterungsmöglichkeit bis 5 Amt, 50 Sprechstellen (N und H beliebig) .	nein	ja
Bedingte Erweiterungsmöglichkeit bis 15 N	ja	—
bis 50 Sprechstellen insgesamt (N und H) .	ja	—

[1]) Nur gegen zusätzliche Berechnung.

Aus vorstehendem ergibt sich, daß für den angenommenen Bedarfsfall die Reihenanlage mit W-Zentrale das Gegebene ist, jedoch nur dann, wenn mit einer Erweiterung über 3 Amtsleitungen und 15 Nebenstellen hinaus nicht gerechnet zu werden braucht. Eine Erweiterung um die 4. Amtsleitung (aber auch nicht mehr) wäre nur durch Auswechslung der Abfragestelle und der Reihennebenstellen möglich.

Beispiel 2

Es sei angenommen, ein größeres Unternehmen benötige eine Fernsprechanlage folgenden Umfangs:

6 Amtsleitungen, erweiterungsfähig auf 10,
35 Nebenstellen,   »   » 50,
30 Hausstellen,   »   » 50.

Verlangt wird:

a) Sämtliche Nebenstellen sollen sich selbständig mit dem Amt verbinden (selbsttätige Amtswahl),

b) sämtliche Sprechstellen sollen unmittelbar untereinander durch Nummernwahl verkehren,

c) Nachtschaltung für 2 Nebenstellen,

d) Nachtabfragestelle für die restlichen 4 Amtsleitungen,

e) von den 35 Nebenstellen sollen 2 bevorzugte Apparate Mithöreinrichtung für sämtliche Amtsleitungen besitzen,

f) selbsttätige Rufweiterschaltung für die 2 bevorzugten Nebenstellen,

g) 3 Meldeleitungen zwischen W-Zentrale und Vermittlung, als
   Sammelanschluß geschaltet,

h) Einrichtung für Kettengespräche.

Für diese Anlage kommt eine mittlere W-Nebenstellenanlage nach
X in Betracht, deren Kosten sich wie folgt errechnen:

	¹/₄ J. Miete	Kauf-preis	¹/₄ J. Wartung
1. **Vermittlungseinrichtung** W-Zentrale, Baustufe II G, Mindestausbau: 5 A, 50 N, 5 J. V., mit Bedienungsapparat (Abfragestelle) und sämtlichem Zubehör	534.60	8278.—	178.20
dazu:			
1 weitere Amtsleitung	18.90	292.—	6.30
20 weitere Sprechstellenorgane, je 10 = RM. 9.—, 136.—, 3.—	18.—	272.—	6.—
2 weitere J. V. je RM. 14,40, 223.—, 4.80	28.80	446.—	9.60
2. **Ergänzungen der Vermittlungseinrichtung**			
a) 2 weitere Meldeleitungen (X, B, Punkt 7a) je RM. 4,50, 58.—, 1.50	9.—	116.—	3.—
b) Sammelanschluß für die Meldeleitungen (X, B, Punkt 4) je J. V. = RM. 2,70, 39.50, —.90, mithin für 7 J. V. . .	18.90	276.50	6.30
c) Kettengesprächseinrichtung für sechs Amtsleitungen (X, B, Punkt 5) je Amtsleitung RM. —.90, 17.—, —.30	5.40	102.—	1.80
d) Selbsttätige Rufweiterschaltung für 2 Sprechstellen (X, B, Punkt 3b) je RM. 9.—, 126.—, 3.—.	18.—	252.—	6.—
3. **Nachtabfragestelle** (X, B, Punkt 9) für 4 Amtsleitungen (muß auch im Mietfalle käuflich erworben werden) Mehrpreis zu der betreffenden Nebenstelle (geschätzt)	—.—	95.—	2.85
4. 2 Nebenstellenapparate mit Mithörtasten und Besetztlampen (XVI, Punkt 6b) je RM. 11.70, 200.—, 3.90	23.40	400.—	7.80
5. 63 Sprechapparate (33 N und 30 H) je RM. 2.70, 36.—, —.90	170.10	2268.—	56.70
	845.10	12797.50	284.55

Hierzu einmalig die Einbaukosten nach Aufwand.

Wenn auf die Selbsteinschaltung der Nebenstellen zum Amt verzichtet wird, d. h. daß auch für abgehende Amtsgespräche die Verbindung Nebenstelle — Amt von der Bedienung hergestellt wird, dann kommt eine Wählernebenstellenanlage ohne selbsttätige Amtswahl nach XII in Frage, die aber alle übrigen vorgeschriebenen Leistungsmerkmale erfüllt, sich also tatsächlich nur im Punkte der Selbsteinschaltung auf Amt von der vorhergehenden Anlage unterscheidet. Ihre Kosten errechnen sich wie folgt:

	$^1/_4$ J. Miete	Kauf- preis	$^1/_4$ J. Wartung
Schrankteil			
1. 1 Glühlampenschrank mit allem Zubehör nach Baustufe IVB in Mindestausbau (5—30)	217.80	3376.—	72.60
dazu:			
1 weitere Amtsleitung.	16.20	246.—	5.40
10 weitere Nebenstellenanschlußorgane.	5.40	82.—	1.80
Kettengesprächseinrichtung (XII, B, Punkt 4) für 6 Amtsleitungen, je Amtsleitung RM. —.90, 17.—, —.30	5.40	102.—	1.80
Wählerteil			
2. 1 Wählerzentrale nach Baustufe IVB in Mindestausbau (30—4)	243.—	3752.—	81.—
dazu:			
40 weitere Teilnehmeranschlußorgane, je 10 = RM. 9.—, 136.—, 3.—	36.—	544.—	12.—
3 weitere J.V. je RM. 13.95, 217.—, 4.65	41.85	651.—	13.95
2 weitere Meldeleitungen (XII, B, Punkt 5a) je RM. 4.50, 58.—, 1.50	9.—	116.—	3.—
Sammelanschluß für die Meldeleitungen (XII, B, Punkt 3) je J.V. RM. 2.70, 39.50, —.90, mithin für 7 J.V.	18.90	276.50	6.30
Selbsttätige Rufweiterschaltung für 2 Nebenstellen (XII, B, Punkt 2) je RM. 9.—, 126.—, 3.—	18.—	252.—	6.—
3. 2 Nebenstellenapparate mit Mithörtasten und Besetztlampen (XVI, Punkt 6b) je RM. 11.70, 200.—, 3.90	23.40	400.—	7.80
	634.95	9797.50	211.65

	¼ J. Miete	Kauf- preis	¼ J. Wartung
Übertrag:	634.95	9797.50	211.65

4. **Nachtabfragestelle** (XII, B, Punkt 18) für 4 Amtsleitungen (muß auch im Mietfalle käuflich erworben werden)

Mehrpreis zu der betreffenden Neben-stelle (geschätzt) . . . .   —   95.—   2.85

5. 63 Sprechstellenapparate (33 N und 30 H) je RM. 2.70, 36.—, —.90 . .   170.10   2268.—   56.70

                                   805.05   12160.50   271.20

Hierzu einmalig die Einbaukosten nach Aufwand, der im wesentlichen der gleiche ist, wie bei der vorherigen Anlage.

Ein Kostenvergleich zeigt folgendes Bild:

	Jahres- miete	Kauf- preis	Jahres- wartung
W-Anlage mit Amtswahl	3380.40	12797.50	1138.20
W-Anlage ohne Amtswahl	3220.20	12160.50	1084.80
Unterschied	160.20	637.—	53.40

Für die Erwägungen des Teilnehmers, welcher der beiden Anlagenarten er den Vorzug geben soll, sind die Ausführungen im zweiten Abschnitt zu der Anlagenart B IV S. 22 und 23 von Interesse.

Beispiel 3 (Großanlage)

Zunächst ist beachtenswert, daß durch die allgemeine Neben-stellenregelung das Ausschreibungs- und Verdingungswesen in weit-gehendem Maße vereinfacht und zeitraubende Leerlaufarbeit vermieden werden kann. Bisher wurde zu jeder Ausschreibung einer Groß-anlage ein umfangreiches technisches Ausschreibungsprogramm aus-gearbeitet, dessen Ausarbeitung (bei der ein an der Lieferung inter-essiertes Lieferwerk Pate zu stehen pflegte) und dessen Studium gleich zeitraubend waren. Dabei enthielt das in der Regel von einem Nicht-fachmann aufgestellte Programm trotz fachmännischer Unterstützung häufig Unklarheiten und Widersprüche, deren Klärung weitere zeit-raubende Arbeit und Kosten verursachte. Dazu kam, daß die Anbieter unklare Ausschreibungsbedingungen oft ganz verschieden auslegten, woraus sich u. U. erhebliche Preisunterschiede ergaben, durch die eine richtige Bewertung der Angebote außerordentlich beeinträchtigt wurde.

All diese Unzuträglichkeiten beseitigt die neue Fernsprechordnung sozusagen mit einem Schlag; es kommt nur darauf an, daß sie von den Planungs- und Ausschreibungsstellen für neue Fernsprechanlagen richtig benutzt wird, statt weiter phantasievolle und langatmige Ausschreibungsprogramme zu entwerfen, deren Ausrichtung auf das im Rahmen der FO technisch Mögliche nur unnötige Leerlaufarbeit verursacht.

Wie in Zukunft Ausschreibungsprogramme für Großanlagen zweckmäßig zu gestalten und Irrtümer und Mißverständnisse auszuschließen sind, soll an nachstehendem Beispiel gezeigt werden.

Das Schreiben, mit welchem Angebote bei den in Betracht kommenden Lieferfirmen einzuholen sind, kann etwa folgenden Wortlaut haben:

»Sie werden um Einreichung eines Kostenanschlags über eine Fernsprechnebenstellenanlage unter Einhaltung der nachstehend aufgeführten Bedingungen gebeten.

1. *Umfang der Anlage:*
   30 Amtsleitungen, davon 12 ankommend,
   12 abgehend und
   6 gemischt geschaltet,
   250 Nebenstellen,
   100 Hausstellen,
   insgesamt erweiterungsfähig um rd. 50 v.H.

2. *Ausführungsart:*
   Gemäß FO XI, A.
   Für den ankommenden Amtsverkehr: Schnurzuteilung nach dem Schnurpaarsystem,
   für den abgehenden Amtsverkehr: Kennzifferwahl.
   Stromlieferungsanlage gemäß Regelausstattung.

3. *3 bevorzugte Nebenstellen erhalten Aufschaltmöglichkeit im Hausverkehr gemäß XI, B, Punkt 1, Ziffer b.*

4. *5 Nebenstellen erhalten selbsttätige Rufweiterschaltung gemäß XI, B, Punkt 3, Ziffer b.*

5. *Der Vermittlungsschrank erhält Kettengesprächseinrichtung (nach XI, B, Punkt 5).*

6. *6 Meldeleitungen auf Sammelanruf (nach XI, B, Punkt 7, Ziffer a und XI, B, Punkt 4).*

7. *5 Nebenstellen erhalten unmittelbaren Anruf zum Vermittlungsschrank (nach XI, B, Punkt 13).*

8. *Für deren Verkehr erhält der Vermittlungsschrank 2 zusätzliche Schnurpaare (gemäß XI, B, Punkt 28).*

9. *Für Luftschutzzwecke ist eine Ausweichzentrale, ausgebaut für*
   5 Amtsleitungen,
   50 Nebenstellen,
   6 Schnurpaare für den Innenverkehr
   zu liefern (nach III, A).

   Der hierzu nötige Sammelumschalter für die Amts- und Teilnehmeranschlußleitungen ist gesondert anzubieten.

10. *Ein Prüfschrank mit Prüfstöpsel (nach XI, B, Punkt 15).*
11. *5 Nebenstellenapparate mit Rückfrage und Sonderanschluß (XVI, Punkt 3).*
12. *230 Nebenstellenapparate mit Rückfrage.*
13. *93 Hausapparate.*
14. *Einbaukosten.*

Zur Erleichterung der Angebotsprüfungen und -vergleiche wird um Beachtung folgender Formvorschriften gebeten.

I. Der Kostenanschlag ist gemäß den Positionen der Anfrage zu spezifizieren; dabei gelten die Positionen 1 und 2 für die gesamten Zentraleinrichtungen in Regelausführung, deren Gesamtpreis einzusetzen ist.

II. Zu Position 1 und 2 ist gesondert anzugeben:
   a) Die Anzahl der vorgesehenen Innenverbindungssätze,
   b) die Anzahl der für den Amtsverkehr vorgesehenen zusätzlichen Wähler,
   c) die Anzahl der Wähler- und Relaisgestelle; diese Angabe ist zu ergänzen durch einen maßstäblichen Aufstellungsplan (1 : 25), aus dem auch die Gestellhöhen ersichtlich sind.

III. Die in Position 1 und 2 enthaltene Stromlieferungsanlage ist gesondert kurz zu beschreiben unter Angabe der Zellenanzahl, Kapazität und Fabriktype; auch über Gleichrichter oder Lademaschine sind authentische technische Angaben unter Nennung des Fabrikats zu machen.

IV. Die Position 14 ist wie nachstehend angegeben zu zergliedern und unter Angabe aller Einzelpreise zu einer Summe für sich zusammenzuziehen.
   a) Leitungsmaterialien (Kabel, Drähte),
   b) Leitungszubehör (Zwischenverteiler usw.),
   c) Nebenkosten (Frachten, Verpackungen usw.),
   d) Arbeitslöhne.

Ferner ist das angebotene Leitungsnetz und die geplante Netzdisposition kurz zu beschreiben.

V. Als weitere Unterlagen sind beizufügen: Druckschriften, Prospekte, Abbildungen u. dgl.
   a) über das angebotene Wählersystem,
   b) über den angebotenen Glühlampenschrank,
   c) über die angebotenen Apparate,
   d) einige Referenzen über ausgeführte Anlagen ähnlicher Art und ähnlichen Umfangs.«

Eine nach vorstehendem Muster aufgezogene Ausschreibung wird in preislicher Hinsicht weitgehende Übereinstimmung aller Angebote ergeben. Um so eingehender wird sich der gewissenhafte Planer mit den technischen Systemunterschieden befassen, um festzustellen, ob und inwieweit eines der angebotenen Systeme den vorliegenden Bedürfnissen besser entspricht als die anderen.

Damit sich der Planer schon vorher ein Bild von den Kosten der geplanten Anlage machen kann, wird in nachstehendem die Preisberechnung für die angefragte Anlage gezeigt in einer Form, die zugleich als Kostenanschlagsmuster für den geregelten Teil der Anlage gelten könnte. Da Privatanlagen dieses Umfangs so gut wie nie gemietet sondern nur gekauft werden, wird von der Errechnung der Miete abgesehen.

Preisberechnung

	Kauf-preis	¼ J. Wartung
1. 1 komplette Nebenstellenzentrale bestehend aus einem zweiplätzigen Glühlampenschrank nach dem Schnurpaarsystem, einer Wählerzentrale nach dem 1000er-System, eingerichtet für selbsttätige Amtswahl durch Wahl einer Kennziffer, dem Haupt- und Rangierverteiler mit Trenn- und Lötösenleisten und einer vollständigen Stromversorgungsanlage, bestehend aus einer Sammlerbatterie von .... V Spannung und einem Dauerladegerät für selbsttätige Pufferung, nach Baustufe III B, Mindestausbau 11 A, 110 N, 10 J.V.	25151.—	295.89
dazu:		
19 weitere Amtsleitungsanschlüsse je RM. 972.—, 11.40	18468.—	216.60
240 weitere Sprechstellenanschlußorgane je 10 = RM. 289.—, 3.39.	6936.—	81.36
18 weitere Innenverbindungssätze je RM. 610.—, 7.20	10980.—	129.60
2. Aufschaltung für 3 Nebenstellen, je Nebenstelle 1 GW und 1 LW (gemäß XI, B, Punkt 19a) RM. 610.—, 7.20	1830.—	21.60
3. Selbsttätige Rufweiterschaltung für 5 Nebenstellen je RM. 126.—, 3.—	630.—	15.—
4. Kettengesprächseinrichtung für 18 Amtsleitungen je RM. 17.—, —.30.	306.—	5.40
5. 4 weitere Meldeleitungen je RM. 58.—, 1.50. .	232.—	6.—
Der Sammelanruf für die Meldeleitungen verursacht in diesem Falle keine Mehrkosten.		
6. 5 Sonderanschlüsse im Vermittlungsschrank je RM. 58.—, 1.50	290.—	7.50
7. 2 Schnurpaare zu Position 6 je RM. 80.—, 1.80	160.—	3.60
Gesamtpreis der Vermittlungseinrichtungen nach Position 1 und 2 zuzüglich der unter Position 3—8 der Ausschreibung geforderten Ergänzungsausstattung	64983.—	782.55

	Kauf-preis	¹/₄ J. Wartung
Übertrag:	64983.—	782.55

8. 1 Glühlampenschrank 5 A, 50 N, 6 Schnurpaare (Ausweichzentrale) . . . . 4288.— 92.10

9. 1 Prüfschrank mit Prüfstöpsel (geschätzt). . . 287.— 8.60

10. 5 Nebenstellenapparate mit Sonderanschluß je
RM. 63.—, 1.50 . . . . 315.— 7.50

11. 230 Nebenstellenapparate je RM. 36.—, —.90 . 8280.— 207.—

12. 93 Hausapparate, je RM. 36.—, —.90 . . . . 3348.— 83.70

                                                      81501.— 1181.45

1 Sammelumschalter für die Ausweichzentrale
für 60 Doppelleitungen (geschätzt) . . . . . . 120.— 3.60

Die Kosten einer Nebenstellenanlage vorgenannter Art und vorgenannten Umfangs würden sich also wie folgt zusammensetzen:

a) Kaufpreis für die Apparaturen (einschl. Sammelumschalter) . . . . RM. 81621.—

b) Leitungsnetz und Montage: Die Kosten richten
sich nach den örtlichen Verhältnissen; als Erfah-
rungssatz kann etwa ⅓ des Apparaturenwertes
angenommen werden, mithin zirka . . . . . . » 27500.—

c) Wartungskosten pro Jahr (einschl. Sammelumschalter) . . . . » 4740.20

d) Ersatzmaterial (geschätzt) zirka . . . . » 800.—

In preislicher Hinsicht würde es gleichgültig sein, ob die Anlage
von der Deutschen Reichspost als sog. teilnehmereigene Anlage oder
von einem Privatunternehmen als Kaufanlage erstellt wird, d. h. die
Preise würden im wesentlichen die gleichen sein. Gewisse Preisunterschiede können durch den Sammelumschalter und durch die Einbaukosten hervorgerufen werden; sie werden jedoch gegenüber den Gesamtkosten kaum ins Gewicht fallen.

XVIII. Kostenberechnungen für von der Regelausstattung abweichende Stromversorgungseinrichtungen

Da die Regelung aller mit diesen Kostenberechnungen zusammen-
hängenden Fragen zur Zeit der Drucklegung noch nicht endgültig ab-
geschlossen war, wird dieser Abschnitt in der Zeitschrift für Fernmeldetechnik, Werk- und Gerätebau (im gleichen Verlag) erscheinen.

XIX. Lockern und Lösen vertraglicher Bindungen

Öfters steht ein Teilnehmer dem Telephonmietvertrag mit einer gewissen Abneigung gegenüber, weil er die vertragliche Bindung fürchtet. Wenn diese Abneigung vielleicht früher hie und da nicht ganz unbegründet war, so hat die neue Regelung des Nebenstellenwesens auch hier Wandel geschaffen, indem nunmehr der Telephonmietvertrag eine gewisse Schmiegsamkeit erhalten hat, durch die er den Interessen nicht nur des Vermieters, sondern auch des Mieters in hohem Maße Rechnung trägt.

Gewiß sind feste Mindestvertragszeiten unerläßlich, denn das vom Vermieter investierte Kapital bringt nur bei längeren Vertragszeiten einen angemessenen Unternehmergewinn (wobei Amortisation des investierten Kapitals und Risiko eine Rolle spielen). Auch die Aufwendungen, die der Vermieter für die Überwachung und Instandhaltung der vermieteten Anlage dauernd zu leisten und für die er einen vorzüglich eingespielten Störungs- und Revisionsdienst zu unterhalten hat, sind nur unter der Voraussetzung tragbar, daß die vermieteten Anlagen auf längere Zeit in einem Beharrungszustand bleiben, der nur durch Mindestvertragsdauern gewährleistet wird.

Dessenungeachtet bietet aber der neue Mietvertrag die Möglichkeit, besonderen während der Vertragszeit beim Mieter eintretenden Umständen gerecht zu werden unter weitgehender Milderung etwaiger aus dem Vertragsverhältnis sich ergebender Härten. Wie und unter welchen Bedingungen dies geschehen kann, sei nachstehend im einzelnen erläutert.

In der Hauptsache sind es 4 Umstände, durch die Änderungen in einer Nebenstellenanlage mit Einwirkung auf den Mietvertrag notwendig werden können, und wo den Interessen des Mieters besonderes Entgegenkommen bezeigt wird, nämlich

1. die vorzeitige Vertragsauflösung,
2. die Vergrößerung (Erweiterung),
3. die Verkleinerung,
4. die Auswechslung.

1. Vorzeitige Vertragsauflösung

Auf Verlangen des Teilnehmers kann der Telephonmietvertrag, z. B. wegen Geschäftsaufgabe, vor Ablauf der Mindestvertragsdauer gelöst werden. Der Mieter, der in einem solchen Falle vertragsmäßig die volle Miete bis zum Ablauf der Mindestvertragsdauer als sogenannte Restmiete zu zahlen hätte, erhält eine erhebliche Vergünstigung insofern, als er durch einmalige Zahlung der halben Restmiete den Vertrag ohne weitere Entschädigungspflicht mit sofortiger Wirkung auflösen kann.

Diese Zahlung kann später noch einmal eine Rolle spielen, nämlich dann, wenn der Mieter nach Auflösung des alten Vertrags, z. B. infolge Gründung eines neuen Unternehmens, eine neue Telephonanlage mietet zu einem Zeitpunkt, wo der alte Mietvertrag, wenn er nicht aufgelöst worden wäre, noch bestehen würde. In diesem Falle kann ihm die gezahlte Restmiete für die Zeit von der Inbetriebnahme der neuen Anlage an bis zum Endpunkt des alten Vertrags anteilig angerechnet werden, und zwar entweder in voller Höhe (wenn die neue Miete höher ist als die alte war), oder (wenn sie niedriger ist) gekürzt um den halben Unterschied zwischen alter und neuer Miete. Verträge mit nur einjähriger Mindestvertragsdauer (für Kleinanlagen) können vor Vertragsablauf nur gegen Zahlung der vollen Restmiete gelöst werden, aber auch diese Zahlung kann bei Ermietung einer neuen Anlage vor Ablauf des alten Vertrags in gewissem Umfange wieder angerechnet werden. Derartige Fälle sind jedoch bei Privatnebenstellenanlagen so selten und die sich dabei ergebenden Beträge so geringfügig, daß sich ein weiteres Eingehen auf sie erübrigt.

Nun besteht aber außer der vorzeitigen Vertragsauflösung gegen Entschädigung (Zahlung von Restmieten) auch noch die Möglichkeit einer entschädigungslosen Vertragsauflösung, nämlich dann, wenn die Voraussetzungen der sogenannten »Billigkeitsklausel« erfüllt sind. Sie lautet in amtlicher Fassung:

> »*Restgebühren*[1]) *können aus Billigkeitsgründen erlassen werden, wenn der Teilnehmer durch ein unvorhergesehenes Ereignis zur vorzeitigen Aufgabe veranlaßt worden ist und durch die Zahlung wirtschaftlich ernstlich gefährdet werden würde.*«

Es sei aber ausdrücklich darauf hingewiesen, daß bei Prüfung der Anwendbarkeit der Billigkeitsklausel sowohl von der Deutschen Reichspost als auch von privaten Vermietungsfirmen strenge Maßstäbe angelegt werden müssen.

2. Vergrößerung

Eine Mietanlage kann nur im Rahmen ihrer Regelausbaufähigkeit vergrößert werden (vgl. Fachausdrücke: Baustufe). In Anlagen mit Vermittlungszentrale kann die Vergrößerung in einer Vermehrung sowohl der Amtsleitungen als auch der Sprechstellen bestehen, während in Reihenanlagen im Rahmen einer »Vergrößerung« nur die Anzahl der Sprechstellen erhöht werden kann. Wenn die Anzahl der Amtsleitungen erhöht werden soll, müssen die Reihennebenstellen ausgewechselt werden, so daß diese Vergrößerung unter Punkt 4: Auswechslung fällt.

Bei jeder Vergrößerung erhöht sich die laufende Miete um den tarifmäßigen Mietbetrag der hinzukommenden Teile. Da aber die tarifmäßige

---

[1]) Bei Privatanlagen: Restmieten.

Miete für die Erweiterungteile die gleiche ist wie bei vollständigen Neuanlagen, also sich auch auf eine bestimmte Mindestvertragsdauer grün-
det, können die Erweiterungteile nicht ohne weiteres zu den für
den Erstausbau vereinbarten Bedingungen überlassen werden, sondern es muß — nach Wahl des Kunden — entweder die ursprüngliche
Mindestvertragsdauer eine bestimmte Verlängerung erfahren, oder es ist

Noch zu erfüllende Jahre der Mindestüberlassungs- dauer (das laufende Jahr gilt als noch zu erfüllen)	*Die Verlängerung der Mindestüberlassungsdauer beträgt ... Jahre*	*Der einmalige Kostenzuschuß beträgt das ...fache des Jahres- betrags der laufenden Gebühren für die Einrichtungen, die durch die Erweiterung hinzukommen*
bei fünfjähriger Mindestüberlassungsdauer		
1	2	3,15
2	$1^1/_2$	2,45
3	1	1,75
4	$^1/_2$	1,05
5	—	—
bei zehnjähriger Mindestüberlassungsdauer		
1	$4^1/_2$	3,15
2	4	2,80
3	$3^1/_2$	2,45
4	3	2,10
5	$2^1/_2$	1,75
6	2	1,40
7	$1^1/_2$	1,05
8	1	0,70
9	$^1/_2$	0,35
10	—	—

[1]) *Bei Erweiterungen nach Ablauf der Mindestüberlassungsdauer wird die neue
Mindestüberlassungsdauer oder der einmalige Kostenzuschuß so festgesetzt, als ob
zur Zeit der Erweiterung noch ein Jahr der fünf- oder zehnjährigen Mindestüberlassungsdauer zu erfüllen wäre (Ausführungsbestimmung 2 zu § 23). Jedoch wird die Mindestüberlassungsdauer einer Vermittlungseinrichtung oder Reihenanlage bei einer Erweiterung auf höchstens 15 Jahre ausgedehnt. Würde sich hiernach die Verlängerung
der Mindestüberlassungsdauer verkürzen, so wird auch der Kostenzuschuß entsprechend verringert. Bei Einrichtungen, deren Mindestüberlassungsdauer zur Zeit der
Erweiterung bereits abgelaufen war, wird die Zeit vom Ende der ursprünglichen Mindestüberlassungsdauer bis zur Fertigstellung der Erweiterung in die Zeit von 15 Jahren
eingerechnet.*

[2]) *Werden Vermittlungseinrichtungen oder Reihenanlagen, die der Teilnehmer
bereits 15 Jahre hat, ausnahmsweise erweitert, so wird die Mindestüberlassungsdauer
nicht verlängert oder neu festgesetzt und auch kein einmaliger Kostenzuschuß erhoben.*

[3]) *Ergeben sich bei der Berechnung des einmaligen Kostenzuschusses Rpf.-Beträge,
so werden Beträge von 50 Rpf. und mehr auf volle RM. nach oben gerundet, Beträge
unter 50 Rpf. unberücksichtigt gelassen.*

für die Erweiterung ein einmaliger Kostenzuschuß zu zahlen, dessen
Höhe in einem bestimmten Verhältnis zu der noch zu erfüllenden Vertragsdauer des ursprünglichen Vertrags steht. Sowohl die Verlängerung
der Mindestvertragsdauer als auch der einmalige Kostenzuschuß zur
Ablösung der Verlängerung sind in der FO genau geregelt, wie sich aus
der vorstehenden amtlichen Zahlentafel ergibt (für Privatanlagen gilt
die Zahlentafel mit der Abweichung, daß in Spalte 2 auf volle Jahre auf-
gerundet wird; Spalte 3 bleibt unverändert).

Erläuterungen zu vorstehender Zahlentafel

Es ist ersichtlich

aus Spalte 1:

Wieviel Jahre der Mietvertrag (bis zur Erfüllung der Mindestvertragsdauer) bei eintretender Erweiterung jeweils noch läuft. Das laufende Jahr zählt stets mit.

Aus Spalte 2:

Um wieviel Jahre sich der Mietvertrag bei eintretender Erweiterung
verlängert.

Aus Spalte 3:

Das Wievielfache der für die Erweiterungsteile gültigen Jahresmiete zur Abwendung der Vertragsverlängerung als einmaliger Kostenzuschuß zu zahlen ist.

Erläuterungen zu den Fußnoten

Zu Fußnote 1: Zum Verständnis der Fußnote 1 muß man sich
zunächst folgendes vergegenwärtigen:

Nach Ablauf der Mindestvertragsdauer besteht für beide Vertrags-
partner keine Bindung mehr; der Mieter kann also seine Telephonanlage
jederzeit unter Einhaltung einer kurzen Kündigungsfrist aufgeben.
Tut er das nicht, sondern benutzt die Anlage weiter (was die Regel ist),
dann kann er sie auch jederzeit erweitern lassen. Durch eine Erweiterung tritt aber dann entweder eine neue Bindung ein, oder sie muß
durch einen einmaligen Kostenzuschuß abgelöst werden. Maßgebend hierfür ist die oberste waagerechte Reihe der vorstehenden
Zahlentafel für fünfjährige bzw. zehnjährige Vertragsdauer (d. h. »der
einmalige Kostenzuschuß wird so festgesetzt, als ob zur Zeit der Erweiterung noch ein Jahr der fünf- oder zehnjährigen Mindestüberlassungsdauer zu erfüllen wäre«). Hierzu gilt aber eine den Interessen des Mieters
dienende wichtige Einschränkung, nämlich, daß die durch die Erweiterung entstehende neue Bindung zuzüglich der bisherigen Betriebszeit
nicht mehr als 15 Jahre betragen darf. Hieraus ergibt sich, wie wir aus

dem nachstehenden Beispiel ersehen werden, unter Umständen die Notwendigkeit, statt z. B. einer $4\frac{1}{2}$ (5)-jährigen neuen Bindung nur eine 2jährige, oder (zur Abwendung der neuen Bindung) statt eines 3,15fachen nur einen 1,4fachen Jahresmietbetrag als Kostenzuschuß festzusetzen.

Beispiel:

Eine mittlere W-Nebenstellenanlage (10jährige Mindestvertragsdauer) bleibt nach Ablauf von 10 Jahren weiter in Betrieb. Nach weiteren 3 Jahren (also nach 13 Jahren seit Vertragsbeginn) bestellt der Mieter eine Erweiterung, durch die laut erstem Satz der Fußnote 1 eine neue Bindung von $4\frac{1}{2}$ (5) Jahren entstehen würde. Da aber gemäß der im zweiten Satz genannten Einschränkung die neue Bindefrist nicht über 15 Jahre der Gesamtbetriebszeit hinausgehen darf, kommt nur eine zweijährige neue Bindefrist zur Anwendung. Soll sie durch Zahlung eines einmaligen Kostenzuschusses abgewendet werden, dann kommt nicht der 3,15fache, sondern nur der 1,4fache Jahresbetrag der Erweiterungsmiete zur Berechnung.

Zu Fußnote 2: Der Sinn ist klar. Selbstverständlich kann der Vermieter die Erweiterung ablehnen, z. B. wenn ihm das Risiko für die erforderliche Kapitalinvestition ohne vertragliche Bindung zu groß erscheint.

Zu Fußnote 3: Nichts zu bemerken.

3. Verkleinerung

Die Vermittlungseinrichtung einer Nebenstellenanlage (Glühlampenschrank oder Wählereinrichtung) bildet mit ihren Amtsleitungs- und Sprechstellenanschlußorganen und Innenverbindungssätzen ein geschlossenes Ganzes, das nicht verkleinert werden kann. Dagegen können Sprechstellen (Nebenstellen und Hausstellen) auch während der Mindestvertragsdauer in beliebiger Zahl mit vierteljährlicher Kündigung ohne Entschädigung aufgehoben werden. Hierdurch hat der Mieter auch während der Mindestvertragsdauer die Möglichkeit, seine Fernsprechanlage den Bedürfnissen seines Betriebes ohne weiteres anzupassen. Hat sich das Verkehrsbedürfnis, z. B. infolge von Betriebseinschränkungen, so stark verringert, daß eine wesentlich kleinere Vermittlungseinrichtung genügen würde, dann käme eine Auswechslung der Vermittlungseinrichtung in Betracht (s. 4. Auswechslung). Es empfiehlt sich dann aber vorher sorgfältig zu prüfen, ob die Betriebseinschränkung nicht nur eine vorübergehende ist; denn dann wäre es zweckmäßiger, die bisherige Vermittlungseinrichtung zu belassen und nur die überflüssigen Sprechstellen aufzuheben, damit sie bei späterer Wiederaufnahme des vollen Betriebes ohne weiteres wieder eingerichtet werden können.

Reihenapparate, die ja wesentlich teuerer sind als gewöhnliche Nebenstellenapparate, können jedoch während der Mindestvertragsdauer nicht ohne weiteres aufgegeben werden, sondern für sie ist im Falle vorzeitiger Aufgabe die Hälfte der Restmiete als Entschädigung für den nichterfüllten Mietvertrag zu zahlen. Bei später wieder eintretendem Bedarf können die aufgegebenen Reihenapparate sämtlich oder teilweise wieder eingerichtet werden, und sie unterliegen dann vom Tage der Wiederinbetriebnahme an selbstverständlich auch der alten Miete wieder. Dabei wird aber die vorher als Restmiete gezahlte Entschädigung anteilmäßig auf die neue Miete angerechnet. An der Vertragsdauer ändert sich dadurch nichts.

4. Auswechslung

Durch die Auswechslung einer vorhandenen Nebenstellenanlage gegen eine kleinere oder größere oder gegen eine Anlage anderen Systems, wird dem Mieter die Möglichkeit geboten, seine Anlage in weitestem Ausmaß zu verändern. In dieser Beziehung hat die Mietanlage der Kaufanlage viel voraus, denn sie kann mit verhältnismäßig geringem Kostenaufwand wechselnden Verkehrsbedürfnissen eines Betriebes in vollem Umfange angepaßt werden.

Folgende Umstände können Anlaß zu einer Auswechslung sein:

1. Eine vorhandene Anlage muß, z. B. wegen Betriebserweiterungen, über ihre Regelausbaufähigkeit hinaus vergrößert werden.

2. Eine vorhandene Anlage ist im bisherigen Umfange — z. B. wegen teilweiser Betriebsstillegung — nicht mehr nötig, sondern es genügt eine wesentlich kleinere Anlage.

3. Die bisherige Anlage hat sich für die vorliegenden Bedürfnisse als nicht geeignet erwiesen und soll deshalb gegen eine Anlage anderen Systems ausgewechselt werden, z. B. eine W-Nebenstellenanlage gegen eine Reihenanlage.

Bei jeder derartigen Auswechslung beginnt für die neue Anlage ein neues Vertragsverhältnis mit der entsprechenden Mindestvertragsdauer. Dem Mieter werden aber bei der Auflösung des bisher bestehenden Vertrags folgende weitgehende Vergünstigungen eingeräumt:

a) Ist die Miete für die neue Anlage höher als die alte Miete (also z. B. stets im vorstehend genannten Fall 1), dann wird der alte Mietvertrag entschädigungslos gelöscht.

b) Ist die Miete für die neue Anlage niedriger als die alte (also z. B. immer in dem vorgenannten Fall 2), dann muß der Mieter für die Auflösung des alten Vertrags eine Entschädigung zahlen, deren Höhe sich errechnet aus dem Gesamtbetrag der bis zum Ablauf des alten Vertrags noch zu zahlenden Miete und dem Gesamtbetrag der neuen Miete, aber nur soweit sie in die alte Vertragszeit fällt. Der Unterschied zwischen diesen beiden Beträgen geteilt durch zwei ist der zu zahlende Entschädigungsbetrag[1]).

Die Bedingungen für den Austausch einer vorhandenen Anlage gegen eine Anlage anderen Systems (der vorstehend unter 3 genannte Fall) sind die gleichen wie zu Fall 1 und 2, d. h.: Ist die neue Miete höher als die alte, dann wird der bestehende Vertrag entschädigungslos aufgelöst; ist sie niedriger, dann ist für die vorzeitige Vertragsauflösung der bestehenden Anlage eine Entschädigung in Höhe des halben Mietunterschiedes zwischen alter und neuer Miete zu zahlen.

Im Falle 2 (Austausch gegen eine kleinere Anlage) bleibt dem Vermieter ein wichtiges Recht vorbehalten. Er kann nämlich die bisherige Anlage unter Ausschaltung der entbehrlich gewordenen Anschlußorgane und unter Berechnung der niedrigeren Miete (aber mit neuer Mindestvertragsdauer) bestehen lassen, der Mieter spart also die Auswechslungskosten. Der Vermieter behält aber das Recht, die Auswechslung später vorzunehmen, wobei auch dann die Auswechslungskosten zu Lasten des Mieters gehen.

------

[1]) Die Auswirkungen zu b) seien an folgendem Beispiel gezeigt: Ein Kunde besitzt eine Mietanlage mit 10jähriger Mindestvertragsdauer (z. B. eine mittlere W-Nebenstellenanlage), deren Jahresmiete RM. 1000.— betragen möge. Nach 3 Vertragsjahren wird die Anlage gegen eine kleinere mit beispielsweise nur fünfjähriger Mindestvertragsdauer zu einer Jahresmiete von RM. 400.— ausgewechselt.

Für die noch nicht erfüllten 7 Jahre des alten Vertrags beträgt
die Miete 7 × 1000 = ... RM. 7000.—
Die Miete für die neue Anlage (bis zum Ablauf ihrer Mindestvertragszeit, also für einen Zeitraum, der kürzer ist als die
restliche alte Vertragszeit) beträgt 5 × 400 = ... RM. 2000.—

Unterschied   RM. 5000.—
geteilt durch zwei   » 2500.—

Das ist die für die Auflösung des alten Vertrags zu zahlende Entschädigung. Der Betrag setzt sich wie folgt zusammen:

Für 5 Jahre: Halber Unterschied zwischen alter und neuer
Miete . . . . RM. 1500.—
für 2 Jahre: Volle tarifmäßige Restmiete, d. i. die halbe alte
Vertragsmiete . . . . » 1000.—

Bleibt die neue Anlage nach Ablauf der fünfjährigen Mindestvertragszeit weiter in Betrieb, z. B. 2 Jahre, dann hat der Kunde Anspruch auf Rückvergütung eines Teils der, wie oben ausgeführt, für die restlichen 2 Jahre des alten Vertrags gezahlten vollen Entschädigung, weil infolge Verlängerung des Mietverhältnisses die Entschädigung für die restlichen 2 Jahre des Altvertrags nur noch in der gleichen Höhe zu zahlen ist wie für die 5 ersten Jahre. Da für jedes der 5 ersten Jahre die Entschädigung RM. 300.— betrug, der Kunde aber für die folgenden 2 letzten Jahre je RM. 500.— an Entschädigung bereits gezahlt hat, werden ihm für jedes dieser beiden Jahre RM. 200.— auf die Miete gutgerechnet, d. h. er hat an Stelle von RM. 400.— nur RM. 200.— je Jahr zu entrichten.

Fünfter Abschnitt

Die gebräuchlichsten Fachausdrücke mit Erläuterungen

Abfragestelle

ist die Sprechstelle oder die handbediente Vermittlungseinrichtung einer Nebenstellenanlage, an welcher der ankommende Amtsverkehr entgegengenommen und weitervermittelt wird. Die Abfragestelle ist ein Bestandteil der Hauptstelle (siehe diese). In Wählernebenstellenanlagen mit Schnurzuteilung besteht die Abfragestelle aus einem Vermittlungsschrank, bei Wählerzuteilung aus dem Bedienungsapparat oder -pult. Die Abfragestelle unterliegt keiner Nebenstellengebühr.

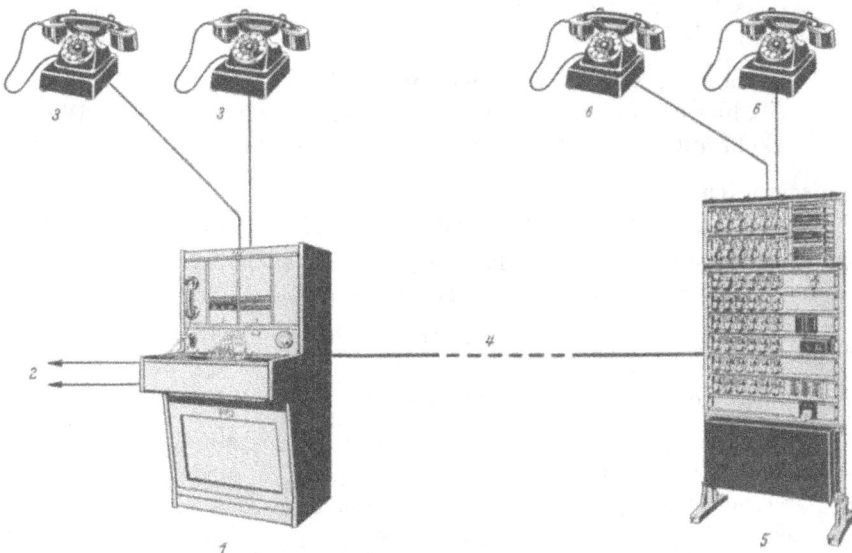

Bild 45. Beispiel einer Abzweigleitung.
1 Vermittlungsschrank der Nebenstellenanlage,
2 Amtsleitungen,
3 Nebenstellen,
4 Abzweigleitung,
5 Wählervermittlung der privaten Fernmeldeanlage,
6 Haussprechstellen der privaten Fernmeldeanlage.

Abzweigleitung

heißt die Verbindungsleitung zwischen den Vermittlungsstellen einer Nebenstellenanlage und einer privaten Fernmeldeanlage (Fernsprechanlage ohne Amtsverkehr), wenn an beiden Endpunkten Einrichtungen vorhanden sind, durch die die Sprechstellen der einen mit denen der anderen Anlage verbunden werden können (Bild 45). Überschreitet die Abzweigleitung nicht die Grenzen eines geschlossenen Geländes, dann gilt sie als Innenleitung und kann privatseitig hergestellt werden. Andernfalls gilt sie als Außenleitung und wird von der Post zur Verfügung gestellt. In beiden Fällen erhebt die Post für jede Abzweigleitung eine Entschädigungsgebühr für den Ausfall an Gesprächsgebühren; ferner für die postseitig zur Verfügung gestellte Abzweigleitung die gleichen Leitungsgebühren wie für Querverbindungen. Abzweigleitungen genehmigt die Post nur dann, wenn »ein dringendes Bedürfnis nachgewiesen wird«.

Amt

Diese Bezeichnung kommt in der Nebenstellentechnik häufig vor. Gemeint ist das öffentliche Fernsprechamt, richtiger die öffentliche Fernsprechvermittlung. Zahlreiche Fachausdrücke werden durch Wortzusammenziehungen mit Amt gebildet, z. B. Amtsleitung, Amtsschalter, Amtsverbindung, Amtsgespräch usw. Man unterscheidet:

Handamt, von Telephonistinnen bedient.
Wähleramt (W-Amt) mit selbsttätiger Vermittlung durch Wähler.
Siehe auch OB und ZB.

Amtsgespräch

nennt man jedes von einer Nebenstellenanlage aus über eine Amtsleitung geführte Gespräch. Demnach ist auch jedes Ferngespräch ein Amtsgespräch. Man unterscheidet

ankommende Amtsgespräche (der Teilnehmer wird angerufen) und
abgehende Amtsgespräche (der Teilnehmer ruft selbst an).

Hiernach sind Ferngespräche stets ankommende Gespräche, auch wenn der Teilnehmer selbst angerufen hat, weil das Ferngespräch erst beim Fernamt angemeldet werden muß, das nach Herstellung der Fernverbindung den Teilnehmer wieder anruft (daher ankommendes Amtsgespräch) und ihm die Fernverbindung zuschaltet.

Amtsleitung

nennt man die Leitung, durch die jeder Fernsprechhauptanschluß mit dem Amt verbunden ist. Die Amtsleitung endet an der Teilnehmerseite entweder an einem einzelnen Fernsprechapparat, dem Hauptanschlußapparat, oder sie läuft beim Teilnehmer weiter in eine Nebenstellenanlage. Ist die Nebenstellenanlage eine Privatanlage, dann wird die Verbindung zwischen der äußeren und inneren Amtsleitung durch den Postprüfschalter (siehe diesen) hergestellt (vgl. Bild 51). Zu jeder Nebenstellenanlage führt mindestens eine Amtsleitung, es können aber auch zwei, drei usw., d. h. beliebig viele sein.

Amtsstöpsel

siehe Schnurzuteilung.

Amtstaste

ist die in einen Reihenapparat eingebaute Taste, durch deren Drücken Durchschaltung zum Amt erfolgt (vgl. Bild 51). Statt der Taste sind auch Hebelschalter gebräuchlich. Zwecks Einschaltung auf Amt muß dann der Amtshebel »gezogen« oder »umgelegt« werden.

Amtswähler (AW)

ist derjenige Wähler in einer W-Nebenstellenzentrale, der ausschließlich zur Vermittlung des Amtsverkehrs dient. Er ist meist so geschaltet, daß an seinem Schaltarm die Amtsleitung und an seinen Bankkontakten die Nebenstellenleitungen liegen. Bei ankommenden Amtsverbindungen wird der Schaltarm durch Stromstöße, die von der Bedienung entweder mit der Wählscheibe oder mit einem sog. Zahlengeber gegeben werden, auf denjenigen Kontakt gestellt, an dem die Leitung der gewünschten Nebenstelle liegt (vgl. Wählerzuteilung). Bei abgehenden Amtsverbindungen läuft der Schaltarm des Amtswählers selbsttätig auf den Kontakt auf, an dem die Leitung der rufenden Nebenstelle liegt, nachdem er durch Erdtastendruck seitens der Nebenstelle angereizt ist (vgl. Bild 10 u. 29).

Wenn jede Amtsleitung ihren eigenen Amtswähler besitzt, der sämtliche Nebenstellenanschlüsse beherrscht und für andere Zwecke nicht beansprucht werden kann, ist die Abwicklung des Amtsverkehrs stets gesichert. Deshalb sind W-Nebenstellenzentralen mit eigenen Amtswählern die vollkommensten, allerdings nur unter der Voraussetzung, daß die Nebenstellen unmittelbaren Zugang zu den Amtswählern durch Erdtastendruck besitzen, was nicht bei allen Systemen der Fall ist (vgl. S. 24).

Anrufsucher (Bild 46)

und Anrufsuchersystem, abgekürzt AS und AS-System. Der AS ist ein Wähler und Teil eines Verbindungssatzes (Verbindungsorgan) in einer W-Zentrale. Jedes Verbindungsorgan einer W-Nebenstellenanlage (abgesehen von Amtsverbindungsorganen) besteht

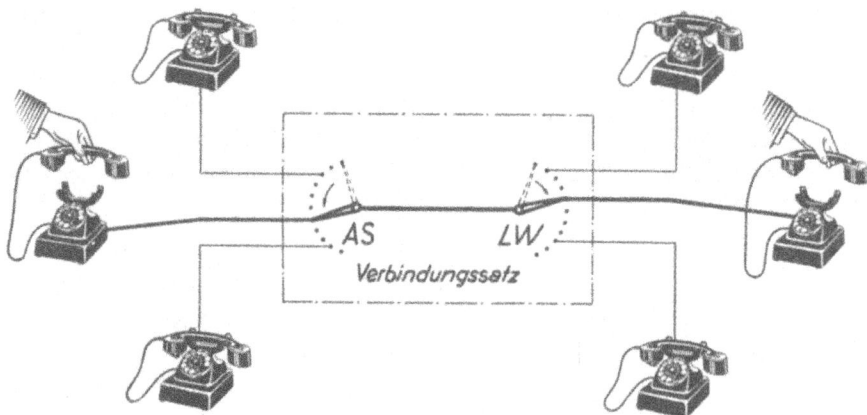

Bild 46. Anrufsucherprinzip.

aus zwei Hauptteilen, dem einen, der die Verbindung zum Rufenden, dem anderen, der die Verbindung zum gewünschten Teilnehmer herstellt. Beispielsweise besteht in einer Handvermittlung das Verbindungsorgan aus einem Schnurpaar mit Abfrage- und Verbindungsstöpsel; in einer Wählervermittlung besteht es statt dessen aus einem Wählerpaar, dem Anrufsucher (= Abfragestöpsel) und dem Leitungswähler (= Verbindungsstöpsel), deren Schaltarme miteinander verbunden sind. Der AS stellt sich selbsttätig auf die Leitung des rufenden Teilnehmers ein. Der LW wird vom rufenden Teilnehmer auf die Leitung des gewünschten durch Stromstöße (Nummernwahl) gesteuert.

Bei Zentralen mit mehr als 100 Teilnehmeranschlüssen (Tausendersystem) liegt im Verbindungssatz noch ein weiterer Wähler, der sog. Gruppenwähler (GW). Er ist mit dem AS fest verbunden und dient dazu, in derjenigen 100er Gruppe, in der der gewünschte Teilnehmer liegt, einen unbesetzten LW zu suchen. Demnach besteht ein Verbindungssatz des Tausendersystems

aus einem AS-GW (fest miteinander verbunden) und
aus einem beliebigen LW (nach erfolgter Gruppenwahl).

Der Verbindungssatz des Hundertersystems besteht dagegen nur aus einem AS und einem LW. Die Anzahl der Verbindungssätze ist das wichtigste Leistungsmerkmal einer W-Zentrale. Hauptvorteil des AS-Systems: Geringer Wähleraufwand.

Vgl. Vorwähler und Verbindungssatz.

Anschlußorgan

ist die Sammelbezeichnung für alle diejenigen Teile einer Vermittlungszentrale, die zur Amts- oder Teilnehmeranschlußleitung

gehören. Das Teilnehmeranschlußorgan in einer Glühlampenzentrale
z. B. besteht aus dem Teilnehmerrelais, der Anruflampe und der
Teilnehmerklinke im Klinkenfeld. Das Amtsanschlußorgan (für
den Anschluß einer Amtsleitung), beispielsweise in einer Einschnur-
zentrale, besteht aus den Amtsrelais, der Amtsanruflampe, dem
Abfrageschalter und dem Einschnurstöpsel.

Vergleiche Verbindungsorgan.

Baustufe

nennt man das in der FO festgelegte Fassungsvermögen von Vermittlungseinrichtungen (Anzahl von Amts- und Teilnehmeranschluß-
organen), wobei entweder — bei kleinen Einheiten — ein bestimmter
unveränderlicher Ausbau je Baustufe oder — bei mittleren und
großen Einheiten — ein Mindestausbau, der nicht unterschritten,
und ein Höchstausbau, der nicht überschritten werden darf, für
jede Baustufe festgelegt ist. Der Mindestausbau wird zweckmäßig
als Anfangsausbau verwendet, während der Höchstausbau, der gewöhnlich nach und nach durch nachträgliche Erweiterungen erreicht
wird, als Endausbau jeder Baustufe gilt.

Durch feste Baustufen soll ein Mißverhältnis zwischen dem
Anfangsausbau und der vom Teilnehmer verlangten Erweiterungsfähigkeit verhindert werden, durch das unwirtschaftliche Anlagen
entstehen, besonders dann, wenn von der Erweiterungsfähigkeit
später kein Gebrauch gemacht wird.

Bedienungslose Unterzentrale

siehe Zweitnebenstellenanlage.

Besetztzeichen

spielen in der Fernsprechtechnik immer da eine Rolle, wo einer
Mehrzahl von Teilnehmern gemeinsame Einrichtungen zur Verfügung stehen, wobei eine Einrichtung aber jeweils immer nur von
einem Teilnehmer benutzbar ist (z. B. die Amtsleitung in einer
Reihenanlage). Es gibt hörbare und sichtbare Besetztzeichen. In
der Wählertechnik werden hauptsächlich hörbare Besetztzeichen
verwendet, die meist aus einem Summerton im Hörer bestehen.
Für sichtbare Besetztzeichen kommen Glühlampen oder elektro-
magnetisch bewegte Schauzeichen (Sternschauzeichen) in Betracht.
Man spricht auch von positivem und negativem Besetztzeichen,
d. h.: Wird der Besetztzustand einer gemeinsamen Einrichtung
durch ein hörbares oder sichtbares Zeichen kenntlich gemacht, dann
ist dies ein positives Besetztzeichen. Erkennt man dagegen den
unbesetzten Zustand einer gemeinsamen Einrichtung an einem
besonderen Zeichen, z. B. am Bereitschaftszeichen (Amtszeichen) in
einer W-Vermittlung, das dem rufenden Teilnehmer anzeigt, daß

er über eine freie Anschlußleitung bis zur Vermittlung gelangt ist, dessen Ausbleiben demnach den Besetztzustand der Anschlußleitung bedeutet, dann ist dies ein negatives Besetztzeichen. Es findet beispielsweise Anwendung beim sog. zweiten Sprechapparat (siehe diesen).

Einschleifensystem

Bezeichnung für eine W-Nebenstellenanlage, bei der die Nebenstellen mit nur einer Doppelleitung (Doppelleitung = Schleife) an die Zentrale angeschlossen sind. Da jede Nebenstellenanschlußleitung für zweierlei Gesprächsarten benutzt wird, nämlich für Amts- und für Hausgespräche, die durch verschiedene Wähler in der Zentrale vermittelt werden, bestimmt die rufende Nebenstelle durch irgendeine Schaltmaßnahme — z. B. durch Drücken einer Erdtaste —, welche Vermittlungsart am anderen Ende ihrer Anschlußleitung wirksam werden soll. Da beim Teilnehmerapparat nur eine Anschlußleitung mündet, besitzt er auch nur einen Anrufwecker, der sowohl beim ankommenden Amtsanruf als auch beim ankommenden Hausanruf ertönt (vgl. Zweischleifensystem).

Einschnursystem

siehe Schnurzuteilung.

Einzelnachtschaltung

siehe Nachtschaltung.

Halbautomat

ist eine häufig verwendete private Bezeichnung für eine Nebenstellenzentrale mit Handvermittlungseinrichtung und Wählern, an der der abgehende Amtsverkehr selbsttätig, der ankommende von Hand vermittelt wird. Ein weiteres Kennzeichen für den Begriff »Halbautomat« liegt darin, daß die Zuteilung ankommender Amtsgespräche nicht über Wähler — wie bei der Universalzentrale —, sondern über Schnurstöpsel und Klinken erfolgt (vgl. Schnurzuteilung und Wählerzuteilung).

Hauptstelle

bezeichnet man diejenige Stelle, von der eine Nebenstellenanlage ihren Ausgang nimmt und wo alle zur Abwicklung des Sprechverkehrs erforderlichen Einrichtungen zusammengefaßt sind, soweit sie nicht zu den Sprechapparaten gehören. Die von außen (vom Amt) kommenden Amtsleitungen münden bei der Hauptstelle, und zwar bei Privatanlagen an den Postprüfschaltern oder am Hauptverteiler, der ebenfalls zur Hauptstelle gehört. Zur Hauptstelle gehört ferner die Vermittlungseinrichtung, z. B. das oder die Wählergestelle sowie die Abfragestelle (siehe diese). Die Hauptstelle einer

Reihenanlage ist durch das Einmünden der Amtsleitungen sowie durch denjenigen Reihenapparat gekennzeichnet, der den ankommenden Amtsverkehr entgegenzunehmen und weiterzuvermitteln hat (Abfragestelle) und dem deshalb die Amtsanruforgane zugeordnet sind. Jede Nebenstellenanlage hat nur eine Hauptstelle; Nachtabfragestellen oder die Vermittlungsstellen von Zweitnebenstellenanlagen sind keine Hauptstellen.

Hausstelle,

besser Haussprechstelle, werden diejenigen Sprechapparate einer Nebenstellenanlage genannt, die nicht über die Amtsleitungen nach außen sprechen können, sondern nur untereinander und mit den Nebenstellen einschließlich der Hauptstelle. Hausstellen sind der Post gegenüber gebührenfrei unter der Bedingung, daß alle Schalt- und Vermittlungseinrichtungen so ausgebildet sind, daß eine Verbindung zwischen Amtsleitung und Hausstelle schaltungstechnisch unmöglich ist. Die FO spricht auch von »nicht amtsberechtigten Nebenstellen«.

Induktor,

auch Handinduktor, ist ein Rufstromerzeuger in Fernsprechapparaten und -vermittlungen. Durch Drehen einer Handkurbel wird Wechselstrom erzeugt, der den Wecker der Gegenstation oder, beim Anruf einer Vermittlung, eine Fallklappe zum Ansprechen bringt. Statt des Induktors wird vielfach der Polwechsler verwendet, der fernbetätigt werden kann und deshalb als gemeinsamer Rufstromerzeuger für mehrere Fernsprechapparate verwendbar ist (siehe Polwechsler).

Kettengespräche, Einrichtung für ...

In größeren Nebenstellenanlagen kommt es besonders bei Ferngesprächen öfters vor, daß der Anrufende mehrere Stellen nacheinander zu sprechen wünscht. Er teilt seine Wünsche sofort der Vermittlung beim angerufenen Teilnehmer mit, und diese bewirkt durch eine besondere Schaltmaßnahme, daß, wenn das Gespräch mit der ersten Nebenstelle beendet ist und diese ihren Hörer aufgelegt hat, hierdurch die Verbindung nicht selbsttätig getrennt wird, sondern die Anruflampe der betreffenden Amtsleitung erneut erscheint, worauf die Vermittlung mit der nächstgewünschten Nebenstelle verbindet. Hat diese ihr Gespräch beendet, dann wiederholt sich der gleiche Vorgang solange, bis der Anrufende mit allen Stellen, die er zu sprechen wünschte, gesprochen hat. Erst jetzt gibt die Vermittlung die Verbindung zur Trennung im Fernsprechamt frei. Die hierzu notwendigen schaltungsmäßigen Ergänzungen nennt man »Einrichtung zur Führung von Kettengesprächen«.

Klinke

siehe Stöpselklinke.

Klinkenkasten

nennt man eine kostensparende Schalteinrichtung in handbedienten Nebenstellenanlagen, die für kleine Hotels, Pensionen u. dgl. von Bedeutung ist, bei denen die Gastzimmer erst auf besonderen Wunsch des Gastes mit einem einstöpselbaren amtsberechtigten Fernsprechapparat versehen werden. Dies sind dann Nebenstellen, die über die Hausvermittlung (Nebenstellenzentrale) mit Amt verbunden werden. Der Vermittlungsschrank müßte also mit einer entsprechenden Anzahl von Nebenstellenanschlußorganen ausgerüstet sein. Bei Verwendung eines Klinkenkastens genügen aber hierfür wenige Anschlußorgane (etwa 2 oder 3), deren Anschlußleitungen an den Klinken (Nebenstellenklinken) des an anderer Stelle angebrachten Klinkenkastens enden. An weitere Klinken im Klinkenkasten werden sämtliche Gastzimmer, in denen sich Telephonsteckdosen befinden, mit je einer Anschlußleitung angeschlossen.

Wünscht ein Gast ein Zimmer mit Telephon, dann wird dort ein Apparat eingestöpselt und gleichzeitig wird am Klinkenkasten zwischen der Klinke des betreffenden Zimmers und einer Nebenstellenklinke durch Schnurpaar eine Dauerverbindung hergestellt, so daß nun der Zimmerapparat an der Hauszentrale liegt und durch deren Vermittlung abgehende und ankommende Amtsgespräche führen kann. Durch diese Anordnung wird eine zweifache Gebühren- bzw. Kostenersparnis erreicht, nämlich:

a) Am Nebenstellenschrank sind statt Anschlußorganen für sämtliche Gastzimmer nur soviel Anschlußorgane erforderlich, wie Nebenanschlußleitungen zum Klinkenkasten führen, wodurch sich u. U. der Schrankpreis vermindert.

b) Die Nebenstellengebühr (RM. —.60 je Monat) wird nicht je Gastzimmer, sondern nur je Nebenanschlußleitung zwischen Zentrale und Klinkenkasten berechnet, während die mit Anschlußstecker versehenen tragbaren Sprechapparate (die ja logischerweise auch nur in der Anzahl der Nebenanschlußleitungen zwischen Zentrale und Klinkenkasten erforderlich sind), der Post gegenüber gebührenfrei bleiben.

Konferenzschaltung

siehe Rundgesprächseinrichtung.

Linientaste

siehe Linienwähler.

Linienwähler (Bild 47)

nennt man eine Schalteinrichtung in Hausfernsprechanlagen mit mehr als zwei Sprechstellen, durch die jede Sprechstelle jede andere unmittelbar anrufen kann. Das wird dadurch ermöglicht, daß die Anschlußleitung jeder Sprechstelle in Abzweigungen zu allen übrigen Teilnehmerapparaten geführt wird, wo sie in einer Schalteinrichtung endet, durch die sich die Sprechstelle mit jeder Fremdleitung mittels Taste (Linientaste) oder Hebel verbinden kann. Die Verbindung löst sich beim Auflegen des Sprechapparates selbsttätig. Die Teilnehmeranschlußleitungen können Einzeldrähte mit einer gemeinsamen Rückleitung (Einfachleitungs-

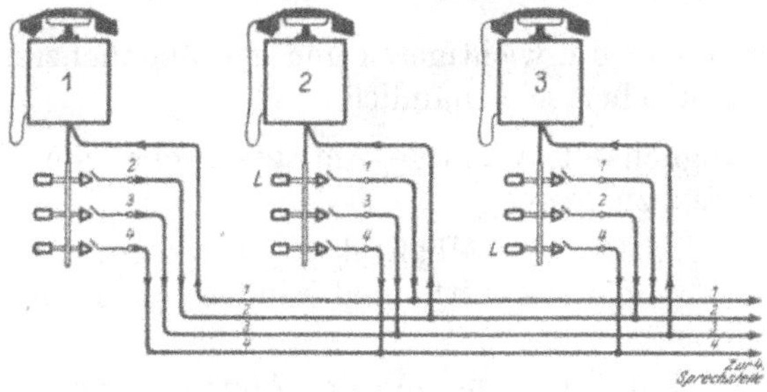

Bild 47. Linienwählerprinzip.

linienwähler) oder Doppeldrähte (Doppelleitungslinienwähler) sein. In Nebenstellenanlagen sind nur Doppelleitungslinienwähler zulässig, weil in Anlagen mit Einfachleitungslinienwähler häufig starkes Übersprechen (durch Induktion) auftritt. Allen Linienwähleranlagen gemeinsam ist die Eigentümlichkeit, daß das unbeabsichtigte Einschalten einer dritten Stelle in ein im Gange befindliches Gespräch möglich ist. Linienwähler finden in Reihenanlagen für den Verkehr der Nebenstellen untereinander (Hausverkehr) ausgedehnte Verwendung.

Meldeleitung

nennt man die Anschlußleitung, durch welche die Vermittlung einer Nebenstellenanlage (Abfragestelle) als Teilnehmeranschluß an die W-Hauszentrale angeschlossen ist. In größeren Nebenstellenanlagen werden für den Innenverkehr der Vermittlung meist folgende Leitungen vorgesehen:

a) eine Leitung, auf der die Vermittlung nur abgehende Innengespräche führt; in Privatanlagen wird sie gewöhnlich als »Automatenanschluß« bezeichnet; bei mehreren Arbeitsplätzen hat jeder seinen eigenen Automatenanschluß.

b) Eine oder mehrere Leitungen, auf denen die Vermittlung angerufen wird (also für ankommende Innengespräche). In Privatanlagen gelten nur diese Leitungen als eigentliche Meldeleitungen. Meist sind sie als Sammelanschluß geschaltet (siehe diesen).

Mithöreinrichtungen

In Nebenstellenanlagen können bevorzugte Apparate mit Mithöreinrichtungen ausgerüstet werden, für die es mehrere Arten und Vollkommenheitsstufen gibt. Zunächst sind 2 grundsätzlich verschiedene Arten zu unterscheiden, nämlich

a) Mithöreinrichtungen für Amtsgespräche,
b) Mithöreinrichtungen für Hausgespräche.

Die ersteren sind die wichtigeren und gebräuchlicheren. Ihr Zweck kann ein dreifacher sein, nämlich

1. die Möglichkeit, wichtige Amtsgespräche von einem Zeugen mithören zu lassen,
2. einem Dritten die Möglichkeit zu geben, an einem Amtsgespräch nicht nur mithörend, sondern auch mitsprechend teilzunehmen,
3. die geheime Überwachung des Amtsverkehrs.

Der Mithörapparat besitzt Amtsbesetztzeichen, an deren Erscheinen man sieht, daß und auf welchen Amtsleitungen jeweils gesprochen wird. Durch Drücken von Mithörtasten oder durch Aufwählen auf die betreffende Amtsleitung (durch ein- oder zweistellige Nummernwahl) kann sich der Nebenstellenteilnehmer in jedes Amtsgespräch einschalten.

Für den unter 1 genannten Zweck gibt es sog. Mithör-Aufforderungstasten, deren Anwendung folgendes Beispiel zeigt: In irgendeinem Unternehmen seien die Apparate der leitenden Herren mit Mithörtasten versehen. Angenommen, ein vom Chef geführtes Amtsgespräch nimmt plötzlich eine Wendung, die das Mithören durch einen Zeugen ratsam erscheinen läßt. Der Chef drückt deshalb während des Gesprächs eine Mithör-Aufforderungstaste. Hierdurch erscheint beim Prokuristen ein besonderes Lampensignal mit der einzigen Bedeutung: Amtsgespräch mithören! Der Prokurist drückt die entsprechende Mithörtaste, womit er sich in das Amtsgespräch einschaltet und gleichzeitig ein Lampensignal im Chefapparat gibt, an dem der Chef sieht, daß seiner Aufforderung Folge geleistet wurde.

Mithöreinrichtungen für Hausgespräche werden in Verbindung mit W-Zentralen hin und wieder zum Zwecke der inneren Betriebs-

überwachung verlangt. Auch in diesem Falle besitzt der Mithörapparat Besetztlampen und Mithörtasten. Erstere zeigen an, daß
Hausgespräche im Gange sind und von welchen Verbindungssätzen
sie vermittelt wurden. Durch Drücken der entsprechenden Mithörtaste kann man sich dann in jedes Hausgespräch unmittelbar einschalten.

Mit den Mithöreinrichtungen verwandt ist die Aufschalteinrichtung. Sie ist in erster Linie für die Vermittlung bestimmt, die durch
sie die Möglichkeit erhält, sich in die Gesprächsverbindungen besetzter Teilnehmer einzuschalten, um sie zur Unterbrechung ihres
Gesprächs zugunsten einer wichtigeren Verbindung, z. B. eines
Ferngesprächs, zu veranlassen. Da diese Art von Aufschalteinrichtung im allgemeinen keinen Überwachungszwecken dienen soll, wird
sie gewöhnlich durch ein Tickerzeichen ergänzt (vgl. Ticker).

Mitlaufwerk

nennt man eine wählerartige, d. h. auf Wählscheibenstromstöße
ansprechende Schalteinrichtung in Nebenstellenanlagen mit Selbsteinschaltung zum W-Amt, durch die verhindert wird, daß sich die
Nebenstellen über das W-Amt bestimmte Verbindungen selbst
herstellen, z. B. mit dem Schnellverkehrsamt. Hat beispielsweise
das Schnellverkehrsamt die Rufnummer 08 und eine Nebenstelle
wählt, nachdem sie sich auf Amt eingeschaltet hat, diese Nummer,
dann bewirkt das Mitlaufwerk Trennung von der Amtsleitung und
Umleitung des Rufes zur eigenen Zentrale (Abfragestelle), deren
Bedienung den Wunsch der Nebenstelle entgegennimmt. Zweck
der Einrichtung ist, zu verhindern, daß die Nebenstellen ohne Kon-
trolle seitens der Zentralenbedienung kostspielige Schnellverkehrs-
gespräche usw. führen.

Nachtschaltung

Der Begriff »Nachtschaltung« spielt in jeder Nebenstellenanlage
eine Rolle. Man versteht darunter die Dauerverbindung zwischen
einer Amtsleitung und einer Nebenstelle in der Zeit, während der
die Vermittlung nicht besetzt ist, also hauptsächlich während der
Nacht. Ihr Hauptzweck ist, zu verhindern, daß Amtsanrufe, die
nach Dienstschluß in der Vermittlung eingehen, unbeantwortet
bleiben. Man unterscheidet »Einzelnachtschaltung«, d. h. die nachtgeschaltete Nebenstelle ist nur mit einer Amtsleitung verbunden,
und »Sammelnachtschaltung«, d. h. die nachtgeschaltete Nebenstelle erhält die Anrufe aus sämtlichen Amtsleitungen, soweit sie
nicht durch Einzelnachtschaltung vergeben sind. Die auf Sammelnachtschaltung geschaltete Nebenstelle ist nicht zu verwechseln
mit einer »Nachtvermittlung«. Diese ist erst dann gegeben, wenn

15*

die nachtgeschaltete Nebenstelle ankommende Nachtamtsanrufe an andere Nebenstellen weitergeben kann.

Nebenstelle

Alle Sprechstellen einer Nebenstellenanlage mit Ausnahme der Hauptstelle, die über Amt nach außen sprechen können, sind Nebenstellen. Sie sind stets postgebührenpflichtig (monatlich RM. —.60 je Nebenstelle). Ihre Anzahl innerhalb einer Nebenstellenanlage ist unbegrenzt. Man unterscheidet innenliegende — auf demselben Grundstück, auf dem die Amtsleitungen münden — und außenliegende Nebenstellen (auf anderen Grundstücken). Vgl. Hausstelle.

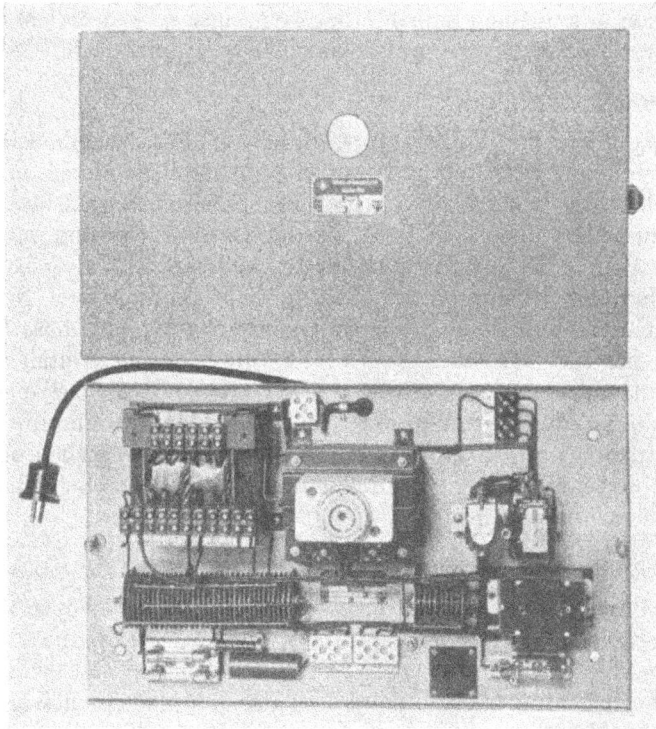

Bild 48. Netzanschlußgerät.

Netzanschlußgerät (Bild 48)

nennt man eine Stromversorgungseinrichtung für Fernmeldeanlagen (Fernsprechanlagen), die den Strom unmittelbar aus einem Starkstromnetz entnimmt, ihn so umwandelt, wie ihn die Apparate benötigen und an die Fernmeldeanlage weitergibt. Das Netzanschlußgerät ersetzt also Akkumulatorenbatterie und Lade-

einrichtung. Es hat einen Starkstromeingang, meist als Anschlußschnur mit Stecker ausgebildet, und einen Schwachstromausgang,
nämlich + und — der zur Schwachstromanlage führenden Speiseleitung. Zwischen Ein- und Ausgang liegen die zur Umwandlung
erforderlichen Apparate, nämlich Transformator (Umspanner),
Gleichrichter und eine Art »Stromreiniger«, der sog. Siebkreis.

Für Fernsprechanlagen ist das Gerät nur in Wechselstromnetzen
verwendbar.

Nummernschalter
siehe Wählscheibe.

Nummernscheibe
siehe Wählscheibe.

OB
sind die Anfangsbuchstaben der Worte Orts-Batterie, womit die
örtliche Mikrophonbatterie bei Fernsprechapparaten gemeint ist.
Diese beiden Buchstaben sind ein feststehender Begriff der Fernsprechtechnik für alle Fernsprechapparate, -anlagen und -vermitt-
lungseinrichtungen, bei denen die Mikrophone aus Ortsbatterien
gespeist werden. Man spricht beispielsweise von einem OB-Amt,
das ist ein Handamt, dessen Teilnehmerapparate mit örtlichen
Mikrophonbatterien ausgerüstet sind. Charakteristisch für das OB-
Amt ist außerdem, daß die Teilnehmer mit Wechselstrom zum Amt
rufen, der durch Drehen der Induktorkurbel am Apparat erzeugt
wird. Im Bereich der Deutschen Reichspost sind nur noch ver-
schwindend wenig OB-Ämter im Betrieb, weil sie veraltet sind
(vgl. ZB).

Personensuchanlage
ist eine Signalanlage in Verbindung mit Fernsprechanlagen, durch
welche Personen innerhalb eines Betriebes, die sich nicht an ihrem
Arbeitsplatz aufhalten, veranlaßt werden, sich vom nächstgelegenen
Fernsprechapparat aus bei der Vermittlung, z. B. zur Entgegennahme eines Amtsgesprächs oder bei einem bestimmten Teilnehmer
zu melden. Hierfür gibt es verschiedene Systeme.

Eines der vollkommensten ist die sog. Rapid-Suchanlage, die
unmittelbar mit der Wählerzentrale verbunden ist und folgendermaßen wirkt:

Man ruft einen Teilnehmer unter seiner normalen Rufnummer an,
erhält aber keine Antwort, weil er sich nicht an seinem Arbeitsplatz,
sondern irgendwo im Betriebe aufhält. Nun drückt man die Such-
taste, worauf ohne weiteres das dem gewünschten Teilnehmer fest
zugeteilte Suchsignal im ganzen Betrieb ertönt oder erscheint (z. B.

ein Hupensignal im Rhythmus eines bestimmten Morsezeichens oder ein Lichtsignal von bestimmter Farbe), dessen Schaltcharakteristik bereits durch die vorangegangene Nummernwahl vorbereitet war.

Sobald der gewünschte Teilnehmer sein Signal hört oder sieht, wählt er am nächstgelegenen Fernsprechapparat eine Standardnummer, worauf er mit dem Suchenden unmittelbar verbunden ist, der warten muß, bis sich der Gewünschte meldet. Die Suchsignale verstummen oder erlöschen selbsttätig, sobald sich der Gesuchte meldet.

Bild 49. Polwechsler.

Polwechsler (Bild 49)

ist ein Rufstromerzeuger zum Erzeugen von Rufwechselstrom in Fernsprechanlagen. Er besteht im wesentlichen aus einem Wechselkontakt, der, durch einen elektromagnetischen Selbstunterbrecher (Wagnerschen Hammer) in schneller Folge betätigt, den Gleichstrom aus einer Batterie in stetem Richtungswechsel durch die Primärspule eines Transformators fließen läßt, wodurch in der Sekundärspule ein zum Betrieb von Wechselstromweckern geeigneter Wechselstrom entsteht.

Postprüfapparat

In jeder privaten Nebenstellenanlage setzt die Post an der Einmündungsstelle der Amtsleitungen einen Fernsprechapparat, der durch Postprüfschalter mit jeder Amtsleitung verbunden werden kann, sonst aber tot liegt. Er heißt Postprüfapparat und ist gebührenfrei. Vgl. Postprüfschalter und Bild 51a und b.

Postprüfschalter

In jeder Privatnebenstellenanlage müssen die Amtsleitungen, bevor sie in die privaten Einrichtungen eintreten, einzeln abschaltbar sein, wobei die abgeschaltete Leitung auf einen besonderen Fernsprechapparat, den sog. Postprüfapparat, gelegt wird, zu dem Zweck, den Zustand der Amtsleitungen unabhängig von der Privatanlage prüfen zu können. Hierzu dient der Postprüfschalter. Mit anderen Worten: Die Einrichtung hat den Zweck, im Falle einer Störung im Amtssprechverkehr sofort feststellen zu können, ob die Störungsursache innerhalb der Privatanlage oder innerhalb der Postanlage (das ist die zum Amt führende Anschlußleitung sowie die im Amt selbst für den Teilnehmeranschluß in Betracht kommenden Einrichtungen) liegt.

Primärelement

nennt man einen Stromerzeuger, in welchem der elektrische Strom auf chemischem Wege aus Zink und Kohle erzeugt wird. In Fernmeldeanlagen werden Primärelemente am häufigsten in Form von Trockenelementen verwendet, wobei gewöhnlich mehrere Elemente zusammengeschaltet sind. Man spricht dann von einer Primärbatterie oder Trockenbatterie. Wähler- und Glühlampenzentralen werden nicht mit Primärelementen, sondern mit Akkumulatoren oder mit Netzstrom betrieben (siehe Netzanschlußgerät).

Pufferung

nennt man eine besondere Anordnung der Ladeeinrichtung von Akkumulatorenbatterien, bei welcher Ladung und Entladung gleichzeitig erfolgen. Der durch die Entladung, d. h. durch den Gebrauch der Fernsprechanlage entstehende Stromverlust in der Batterie wird durch dauernden Zufluß von Ladestrom immer wieder ausgeglichen. Der Vorteil der Pufferung liegt darin, daß für die Stromversorgung einer Fernsprechanlage nur eine Batterie erforderlich ist.

Durch zusätzliche Einrichtungen kann bewirkt werden, daß die Dauerladung aussetzt, wenn die Batterie voll geladen ist, und selbsttätig wieder einsetzt, wenn eine bestimmte Strommenge verbraucht ist. In Wechselstromnetzen verwendet man zum Laden im Pufferbetrieb zweckmäßig einen Gleichrichter, während in Gleichstromnetzen ein Lademaschinenaggregat, bestehend aus Gleichstrommotor und Gleichstromgenerator, auch als sog. Einankerumformer, in Betracht kommt.

In Nebenstellenanlagen, deren gepufferte Batterie mehr als 3 Ampère Ladestrom erfordert, schreibt die FO eine selbsttätige Anzeigeeinrichtung vor, die ein etwaiges Ausbleiben des Netzstromes hörbar oder sichtbar (durch Wecker oder Lampe) anzeigt. Hierdurch wird die Betriebssicherheit der Fernsprechanlage insofern erhöht, als im Falle des Stromaussetzens sofort das Nötige zur Bereitstellung einer Ersatzbatterie veranlaßt werden kann, also noch bevor die Leistung der gepufferten Batterie erschöpft ist, womit der gesamte Fernsprechbetrieb zum Erliegen kommen würde.

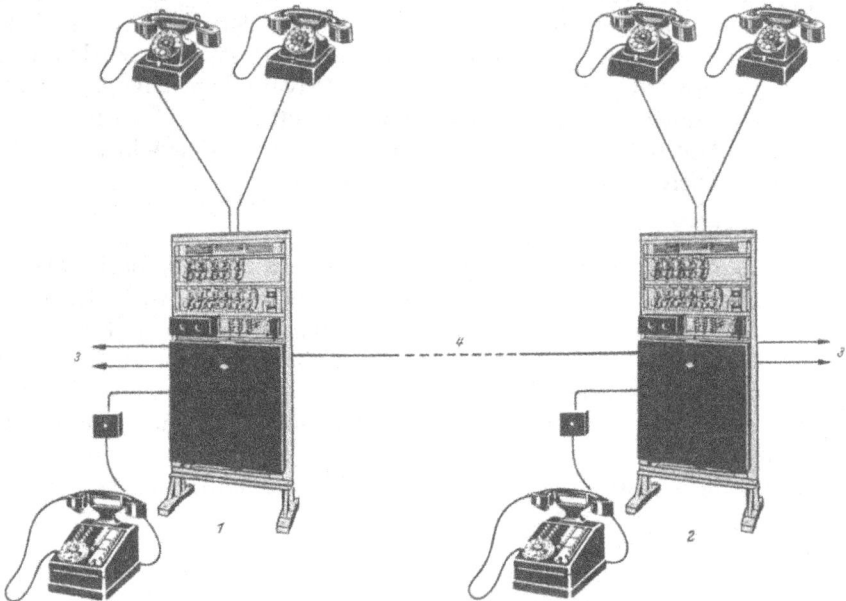

Bild 50. Beispiel einer Querverbindung.
1 Nebenstellenanlage 1,   *3* Amtsleitungen,
2 Nebenstellenanlage 2,   *4* Querverbindung.

Querverbindung

nennt man jede unmittelbare Verbindungsleitung zwischen den Hauptstellen von Nebenstellenanlagen (Bild 50). Liegen Nebenstellenanlagen auf dem gleichen Grundstück und sind Privatnebenstellenanlagen, dann können Querverbindungen zwischen ihnen von privater Seite hergestellt werden; sie sind in diesem Falle der Post gegenüber gebührenfrei. In allen anderen Fällen werden sie von der Post zur Verfügung gestellt. Jede von der Post gestellte Querverbindung ist zweifach gebührenpflichtig, nämlich einmal mit einer Entschädigungsgebühr für den Ausfall von Einzelgesprächsgebühren, die entstehen würden, wenn die Nebenstellenanlagen über Amt miteinander verkehren müßten, zum anderen mit einer Instandhaltungsgebühr, der sog. Leitungsgebühr. Die Gebühren werden von den Inhabern der verbundenen Nebenstellenanlagen je zur Hälfte getragen.

In technischer Beziehung ist das Gebiet der Querverbindungen eines der schwierigsten und vielseitigsten der Nebenstellentechnik. Man unterscheidet

a) Hausquerverbindungen, die nur dem Untereinanderverkehr (Hausverkehr) der Sprechstellen beider Anlagen dienen,

b) Amtsquerverbindungen, die außerdem Weitergabe von Amtsverbindungen von der einen zu der anderen Anlage gestatten.

Für beide Arten gibt es schaltungstechnisch und betrieblich mehrere Variationen, die sich nach dem System der Nebenstellenanlagen und nach den Verkehrsansprüchen richten. Beispielsweise können Gespräche über Hausquerverbindungen entweder durch die beiderseitigen Abfragestellen von Hand oder durch die beiderseitigen Wählerzentralen selbsttätig vermittelt werden. In letzterem Falle kann also jede Sprechstelle der einen zu jeder Sprechstelle der anderen Anlage unmittelbar durchwählen.

Amtsquerverbindungen können entweder für gegenseitigen oder für »gerichteten« Amtsverkehr geschaltet werden, d. h. ankommende Amtsverbindungen können nur in einer Richtung zur Gegenanlage durchgeschaltet werden. Unter Umständen ist es notwendig, für Amts- und Hausverkehr getrennte Querverbindungen bereitzustellen. Die FO spricht auch von Ausnahmequerverbindungen, das sind solche, deren Ausgangspunkte im Bereich verschiedener Ortsfernsprechämter liegen. In allen Fällen unterliegen Querverbindungen scharfen technischen Bedingungen. Aus diesem Grunde und wegen der zahlreichen verschiedenen Betriebsmöglichkeiten empfiehlt sich sorgfältigste Planung, denn richtig disponierte Querverbindungen können den Fernsprechverkehr zwischen großen Unternehmungen, Verwaltungen usw. ganz erheblich erleichtern[1]).

Reihenanlage

siehe Reihenschaltung

Reihenapparat

siehe Reihenschaltung

Reihenschaltung

ist ein seit nahezu 40 Jahren feststehender Begriff der Nebenstellentechnik. Sie bot erstmalig die Möglichkeit der Selbsteinschaltung auf Amt für alle Nebenstellen einer Nebenstellenanlage und wurde zuerst von der Firma Mix & Genest angewendet. Das Prinzip der Reihenschaltung zeigt Bild 51, in welchem neben Postprüfschalter

---

[1]) Literatur: Eckenberger, Querverbindungen. E. Petzold, Fernsprech-Querverbindungstechnik. Beide im Verlag Franz Westphal, Wolfshagen-Scharbeutz.

und Postprüfapparat 2 Nebenstellen (*1* und *2*) und die Abfragestelle
(*3*) dargestellt sind. Die über den Postprüfschalter eintretende Amtsleitung wird nacheinander bei jeder Sprechstelle über einen mittels
Taste zu betätigenden Wechselschalter (Amtsschalter) geführt und
endet bei der Abfragestelle am Amtswecker. Durch Niederdrücken
ihrer Amtstaste hat Nebenstelle *2* ihren Sprechapparat unter gleichzeitiger Abschaltung vom Linienwählernetz auf Amt eingeschaltet.

Untereinander verkehren die 3 Sprechstellen über Linienwähler.
Es gibt auch Reihenanlagen, deren Sprechstellen statt über Linienwähler über eine W-Zentrale (den sog. »Hausautomaten«) untereinander verkehren.

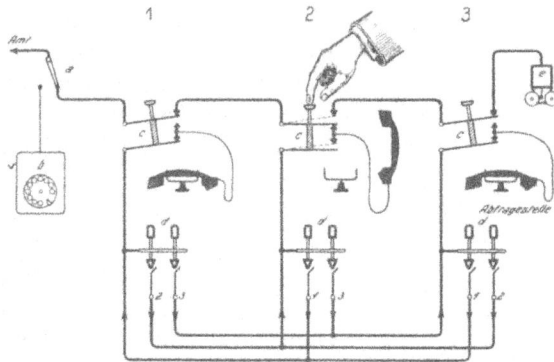

Bild 51. Reihenschaltungsprinzip.

Das Bild läßt lediglich das Prinzip des Amts- und Hausverkehrs
erkennen, das in Einfachleitung dargestellt ist, während in Wirklichkeit die Amtsleitung sowohl als auch die Linienwählerleitungen
Doppelleitungen sind.

Auch die Einrichtungen für die sehr wichtige Besetztzeichengabe
sind aus dem Bild nicht ersichtlich. Sie bestehen aus einem jedem
Wechselschalter zugeordneten Hilfskontakt, der beim Drücken der
Amtstaste geschlossen wird und hierdurch bei allen Stellen Besetzt-
anzeiger (Sternschauzeichen) sichtbar werden läßt.

Alle nach diesem Schaltungsprinzip ausgeführten Nebenstellenanlagen bezeichnet man als Reihenanlagen und die darin verwendeten Apparate als Reihenapparate.

Relais,

eines der zahlreichsten und vielgestaltigsten Hilfsmittel der Fernmeldetechnik, ist eine durch Elektromagnet betätigte Schalteinrichtung, durch die ein oder mehrere Stromkreise ein-, aus- oder
umgeschaltet werden (Bild 52). Das Relais kann örtlich oder fern-

betätigt werden. Typisches
Beispiel eines fernbetätigten
Relais ist das Teilnehmerrelais in der Vermittlung.
Jeder Teilnehmeranschluß
liegt in der Vermittlung an
einem eigenen Teilnehmer-
relais, das anspricht, wenn
der Hörer am Teilnehmer-
apparat abgehoben wird. Es

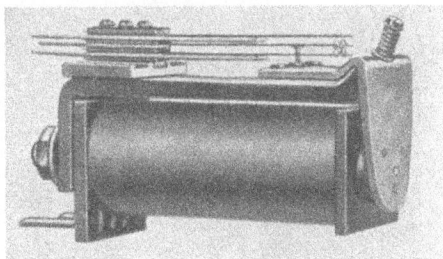

Bild 52. Relais.

schaltet nun seinerseits örtliche Stromkreise ein, wie sie zum
weiteren Aufbau der Verbindung erforderlich sind.

Rückfrage

ist in der Nebenstellentechnik ein feststehender Begriff; man versteht darunter die telephonische Rückfrage, die man während eines
Amtsgesprächs unter Benutzung des gleichen Apparats innerhalb
der Haustelephonanlage hält, um nach beendetem Rückfragegespräch
das Amtsgespräch fortzusetzen.

Die Nebenstelle muß sich also von der Amtsverbindung auf eine
Hausverbindung umschalten und auf die Amtsverbindung zurück-
schalten können, ohne daß die auf dem Fernsprechamt bestehende
Verbindung zum Außengesprächspartner inzwischen getrennt wird
und ohne daß der Außengesprächspartner das Innengespräch mit-
hören kann. Die hierzu erforderlichen Schalteinrichtungen — zur
Unterdrückung des Schlußzeichens in einem Handamt oder zur
Haltung der Verbindung in einem Wähleramt sowie die Schalt-
einrichtungen am Nebenstellenapparat und in der Vermittlung zur
Umschaltung von Amt auf Haus — sind zusammengefaßt in dem
Begriff Rückfrageeinrichtung.

Rufstromanzeiger

ist ein Wecker, der einen Anruf nicht allein durch das Ertönen
seiner Glockenschalen hörbar, sondern durch eine zusätzliche Einrichtung auch sichtbar anzeigt.

In Reihenanlagen mit mehreren Amtsleitungen verwendet man
für den ankommenden Amtsruf zweckmäßig je Amtsleitung einen
Rufstromanzeiger, bei dem durch den Rufstrom eine weiße Signal-
scheibe mit irgendeiner stark ins Auge fallenden schwarzen Be-
malung, z. B. einer Spirale, in schnelle Umdrehungen versetzt wird,
die dann mit eigener Schwungkraft einige Zeit weiterläuft (Bild 53).
Hängen mehrere derartiger Rufstromanzeiger nebeneinander, dann
ist an den laufenden Signalscheiben sofort zu sehen, welcher von
ihnen jeweils Rufstrom erhalten hat, was am Klang der Wecker-
schalen allein nicht ohne weiteres zu erkennen ist.

Bild 53. Rufstromanzeiger.

Rufstromerzeuger

siehe Induktor und Polwechsler.

Rundgesprächseinrichtung

nennt man zusätzliche Schaltorgane in einer Vermittlung, durch die es möglich ist, mehrere Teilnehmeranschlüsse so miteinander zu verbinden, daß einer davon als Gebestelle allen anderen gleichzeitig telephonische Nachrichten (durch ein Rundgespräch) zusprechen kann. Die Zusammenschaltung der Teilnehmer zu einem Rundgespräch, auch in beliebigen Gruppen, erfolgt entweder — auf Verlangen der Gebestelle — durch die Vermittlung oder durch die Gebestelle selbst über Wähler oder Tasten.

Bei Rundgesprächen spricht gewöhnlich nur die Gebestelle, während alle anderen zuhören. Ein Gegensprechen von seiten der übrigen Teilnehmer kommt höchstens für Anwesenheits- und Verstandenmeldung in Betracht. Anders ist es bei der Konferenzschaltung, durch die ebenfalls mehrere Teilnehmer, jedoch zum gegenseitigen telephonischen Meinungsaustausch zusammengeschaltet werden. Bei den Konferenzstellen können statt der Handapparate Lautsprecher und Tischmikrophone benutzt werden, damit die Sprechenden die Hände frei haben, was erheblich zur bequemen Abwicklung einer telephonischen Konferenz beiträgt.

Sammelanschluß

Führen mehrere Anschlußleitungen von einer Wählerzentrale zu einer gemeinsamen Empfangsstelle, z. B. Meldeleitungen vom Wählerteil zum Bedienungsplatz einer Nebenstellenanlage, dann können sie an den Verbindungsorganen der W-Zentrale (den GW oder LW) so geschaltet werden, daß, wenn der rufende Teilnehmer eine für alle Meldeleitungen gemeinsame Rufnummer gezogen hat, der Wähler selbsttätig eine unbesetzte Leitung sucht, über die er den Rufenden mit der gewünschten Stelle verbindet. Diese Einrichtung heißt Sammelanschluß; sie trägt wesentlich zur Verkehrsbeschleunigung bei (vgl. Meldeleitung).

Schnurzuteilung

ist eine Bezeichnung für die Art, wie in einer Nebenstellenzentrale ankommende Amtsgespräche den jeweils gewünschten Nebenstellen »zugeteilt« werden, nämlich durch Schnüre, richtiger durch Stöpsel mit Schnüren und Klinken. Es gibt auch eine Wählerzuteilung (siehe diese).

Bei der Schnurzuteilung unterscheidet man das Einschnursystem und das Zweischnursystem.

Beim Einschnursystem (Bild 54) endet die Amtsleitung in der Vermittlung in einer Schnur mit Stöpsel, dem sog. Amtsstöpsel. Davor liegt die Amtsanruflampe und ein kleiner Handumschalter, der sog. Abfrageschalter, durch den die Amtsleitung nach Eingang eines Amtsrufes zunächst an den Abfrageapparat zum Abfragen gelegt wird. Hierauf wird der Amtsstöpsel in die Teilnehmeranschlußklinke der gewünschten Nebenstelle gesteckt unter gleichzeitiger Rückstellung des Abfrageschalters. Zur Herstellung einer Verbindung Amt — Nebenstelle ist also nur ein Stöpsel erforderlich an einer Schnur, daher der Name »Einschnursystem«.

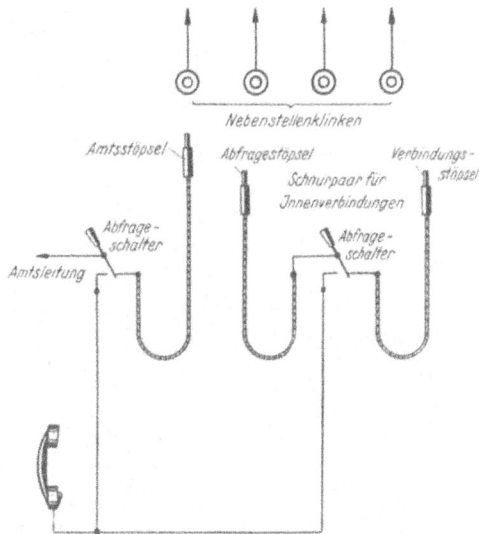

Bild 54. Einschnursystem.

Beim Zweischnursystem (Bild 55) endet die Amtsleitung, wie jede Nebenstellenleitung an einer Klinke mit Anruflampe. Zum

Abfragen und Weiterverbinden dienen zwei Stöpsel an Schnüren, d. h. ein Stöpselpaar an Schnüren (Schnurpaar), daher »Zweischnursystem«.

Zwischen den Schnurenden liegt der Abfrageschalter, durch den nach Einstecken des einen Stöpsels (des Abfragestöpsels) in die Amtsklinke die Amtsleitung an den Abfrageapparat gelegt wird. Die Verbindung zur gewünschten Nebenstelle erfolgt durch Stecken des anderen Stöpsels (des Verbindungsstöpsels) in die betreffende Nebenstellenklinke unter gleichzeitiger Rückstellung des Abfrageschalters. Für das Zweischnursystem wird auch hin und wieder die Bezeichnung »System mit offenen Klinken« oder »Okli-System« gebraucht. Zur Verbindung Nebenstelle mit Nebenstelle (für Innengespräche) sind bei beiden Systemen Stöpsel mit Schnüren, sog. Schnurpaare, d. h. je Verbindung ein Schnurpaar, erforderlich.

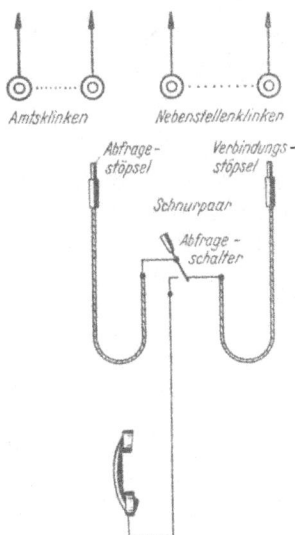

Bild 55. Zweischnursystem.

Das Einschnursystem ist einfacher und in der Bedienung bequemer als das Zweischnursystem. Dem Einwand, daß bei defekter Stöpselschnur die Amtsleitung unbrauchbar wird, kann dadurch begegnet werden, daß jedem Amtsschnurstöpsel ein Reservestöpsel mit Schnur nebst Umschalter zugeordnet wird, der im Falle des Unbrauchbarwerdens eines Amtsstöpsels nach Umlegen des Umschalters ohne weiteres in Gebrauch genommen werden kann.

Beim Zweischnursystem bedarf es dieser Sicherheitsmaßnahme nicht, weil zahlreiche Schnurpaare vorhanden sind — mindestens in der Anzahl der angeschlossenen Amtsleitungen —, die beliebig verwendbar sind. Das Zweischnursystem kommt im allgemeinen nur für große Vermittlungen mit mehr als zwei Arbeitsplätzen in Betracht, weil dann sämtliche Amtsleitungs- und Nebenstellenanschlüsse auf allen Plätzen in Vielfachschaltung liegen müssen, was beim Einschnursystem nicht möglich ist. Beide Systeme können mit selbsttätiger Trennung der Amtsverbindungen ausgerüstet werden, d. h. nach Beendigung eines Amtsgesprächs erfolgt die Trennung der Verbindung zum Amt in der Vermittlung selbsttätig und unabhängig vom Herausziehen des (oder der) für die Verbindung verwendeten Stöpsels. Wenn also, bald nachdem die mit dem Amt verbundene Nebenstelle ihren Hörer eingehängt hat, ein neuer Anruf auf derselben Amtsleitung eingeht, dann gelangt er nur zur Vermittlung, auch wenn (der oder) die Stöpsel der vorherigen Verbindung noch nicht herausgezogen sind.

Selbsttätige Umlegung von Amtsverbindungen

Es kommt öfters vor, daß eine Nebenstelle, die ein Amtsgespräch führt, den Wunsch hat, das Gespräch von einer anderen Nebenstelle fortsetzen zu lassen. Auch der Außenteilnehmer selbst stellt nicht selten dieses Verlangen. In einem solchen Falle muß die Verbindung in der Zentrale umgelegt werden, was auf mehrere Arten geschehen kann. Z. B. kann die Nebenstelle das Eintretezeichen geben, was zur Folge hat, daß die Zentralenbedienung in die Verbindung eintritt, worauf ihr die Nebenstelle den Auftrag gibt, die Verbindung auf eine andere Nebenstelle umzulegen. Die Nebenstelle kann aber die andere auch über Rückfrage anrufen, um ihr zu sagen, daß sie das Gespräch übernehmen soll. Legt danach die erste Nebenstelle ihren Hörer auf, dann schaltet sich die Amtsverbindung selbsttätig auf die andere Nebenstelle um. Diese Einrichtung, die in kleinen und mittleren W-Nebenstellenanlagen bis zu 5 Amtsleitungen, 25 Nebenstellen zur Regelausstattung gehört, und sonst als Ergänzungsausstattung gilt, nennt man »selbsttätige Umlegung von Amtsverbindungen«.

Stöpselklinke (Bild 56)

auch kurz Klinke genannt, ist ein Teil des Anschlußorgans in einer handbedienten Vermittlungseinrichtung. An ihr endet

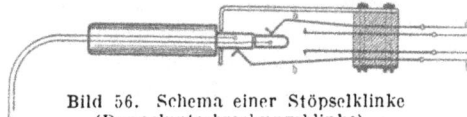

Bild 56. Schema einer Stöpselklinke (Doppelunterbrechungsklinke).

z. B. die Teilnehmeranschlußleitung. Sie besteht aus einer Hülse mit dahinterliegenden Kontaktfedern.

Beim Einführen eines Schnurstöpsels in die Klinke wird die Anschlußleitung, meist aus 2 Adern *a* und *b* bestehend, über die Klinkenkontaktfedern und Kontaktstücke, die den Stöpselkörper bilden, mit den Schnuradern der Stöpselschnur verbunden.

Liegt das andere Schnurende auch an einem Stöpsel, dann spricht man von einem »Schnurpaar«, durch das die in einem Klinkenfeld angeordneten Klinken, d. h. die an ihnen liegenden Teilnehmeranschlußleitungen beliebig miteinander verbunden werden können, indem der eine Stöpsel — der gewöhnlich auch zum Abfragen benutzt wird und deshalb Abfragestöpsel heißt — in die Klinke des rufenden, der andere — der sog. Verbindungsstöpsel — in die Klinke des gewünschten Teilnehmers gesteckt wird.

Die Klinken werden gewöhnlich zu 10 oder 20 in einer gemeinsamen Leiste angeordnet, die man 10- oder 20teilige Klinkenstreifen nennt (Bild 57). 10 übereinander angeordnete 10teilige Klinkenstreifen bilden ein 100teiliges Klinkenfeld. Vgl. Schnurzuteilung: Einschnursystem und Zweischnursystem.

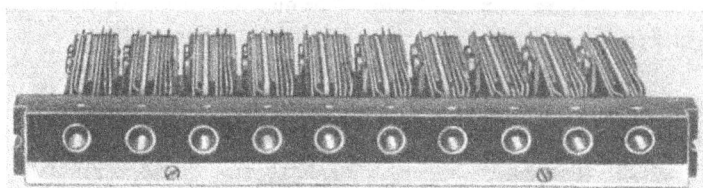

Bild 57. Zehnteiliger Klinkenstreifen.

Stromstoßübertragung (Impulsübertrager)

Stromstöße dienen zur Einstellung der Wähler in der W-Vermittlung. Sie werden durch Drehen der Wählscheibe des Teilnehmerapparates hervorgerufen und über die Anschlußleitung den Wählern der Vermittlungseinrichtung zugeführt. Überschreitet die Anschlußleitung eine bestimmte Länge (z. B. bei mittleren W-Nebenstellenanlagen mit 24 Volt Betriebsspannung den Widerstand von 2×200 Ohm $= 3{,}5$ km Kabelleitung oder 20 km Freileitung), dann kommen die Stromstöße nicht mehr einwandfrei auf der Gegenseite an und müssen deshalb »übertragen« werden. Dazu benutzt man eine Stromstoßübertragung, die also gewissermaßen einen »Stromstoß-Verstärker« darstellt. Je nach der Leitungslänge, den zur Verfügung stehenden Stromquellen und sonstigen Betriebserfordernissen — sehr lange Leitungen werden oft mehrfach ausgenutzt — sind verschiedene Stromstoßübertragungen gebräuchlich, nämlich

1. für Gleichstrom, meist unter Benutzung der Betriebsspannung der Vermittlungseinrichtung. Durch entsprechende Schaltung der Leitungsadern während der Stromstoßgabe kann mit dieser Übertragung eine um ein Mehrfaches größere Reichweite als bei normaler Stromstoßgabe erreicht werden.
2. Für Wechselstrom, wenn die Leitung auch für andere Zwecke z. B. für Fernschreiber oder Signalübermittlung benutzt wird oder wegen Beeinflussung durch Starkstrom beiderseits mit Übertragerspulen abgeriegelt werden muß. Der Wechselstrom, durch Umspanner (Transformator) aus dem Starkstromnetz entnommen, oder durch eine Wechselstrommaschine erzeugt, wird nur für die Stromstöße benutzt; für die Sprecheinrichtung kommt nur Gleichstrom in Frage.
3. Induktivwahl. Sie wird unter denselben Voraussetzungen angewandt wie Wechselstromwahl, bietet jedoch den wesent-

lichen Vorteil, daß keine besonderen Wechselstromerzeuger
nötig sind. Die Stromstöße der Wählscheibe werden über
einen Umspanner geleitet, der sie, entsprechend »hochtrans-
formiert«, auch über große Leitungslängen am Empfänger der
Gegenseite sicher wirksam werden läßt.

Stromstoßübertragungen werden nicht nur für lange Nebenanschlußleitungen, sondern auch für lange Querverbindungen mit
Durchwahl benutzt.

Es gibt noch andere Stromstoßübertragungsarten, z. B. die Ton-
frequenzwahl, die aber für Nebenstellenanlagen im allgemeinen
nicht in Betracht kommt, sondern hauptsächlich dem Fernverkehr
dient.

Ticker

nennt man eine Einrichtung zur Erzeugung eines Geräusches im
Telephon, ähnlich dem Ticken einer Uhr. Dieses Geräusch (Tickerzeichen) wird dann auf eine Gesprächsverbindung übertragen, wenn
sich ein Dritter, z. B. die Vermittlung, in die Verbindung einschaltet.
Die beiden Gesprächspartner sollen daran erkennen, daß ihr Gespräch mitgehört wird.

Universalzentrale

ist die Privatbezeichnung für eine W-Nebenstellenzentrale in voll-
kommenster Ausführung. Andere Privatbezeichnungen hierfür sind:

Neha — Zentrale,
Citomat.

Die FO verwendet hierfür keine besondere Bezeichnung, sondern
sie spricht nur von »Nebenstellenanlagen mit Wählern« mit dem
Zusatz:

»bei denen die abgehenden Amtsverbindungen und die Innenverbindungen selbsttätig, die ankommenden Amtsverbindungen
von der Hauptstelle über Wähler oder über Schnüre oder andere
handbediente Schaltmittel aufgebaut werden«.

Mit diesem Zusatz werden demnach zwei Arten gekennzeichnet,
nämlich die »Universalzentrale«, deren Hauptmerkmal darin liegt,
daß ankommende Amtsverbindungen bei der Weitergabe zur
Nebenstelle über Wähler aufgebaut werden (s. Wählerzuteilung),
und die sog. halbautomatische Nebenstellenanlage, bei der die ankommenden Amtsverbindungen über Schnüre oder andere handbediente Schaltmittel weitergegeben werden (siehe Schnurzuteilung).

Verbindungsorgan

ist die Sammelbezeichnung für alle diejenigen Teile einer handbedienten Vermittlungszentrale, die erforderlich sind, um 2 Teil-

nehmeranschlüsse miteinander oder einen Teilnehmer mit Amt (Amtsverbindungsorgan) zu verbinden. Demnach besteht z. B. das Verbindungsorgan für Innenverbindungen in einer Glühlampenzentrale aus dem Schnurpaar, das sind 2 Stöpsel mit Schnüren (Abfrage- und Verbindungsstöpsel), ferner aus einem kombinierten Abfrage- und Rufschalter und aus 2 Schlußlampen mit den erforderlichen Überwachungsrelais.

Das Amtsverbindungsorgan beispielsweise in einem Glühlampenschrank nach dem Einschnursystem besteht aus einer Anruf- und einer Schlußlampe mit den erforderlichen Relais, dem Abfrageschalter und einem Verbindungsstöpsel mit Schnur.

In Wählerzentralen spricht man von Verbindungssätzen oder Verbindungswegen (siehe diese).

Verbindungssatz

Hierunter versteht man diejenigen Wähler (mit ihren Relais) in einer Wählerzentrale, die zum Aufbau einer Gesprächsverbindung erforderlich sind; das sind beispielsweise in einer 100er Wählerzentrale nach dem Anrufsuchersystem 1 Anrufsucher (AS) und 1 Leitungswähler (LW). Von der Anzahl der Verbindungssätze hängt es demnach ab, wieviel Gespräche gleichzeitig vermittelt werden können. Die gleichzeitige Gesprächsmöglichkeit ist eines der wichtigsten Leistungsmerkmale jeder Wählerzentrale (vgl. Anrufsucher und Vorwähler).

Vielfachschaltung

ist ein allgemeiner Begriff der Fernmeldetechnik für Schaltungen mit vielen Abzweigungen, wie sie z. B. in Wählerzentralen ausgedehnte Anwendung finden, um über eine Vielzahl von Wählern beliebigen Zugang zu einer Vielzahl von Anschlüssen zu schaffen.

Für den Planer von Nebenstellenanlagen ist eine andere Art von Vielfachschaltung von Interesse, die in handbedienten Vermittlungseinrichtungen von Großanlagen eine Rolle spielt. Man versteht darunter eine Klinkenanordnung in den Bedienungsfeldern großer Vermittlungszentralen mit mehreren Arbeitsplätzen, durch die an jedem Arbeitsplatz Verbindungen mit sämtlichen Teilnehmern hergestellt werden können.

Besitzt beispielsweise eine Zentrale 3 Arbeitsplätze mit insgesamt 300

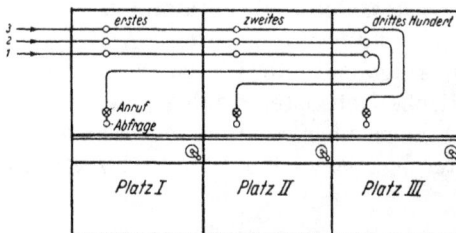

Bild 58. Vielfachschaltungsprinzip mit kompl. Vielfachfeldern.

Teilnehmeranschlüssen (Bild 58), dann erhält zunächst jeder Platz 100 Anschlußorgane »auf Anruf und Abfrage« (je Anschlußorgan eine Anruflampe und eine Klinke, die als Abfrage- und Verbindungsklinke dient). Verbindungen zwischen diesen 100 Klinken können ohne weiteres am Platz hergestellt werden. Um aber auch Verbindungen mit den übrigen 200 Teilnehmern ohne Übergreifen auf Nachbarplätze herstellen zu können, erhält jeder Platz außerdem 200 Vielfachklinken, an denen die Leitungen der übrigen 200 Teilnehmer liegen. Hieraus ergibt sich folgende Verteilung:

Der erste Platz enthält:

die Teilnehmeranschlüsse des ersten Hunderts auf Anruf und Abfrage,

die Teilnehmeranschlüsse des zweiten und dritten Hunderts im Vielfachklinkenfeld.

Der zweite Platz enthält:

die Teilnehmeranschlüsse des zweiten Hunderts auf Anruf und Abfrage,

die Teilnehmeranschlüsse des ersten und dritten Hunderts im Vielfachklinkenfeld.

Der dritte Platz enthält:

die Teilnehmeranschlüsse des dritten Hunderts auf Anruf und Abfrage,

die Teilnehmeranschlüsse des ersten und zweiten Hunderts im Vielfachklinkenfeld.

Zur Vermeidung der sich hieraus ergebenden Lücken in den Vielfachklinkenfeldern (im ersten Platz: zweites und drittes Hundert, im zweiten Platz: erstes und drittes Hundert, im dritten Platz: erstes und zweites Hundert) empfiehlt es sich, die auf Anruf und Abfrage liegenden Anschlüsse jedes Platzes auch im eigenen Viel-

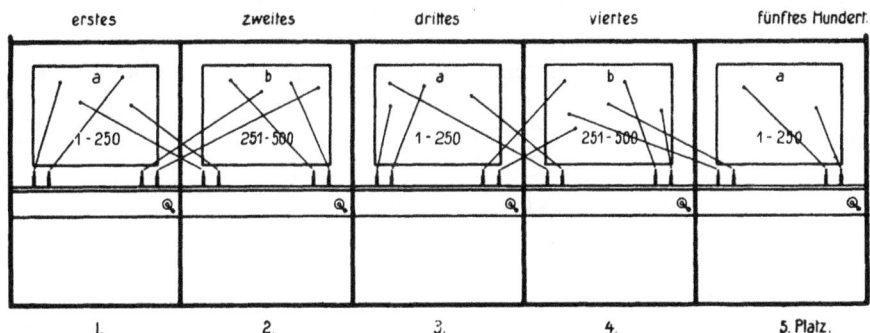

Bild 59. Ausführungsbeispiel einer Vielfachschaltung mit gemeinsamen Vielfachfeldern (a und b) für je 2 Plätze in einem fünfplätzigen Glühlampenschrank (für 500 Teilnehmeranschlüsse).

16*

fachfeld zu wiederholen, so daß jeder Arbeitsplatz ein einheitliches Vielfachfeld mit beispielsweise 3×100 Vielfachklinken besitzt. In diesem Falle spricht man von »kompletten Vielfachfeldern«.

Zur Verminderung des Aufwands an Vielfachklinken kann man je 2 Arbeitsplätzen ein gemeinsames Vielfachfeld zuordnen. Bei einer ungeraden Zahl von Arbeitsplätzen erhält dann auch der letzte nur ein halbes Vielfachfeld (Bild 59).

Für die Vielfachschaltung gibt es verschiedene Arten, z. B. mit Parallelklinken, d. h. die Vielfachklinken liegen in parallelen Abzweigungen an den Teilnehmerleitungen, oder mit Doppelunterbrechungsklinken, d. h. die Teilnehmerleitung wird mit beiden Zweigen über Unterbrechungskontakte in der Klinke geschleift, so daß beim Einführen eines Stöpsels in die Klinke das dahinterliegende Leitungsende abgetrennt wird (vgl. Bild 56). Die letztere Ausführung verhindert unbefugtes Mithören, macht aber unbeabsichtigte Gesprächstrennungen möglich. Aus diesem Grunde empfiehlt es sich, statt der einfachen hörbaren Besetztkontrolle durch Knackgeräusch jeder Vielfachklinke eine Besetztlampe zuzuordnen, die das jeweilige Besetztsein einer Leitung selbsttätig an allen Plätzen anzeigen.

Bei Parallelklinken erfolgt die Besetztprüfung entweder durch die sog. Knackkontrolle (Berühren der Klinke mit der Stöpselspitze, wobei bei besetzter Leitung ein Knackgeräusch im Hörer des Bedienungsapparates hörbar wird), oder durch eine gemeinsame Besetztlampe an Stelle des Knackgeräusches oder auch durch Einzelbesetztlampen wie bei Doppelunterbrechungsklinken.

Unbefugtes Mithören wird in Vielfachfeldern mit Parallelklinken durch Sperrelais verhindert.

Häufig kommt es vor, daß die Anschlußorgane gewisser Anschlußleitungen, z. B. Querverbindungen, eine zusätzliche Taste, z. B. Erdungstaste, besitzen müssen. Diese Tasten müssen dann selbstverständlich bei den Vielfachklinken der betreffenden Leitungen, d. h. an jedem Arbeitsplatz wiederholt werden.

Die hiernach für Vielfachschaltungen in großen handbedienten Zentralen in Betracht kommenden Aufwendungen sind besonders tarifiert, und zwar in Einheiten von je

> 10 Parallelklinken,
> 10 Doppelunterbrechungsklinken,
> 10 Besetztlampen,
> 10 Tasten.

(Z. B. XI, B, Punkt 30, S. 182.)

Dazu kommen besondere Preisfestsetzungen für die Vielfachschaltung von Amts- Melde-, Auskunfts- und Hinweisleitungen.

Hinsichtlich ihrer Verwendung in Nebenstellenanlagen sind folgende Arten von Vielfachschaltungen zu unterscheiden:

1. In Glühlampenschränken handbedienter Nebenstellenanlagen (s. Dritten Abschnitt unter III).
   Vielfachschaltung »der Leitungen« (also Amts- und Nebenstellenleitungen).

   Die durch sie entstehenden Mehrkosten werden stets besonders berechnet nach III, A, 2, a—d (im Vierten Abschnitt).

2. In W-Nebenstellenanlagen mit Amtswahl (s. Dritten Abschnitt unter XI).

   a) Vielfachschaltung der Amtsleitungen,
   b)   »   » Melde-, Auskunfts- und Hinweisleitungen,
   c)   »   » Nebenstellenleitungen (nur bei Schnurzuteilung).

Mehrkosten werden berechnet

für a) stets, und zwar nach XI, B, 17 b ⎫ im Vierten
für b) ebenfalls stets, und zwar nach XI, B, ⎬ Abschnitt
       18 b,   ⎭

für c) soweit zum ordnungsmäßigen Betrieb notwendig werden Mehrkosten nicht berechnet; darüber hinausgehender Aufwand wird berechnet nach XI, B, 30 (im Vierten Abschnitt).

3. In W-Nebenstellenanlagen ohne Amtswahl (siehe Dritten Abschnitt unter XII).

   a) Vielfachschaltung der Amtsleitungen,
   b)   »   » Melde-, Auskunfts- und Hinweisleitungen,
   c)   »   » Nebenstellenleitungen (nur bei Schnurzuteilung).

Mehrkosten werden stets berechnet

für a) nach XII, B, 21, a ⎫
für b) nach XII, B, 23, b ⎬ im Vierten Abschnitt.
für c) nach XII, B, 21, b ⎭

Hinsichtlich der Verpflichtung, Vermittlungseinrichtungen mit Vielfachschaltung zu liefern, gelten folgende Richtlinien:

Vielfachschaltung der Nebenstellenleitungen muß geliefert werden, wenn es zur ordnungsmäßigen Verkehrsabwicklung notwendig ist, also z. B. stets bei mehr als 2 Arbeitsplätzen. Bei 2 Arbeitsplätzen ist sie dann nicht erforderlich, wenn durch Übergreifen von Platz zu Platz sämtliche Anschlüsse ohne Schwierigkeiten erreichbar sind.

Vielfachschaltung der Amtsleitungen, die bei Anlagen nach XI
und XII erhebliche Mehrkosten verursacht, aber als Regelausstattung in keinem Fall vorgeschrieben wird, ist bei vielfachgeschalteten
Nebenstellenleitungen (nur bei Schnurzuteilung), aber auch bei
Wählerzuteilung mit mehreren Arbeitsplätzen nahezu zwingend
wünschenswert, weil ohne sie weder eine gleichmäßige Verteilung
der Vermittlungsarbeit noch eine Bedienung in verkehrsschwachen
Stunden von einem Platz aus möglich ist. Das gleiche gilt für
Melde-, Auskunfts- und Hinweisleitungen.

Vollamtsberechtigte

und halbamtsberechtigte Nebenstellen sind Begriffe, die es nur in
Nebenstellenanlagen mit Selbsteinschaltung auf Amt gibt. Wenn
in derartigen Anlagen einzelne Nebenstellen die Selbsteinschaltung
zum Amt nicht besitzen, sondern auch für abgehende Gespräche
das Amt nur durch Vermittlung der Hauptstelle erreichen können,
dann sind es halbamtsberechtigte, alle übrigen aber vollamtsberechtigte Nebenstellen. Halbamtsberechtigte Nebenstellen erfordern stets gewisse Schaltungsänderungen in der Vermittlung,
wodurch Sonderkosten entstehen. In mittleren und großen W-
Nebenstellenanlagen muß auf Wunsch des Teilnehmers eine bestimmte Anzahl halbamtsberechtigter Nebenstellen im Rahmen der
Regelausstattung, also ohne Mehrkosten, eingerichtet werden. Die
Einrichtung für weitere halbamtsberechtigte Nebenstellen gilt als
Ergänzungsausstattung und ist deshalb sonderkostenpflichtig. In
Reihenanlagen ist jede halbamtsberechtigte Nebenstelle sonder-
kostenpflichtig.

Vorschaltapparat

Hierunter versteht man im allgemeinen einen Reihenapparat, der
nach dem Prinzip der Reihenschaltung einem handbedienten Vermittlungsschrank auf einer oder mehreren Amtsleitungen vorge-
schaltet ist, womit der Benutzer des Apparates Selbsteinschaltung
auf Amt erhält. Das jeweilige Besetztsein der Amtsleitungen wird
sowohl am Vorschaltapparat als auch am Schrank durch Besetztlampen angezeigt.

Soll der Vorschaltapparat auf mehr als 4 Amtsleitungen vorge-
schaltet werden, dann verwendet man zweckmäßig einen kleinen
Wählerzusatz beim Schrank, mit dem sich der Vorschaltapparat
durch Wählscheibenimpulse auf eine Amtsleitung schalten kann,
und zwar entweder auf eine unbesetzte, um ein abgehendes Amtsgespräch zu führen, oder auf eine besetzte zum Mithören.

Auch in W-Nebenstellenanlagen mit Amtswahl sind Vorschaltapparate zulässig, obwohl die Nebenstellen bereits Selbsteinschal-

tung auf Amt besitzen. Hier hat die Vorschaltung hauptsächlich den Zweck, den Inhaber des Apparates über das jeweilige Frei- und Besetztsein der Amtsleitungen zu unterrichten, um ihm vergebliche Versuche, das Amt anzurufen, zu ersparen.

Vorwähler und Vorwählersystem, abgekürzt VW und VW-System (Bild 60)
Der VW ist ein Teil des Teilnehmeranschlußorgans und hat die Aufgabe, dem rufenden Teilnehmer einen freien Verbindungssatz zu verschaffen, d. h. nach Abheben des Hörers wird der rufende Teilnehmer durch seinen VW mit einem freien LW (im Hunderter-System) oder mit einem freien GW (im Tausender-System) selbsttätig verbunden.

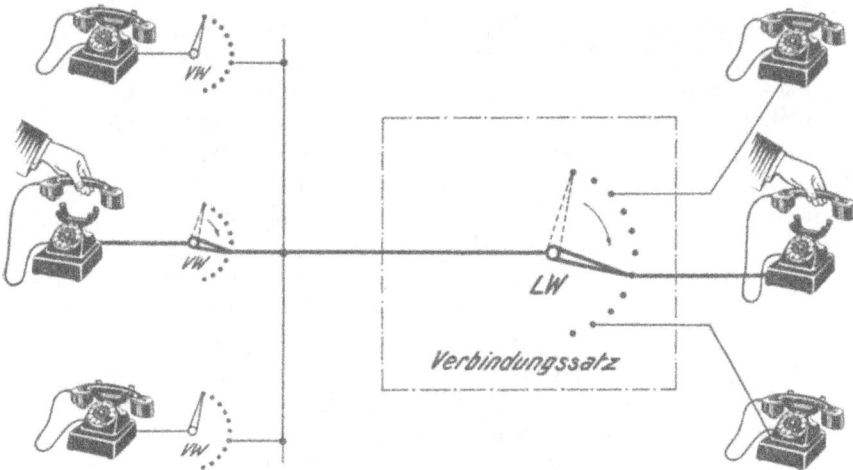

Bild 60. Vorwählerprinzip.

Da jeder Teilnehmer seinen eigenen VW besitzt, hat das System den Vorteil, daß innerhalb der Hunderter-Gruppe gleichzeitig eingehende Anrufe auch gleichzeitig bedient werden, im Gegensatz zum AS-System, bei welchem gleichzeitige Anrufe nur unter bestimmten Voraussetzungen (z. B. dann, wenn sie aus verschiedenen Dekaden kommen) gleichzeitig, sonst nur nacheinander abgefertigt werden können, woraus sich u. U. längere Aufbauzeiten für die einzelnen Verbindungen mit Ausnahme der ersten ergeben. Da es sich dabei aber nur um Sekundenbruchteile handelt, ist der Vorteil nur theoretisch.

Die Chance des Zustandekommens einer Gesprächsverbindung ist bei beiden Systemen die gleiche, sofern sie nicht durch besondere Maßnahmen bei dem einen oder anderen System verbessert wird (z. B. durch sog. Mischschaltungen zwischen VW und GW oder

'durch Bildung von Großgruppen oder durch die sog. Gruppenaushilfe beim AS-Fallwählersystem). Vgl. Anrufsucher.

W =

gebräuchliche Abkürzung für Wähler in zahlreichen zusammen-
gezogenen Worten, z. B. W-Amt (früher SA-Amt = Selbstanschluß-
amt), W-Nebenstellenanlage, W-Vermittlung usw.

Die Abkürzung W ist hiermit auch eine vereinfachte Verdeut-
schung der Worte Automat, automatisch usw., wie sie in der Nebenstellentechnik für Einrichtungen mit Wählern heute noch vielfach
gebräuchlich sind, z. B. W-Nebenstellenanlage für automatische
Nebenstellenanlage usw.

Wähler

ist ein Begriff der Technik der selbsttätigen Fernsprechvermittlung (Selbstanschluß-Technik). Man versteht darunter eine durch
Elektrokraft bewegte Schalteinrichtung, durch die eine Leitung
wahlweise mit einer von vielen anderen verbunden werden
kann. Die einfachste Form ist der Drehwähler. Ein drehbarer
Schaltarm, an dem die eine Leitung liegt und der durch ein elektro-
magnetisches Schrittschaltwerk schrittweise gedreht werden kann,
wird über die in einer Kreisbahn angeordneten Kontakte (Kontaktbank) geführt, an denen die anderen Leitungen liegen, wobei er
auf jeden beliebigen Kontakt gestellt werden kann. Je nachdem,
wieviel Kontakte in der Kreisbahn liegen, spricht man von 10-,
25-, 30 teiligen Wählern usw.

Eine andere Form ist der 100 teilige Hebdrehwähler. 10 Kontaktbänke zu je 10 Kontakten sind übereinander angeordnet. Der
zugehörige Schaltarm wird durch Stromstöße zunächst gehoben,
und zwar durch einen Stromstoß in die Höhe der ersten, durch
zwei in die Höhe der zweiten usw., durch 10 also in die Höhe der
zehnten Kontaktbank. Durch die nächste Stromstoßreihe wird der
Schaltarm in die Kontaktbank, in deren Höhe er steht, eingedreht
und dabei durch einen Stromstoß auf den ersten, durch zwei auf
den zweiten usw., durch 10 also auf den zehnten Kontakt gestellt.
Durch zwei Stromstoßreihen — Zehner und Einerwahl —, die der
rufende Teilnehmer mit seiner Wählscheibe gibt, kann er also den
Schaltarm auf jeden beliebigen der 100 Kontakte stellen. Der Antrieb erfolgt durch zwei elektromagnetische Schrittschaltwerke; das
eine dient zum Heben, das andere zum Drehen des Schaltarms.

Auf einem gänzlich anderen Prinzip beruht der Fallwähler von
Merk[1]). Sein Schaltarm sitzt an einer senkrechten Gleitschiene, die

---

[1]) Friedrich Merk, einer der ältesten und bekanntesten deutschen Erfinder
auf dem Gebiete der Selbstanschluß-Technik, der fast alle deutschen und auch
ausländische Vermittlungssysteme mit Wählern durch seine Erfindungen beeinflußte.

in der Ruhelage oben steht und zur Einstellung mit eigener Schwer-kraft abwärts gleitet, wobei der Schaltarm die in einem senkrechten Kontaktfeld angeordneten Kontaktlamellen bestreicht. Die Gleit-schiene endet in einer Zahnstange, in deren Zahnlücken eine Schalt-klinke eingreift, die durch einen mittels Stromstößen erregten Elektromagneten herausgezogen wird und durch Federkraft wieder einfällt. Diese einem Schrittschaltwerk ähnliche Einrichtung dient zur Steuerung der abwärts gleitenden Schiene, die entweder in einem Zuge oder schrittweise fällt, entsprechend den Stromstößen, die die Schaltklinke aus- und einfallen lassen, wobei sich der Schalt-arm wahlweise auf jede Kontaktlamelle einstellen kann.

Die zum Antrieb und zur Steuerung notwendigen Stromstöße werden, soweit die Wähler nicht selbsttätig (in Freiwahl) laufen, vom rufenden Teilnehmer mit der Wählscheibe gegeben (siehe diese).

Wählerzuteilung

Der Ausdruck kennzeichnet die Art, wie in einer Nebenstellenzentrale ankommende Amtsgespräche den jeweils gewünschten Neben-stellen zugeteilt werden, nämlich durch Wähler. Nähere Erläute-rungen siehe unter Amtswähler.

Wählscheibe

auch Nummernschalter (seltener Nummernscheibe oder Finger-scheibe) genannt, ist eines der sinnreichsten Hilfsmittel der selbst-tätigen Fernsprechvermittlung. Sie dient zur Abgabe von abge-zählten und gleichmäßigen Stromstößen seitens des rufenden Teil-nehmers und ist deshalb ein fester Bestandteil des Teilnehmer-apparates. Durch die Stromstöße werden die Wähler in der Ver-mittlung so gesteuert, daß sie die gewünschte Verbindung zwischen dem rufenden und dem angerufenen Teilnehmer herstellen. Ihre Handhabung wird als bekannt vorausgesetzt. Vgl. Wähler und Stromstoßübertragung.

Zahlengeber

nennt man eine Einrichtung zur Abgabe von Stromstößen an Stelle der Wählscheibe. Er wird verwendet in der Vermittlung von großen W-Nebenstellenanlagen, bei denen ankommende Amtsver-bindungen durch Nummernwahl an die gewünschten Nebenstellen weitergegeben werden (siehe Wählerzuteilung). Während mit der Wählscheibe beispielsweise die Nummer 285 durch dreimaliges Aufziehen und Ablaufenlassen der Fingerscheibe »gewählt« wird, wobei die zur Einstellung der Wähler erforderlichen Stromstöße jeweils beim Ablauf gegeben werden, geschieht dies beim Zahlen-geber durch Drücken von 3 Tasten, die zu einer aus 3 zehnteiligen

Tastenreihen bestehenden Tastatur gehören (Hunderter-, Zehner-
und Einertastenreihe). Es wird

in der Hunderter-Reihe . . . . Taste 2,
in der Zehner-Reihe . . . . . Taste 8 und
in der Einer-Reihe . . . . . . Taste 5

gedrückt. Hierdurch werden in der Hauptsache aus Relaisketten
bestehende Einrichtungen in Tätigkeit gesetzt, die die entsprechenden Stromstöße hervorbringen.

Der Zahlengeber soll die Vermittlungsarbeit erleichtern; die Ansichten über seine Zweckmäßigkeit sind geteilt.

ZB

sind die Anfangsbuchstaben der Worte Zentral-Batterie. Die
Zentral-Batterie dient zur gemeinsamen Mikrophonspeisung sämtlicher Teilnehmerapparate einer Vermittlung. Die Buchstaben ZB
sind ein feststehender Begriff der Fernsprechtechnik für alle Fernsprechapparate, -anlagen und -vermittlungseinrichtungen, bei denen
die Mikrophone aus einer Zentral-Batterie gespeist werden. Man
spricht deshalb von einem ZB-Amt, das ist ein Handamt mit dem
weiteren charakteristischen Merkmal, daß der Anruf zum Amt
selbsttätig durch Abnehmen des Hörers am Teilnehmerapparat erfolgt. Als Anruf- und Schlußzeichen in der Vermittlung dienen
kleine Glühlampen, daher auch der Name Glühlampenzentrale.
Auch Fernsprechanlagen mit W-Zentralen arbeiten nach dem ZB-
System (vgl. OB).

Zeitwert

Im Geschäftsverkehr zwischen dem Fernsprechteilnehmer (Kunden)
und der Post oder einer Lieferfirma für Nebenstellenanlagen kommt
es hin und wieder vor, daß der augenblickliche Wert (Zeitwert) von
Fernsprecheinrichtungen oder einer Akkumulatorenbatterie fest-
gestellt werden soll, z. B. für die Anrechnung einer beim Kunden
vorhandenen Stromversorgungsanlage beim Bau einer neuen Fernsprechvermittlung.

Der jeweilige Zeitwert wird von der Post und den Wifernafirmen
nach folgender Formel berechnet:

$$\text{Zeitwert} = \text{Neuwert} \; \frac{\text{Lebensdauer} - \text{Gebrauchsdauer}}{\text{Lebensdauer}}.$$

Das wichtigste Glied dieser Formel ist die Lebensdauer, die für
Fernsprechapparate und Vermittlungseinrichtungen mit 15 Jahren,
für Sammlerbatterien mit 5 Jahren zu bemessen ist.

Hiernach besagt die Formel, daß beispielsweise der Anrech-
nungswert einer Sammlerbatterie nach einer Gebrauchsdauer von

5 Jahren gleich Null ist, nach 4 Jahren $^1/_5$, nach 3 Jahren $^2/_5$ usw., nach einjährigem Gebrauch also $^4/_5$ des Neuwertes beträgt.

Der augenblickliche Gebrauchswert (Zeitwert) von Fernsprecheinrichtungen wird ebenfalls nach der Formel ermittelt, so daß sich beispielsweise für eine Vermittlungseinrichtung nach 15 Jahren der Zeitwert Null, nach 14 Jahren $^1/_{15}$, nach 13 Jahren $^2/_{15}$ usw., nach einjährigem Gebrauch also $^{14}/_{15}$ des Neuwertes ergeben.

Verkleinert ein Kunde seine Kaufanlage, gibt er sie ganz auf oder wird sie durch eine größere Anlage ersetzt, so kann er die überflüssig gewordenen Apparate oder die Vermittlungseinrichtung an den Lieferer zurückverkaufen, falls sie nicht veraltet sind. Mit Rücksicht auf die erforderliche Aufarbeitung vor der Wiederverwendung und etwa erforderlichen Materialersatz wird in solchen Fällen die obengenannte Zeitwertformel nicht angewendet, sondern es gelten folgende Sätze:

im ersten Jahr nach der Einschaltung . . . . 60 vH,
» zweiten » » » » . . . . 40 »
» dritten » » » » . . . . 30 »
» vierten » » » » . . . . 20 »
vom fünften Jahr nach der Einschaltung
bis zehnten » » » » . . . . 10 »
des zur Zeit geltenden Kaufpreises für gleiche Apparate.

Zweieranschluß

nennt man zwei Sprechstellen, die mit einer gemeinsamen Anschlußleitung an eine W-Vermittlung angeschlossen sind, aber in der Vermittlung zwei Anschlußorgane besitzen und getrennt unter eigenen Rufnummern angerufen werden. Sie können nicht untereinander verkehren.

Will eine der beiden Sprechstellen sprechen, während die andere bereits spricht, dann erhält sie negatives Besetztzeichen, d. h. das Bereitschaftszeichen der Vermittlung bleibt aus. Der Zweieranschluß wird wie eine Zweitnebenstellenanlage oder eine Nebenstelle mit zweitem Sprechapparat angewendet, wenn zwei entfernt liegenden Sprechstellen nur eine Doppelleitung zur Verfügung steht, hat aber diesen Ausführungen gegenüber den Vorzug, daß jede der beiden Sprechstellen unter eigener Anrufnummer angerufen werden kann. Wenn hierauf kein Wert gelegt wird, dann ist ein zweiter Sprechapparat oder eine Zweitnebenstellenanlage vorzuziehen, weil einfacher und billiger. Kosten und Gebühren werden je Sprechapparat berechnet. Außerdem entstehen Kosten für Ergänzungen. Durch die Einschaltung von Zweieranschlüssen darf die für die Baustufe festgesetzte Gesamtzahl der Sprechstellen nicht überschritten werden.

Zweischleifensystem

Bezeichnung für eine W-Nebenstellenanlage, bei der jede Nebenstelle mit zwei Doppelleitungen an die Vermittlungseinrichtungen
angeschlossen ist (Doppelleitung = Schleife). Die eine führt zur
Amtsvermittlung, die andere zur Hausvermittlung. Der Teilnehmerapparat besitzt zwei Schaltorgane (Tasten oder Hebel),
durch die er sich wahlweise auf eine der beiden Anschlußleitungen
einschalten kann (je nachdem, ob er ein Amts- oder Hausgespräch
führen will), sowie zwei klangverschiedene Wecker, an deren Ton
er sofort erkennt, ob für ein Amts- oder Hausgespräch angerufen
wird, damit durch Betätigen des entsprechenden Schaltorgans der
Anruf entgegengenommen werden kann. Zwischen beiden Schalt-
organen besteht Rückfrageeinrichtung.

Zweischnursystem

siehe Schnurzuteilung.

Zweiter Sprechapparat

ist ein Apparat, der mit einem anderen eine gemeinsame Anschlußleitung und ein gemeinsames Anschlußorgan in der Vermittlung
besitzt, so daß immer nur der eine oder andere Apparat benutzbar ist.

Der zweite Sprechapparat findet vorteilhaft Verwendung, wenn
in einem Arbeitsraum zwei benachbarte Personen einen gemeinsamen Nebenstellenanschluß benutzen und das umständliche Hin-
und Herreichen des Handapparates vermieden werden soll. Nebenstelle und zweiter Sprechapparat können sich aber auch in getrennten
Räumen befinden. Der Nebenstellenapparat erhält dann ein sichtbares Besetztzeichen (Schauzeichen), das erscheint, sobald der
zweite Sprechapparat benutzt wird, während der zweite Sprechapparat, wenn er bei besetzter Leitung zu sprechen versucht, negatives Besetztzeichen erhält (siehe Besetztzeichen). Untereinanderverkehr zwischen beiden Apparaten ist nicht möglich, wodurch
sich die Anordnung von einer Zweitnebenstellenanlage unterscheidet.

Zweite Sprechapparate unterliegen keiner Nebenstellengebühr;
ihre zulässige Anzahl innerhalb einer Nebenstellenanlage ist aber
begrenzt auf 10 vH der Gesamtsprechstellenanzahl.

Zweitnebenstellenanlagen

Wenn mehrere Nebenstellen, die untereinander über eigene Vermittlungseinrichtungen sprechen, eine oder mehrere zu einer Nebenstellenanlage (Hauptanlage) führende Anschlußleitungen gemeinsam benutzen, durch die sie über die Amtsleitungen und mit den
Nebenstellen der Hauptanlage verkehren können, ohne daß ihnen

eigene Amtsleitungen zur Verfügung stehen, dann bilden sie eine Zweitnebenstellenanlage.

Beispiel:

Ein größeres Unternehmen besteht aus zwei räumlich getrennten Abteilungen, z. B. der Verwaltung in einem besonderen Verwaltungsgebäude im Innern der Stadt und einem Erzeugerbetrieb (Fabrik) in einem Vorort. Die Verwaltung besitzt eine umfangreiche Nebenstellenanlage mit zahlreichen Amtsleitungen, die als Hauptanlage gilt.

Die Fabrik besitzt auch eine Nebenstellenanlage, aber ohne eigene Amtsleitungen; sie ist durch mehrere Verbindungsleitungen (Nebenanschlußleitungen) mit der Hauptanlage verbunden, deren Amtsleitungen von den Fabriknebenstellen mitbenutzt werden. Die Anlage in der Fabrik ist dann eine Zweitnebenstellenanlage.

Die Sprechstellen können teils Nebenstellen, teils Hausstellen sein. Die letzteren unterliegen in ihrem Verkehr mit der Hauptanlage je nach Art der Zweitnebenstellenanlage gewissen Beschränkungen.

Laut FO sind vier verschiedene Arten von Zweitnebenstellenanlagen zulässig, nämlich

a) **handbediente Anlage**

Sie besteht aus einem Klappen- oder Glühlampenschrank, an welchem alle Gespräche der Zweitnebenstellen untereinander und mit der Hauptanlage von Hand vermittelt werden. Etwaige Hausstellen sind vom Verkehr mit der Hauptanlage ausgeschlossen.

b) **Reihenanlage**

d. h. die Nebenanschlußleitungen werden bei den einzelnen Zweitnebenstellen über Wechselschalter mit Besetztschauzeichen geführt, so daß sich abgehend jede Zweitnebenstelle selbständig mit der Hauptanlage verbinden kann. Ankommende Gespräche werden von einer Abfragestelle entgegengenommen und an die gewünschte Stelle weitergegeben. Der Untereinanderverkehr erfolgt entweder über Linienwähler oder über eine W-Zentrale. Etwaige Hausstellen sind vom Verkehr mit der Hauptanlage ausgeschlossen.

c) **W-Anlage in Form einer W-Nebenstellenanlage**

d. h. die Vermittlung besteht aus einer Universalzentrale mit Bedienungsapparat. An Stelle der Amtsleitungen werden die von der Hauptanlage kommenden Nebenanschlußleitungen angeschlossen. Der Bedienungsapparat dient nur zur Entgegennahme und Weitergabe des ankommenden Verkehrs, während

der abgehende und der Untereinanderverkehr selbsttätig vermittelt werden. Auch hier sind Hausstellen vom Verkehr über
die Nebenanschlußleitungen ausgeschlossen.

d) W-Unteranlage (nur zulässig, wenn die Hauptanlage eine W-
Anlage ist; vgl. Dritten u. Vierten Abschnitt, XIII u. XIV).

Die Vermittlung ist eine sog. bedienungslose Unterzentrale, die
nicht nur den Untereinanderverkehr der Zweitnebenstellen,
sondern auch den gesamten Amtsverkehr sowie den Verkehr von
und nach der Hauptanlage vollkommen selbsttätig vermittelt.
Das bedeutet, daß bei der Hauptanlage ankommende, für
Zweitnebenstellen bestimmte Amtsgespräche von der Bedienung
der Hauptanlage bis zur gewünschten Zweitnebenstelle unmittelbar weitergegeben werden und daß die Nebenstellen der Hauptanlage unmittelbar bis zur Zweitnebenstelle und umgekehrt
durchwählen können. Ferner können etwaige Hausstellen mit
den Sprechstellen der Hauptanlage und umgekehrt verkehren;
nur ihre Zusammenschaltung mit Amtsleitungen muß schaltungstechnisch verhindert sein.

Während also die Anlagen a—c stets einer Vermittlungsperson bei
der Unteranlage bedürfen, arbeitet die Anlage d vollkommen selbsttätig, daher der Name »bedienungslose Unterzentrale«.

Hinsichtlich ihres Umfangs sind Zweitnebenstellenanlagen begrenzt, und zwar

Ausführung a und c: auf 5 Nebenanschlußleitungen und
25 Sprechstellen,

Ausführung b: auf den Umfang gemäß Regelausstattung
für Reihenanlagen, .

Ausführung d: auf 10 Nebenanschlußleitungen und
100 Sprechstellen.

Zu beachten ist, daß für Zweitnebenstellenanlagen scharfe tech-
nische Bedingungen bestehen, z. B. hinsichtlich der zulässigen
Sprachdämpfung (die von Art und Länge der Verbindungsleitungen
abhängig ist). Es empfiehlt sich deshalb, bereits bei der Planung
Auskünfte des zuständigen Telegraphenbauamts nicht nur über die
Bereitstellungsmöglichkeit sondern auch über Länge und technische
Eigenschaften der benötigten Verbindungsleitungen einzuholen.

Sachverzeichnis

Die mit * versehenen Seitenzahlen verweisen auf die Erläuterungen der Fachausdrücke im fünften Abschnitt

www.ingramcontent.com/pod-product-compliance
Lightning Source LLC
Chambersburg PA
CBHW081535190326
41458CB00015B/5555